普通高等教育“新工科”系列精品教材

石油和化工行业“十四五”规划教材

化工过程分析与综合

第二版

荣 获
中国石油和化学工业
优秀教材一等奖

Chemical Process Analysis and Synthesis

Second Edition

都 健 刘琳琳 主编

化学工业出版社

·北京·

内容简介

《化工过程分析与综合》（第二版）介绍了过程系统工程学的发展历史及研究进展，过程系统工程的基本概念和特点，重点介绍了过程系统的稳态模拟、换热器网络综合、分离序列综合、过程系统能量集成、过程系统质量集成、化工产品设计的基本方法，兼顾传统内容与现代内容。通过实际工程案例的研究和应用，将知识点与兴趣点结合，培养学生分析和解决实际问题的能力。本教材配有动画、拓展阅读、模拟程序、科学家介绍、工程案例、教学课件等数字化资源，读者可扫描封底二维码获取，提升学习感受与效果。

《化工过程分析与综合》（第二版）可作为化工类及相关专业高年级本科生及研究生教材，也可供相关研究人员参考。

图书在版编目（CIP）数据

化工过程分析与综合/都健，刘琳琳主编. —2 版. —北京：化学工业出版社，2021.8（2025.1重印）
普通高等教育“新工科”系列精品教材
ISBN 978-7-122-39242-8

Ⅰ.①化… Ⅱ.①都…②刘… Ⅲ.①化工过程-分析-高等学校-教材 Ⅳ.①TQ02

中国版本图书馆 CIP 数据核字（2021）第 103242 号

责任编辑：徐雅妮
文字编辑：吕 尤
责任校对：王 静
装帧设计：刘丽华

出版发行：化学工业出版社
（北京市东城区青年湖南街 13 号 邮政编码 100011）
印 装：河北延风印务有限公司
787mm×1092mm 1/16 印张 14½ 字数 330 千字
2025 年 1 月北京第 2 版第 5 次印刷

购书咨询：010-64518888
售后服务：010-64518899
网 址：http://www.cip.com.cn
凡购买本书，如有缺损质量问题，本社销售中心负责调换。

定 价：49.00 元

前 言

《化工过程分析与综合》第一版于2017年3月出版，为充分利用教育信息化高速发展带来的机遇，使数字化教学资源更好地发挥作用，因此对本书进行了更新再版。

新版教材具有如下特色：

(1) 以新形态教材的形式呈现。新版教材将正文所涉及的动画、拓展阅读、模拟程序、科学家介绍、工程案例、教学课件等以数字化资源呈现，读者只要扫描本书封底二维码就能方便地获取相应的数字化资源，极大地方便了读者的学习。

(2) 突出了理论和实践的结合。通过增加模拟程序及工程案例等内容，提高学生分析和解决实际问题的能力。

(3) 在内容上增加了学科相关的研究热点和难点问题，拓展学生的视野。例如，第5章在过程系统能量集成的基础上增加了功集成知识；新增第7章化工产品设计知识。

各章编写与修订工作分工如下：第1章都健，第2章都健、董亚超，第3章肖武，第4章董宏光、邹雄，第5章王瑶、庄钰，第6章刘琳琳，第7章张磊。全书由都健统稿、数字化资源由刘琳琳负责统筹制作。

本书的编写得到了大连理工大学姚平经教授及“化工原理”教研室各位老师的支持和帮助，在此一并表示衷心感谢！

限于作者的学识水平，书中难免有不妥之处，敬请广大读者批评指正。

编 者

2021年3月

第一版前言

《化工过程分析与综合》是在过程系统工程学的基础上建立起来的，是高等学校化工类专业的必修课。为适应高等化工类人才培养的需求，作者总结了十余年来讲授该课程的教学经验，并充分借鉴国内外相关教材、专著和文献，组织编写了本书。

本书介绍了过程系统工程学的发展历史及研究进展，过程系统工程的基本概念和特点，过程系统综合的方法和策略，过程系统集成和优化的理论和最新研究成果，包括过程系统能量集成、过程系统质量集成（包括水系统集成）。本书的编写注重传统内容与现代内容的兼顾；通过实际工程案例的研究和应用，将知识点与兴趣点结合，以培养学生分析和解决实际问题的能力；体系上注重教材的科学性、实用性、通用性。

本书由都健主编。第 1 章由都健编写，第 2 章由都健、韩志忠编写，第 3 章由肖武编写，第 4 章由董宏光、邹雄编写，第 5 章由王瑶编写，第 6 章由刘琳琳编写。姚平经教授审阅了全书，并提出了宝贵的建议，在此深表谢意。

由于作者水平有限，书中难免有不妥和疏漏之处，敬请指正。

编　者

2016 年 12 月

网络增值服务使用说明

本教材配有网络增值服务，建议同步学习使用。读者可通过微信扫描本书二维码获取网络增值服务。

网络增值服务内容

动画

工程案例

拓展阅读

科学家介绍

模拟程序

教学课件

网络增值服务使用步骤

1

本书二维码

易读书坊

微信扫描本书二维码，关注公众号“**易读书坊**”

2

正版验证

刮开涂层获取网络增值服务码

手动输入　　无码验证

首次获得资源时，**需点击弹出的应用**，进行正版认证

3

刮开**封底**“网络增值服务码”，通过**扫码认证**，享受本书的网络增值服务

化学工业出版社教学服务

化工教育

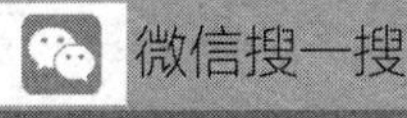

化工类专业教学服务与交流平台

新书推荐 · 教学服务 · 教材目录 · 意见反馈……

目　录

第 1 章　绪论 / 1

1.1　过程系统工程的进展 ………………… 1
1.2　基本概念 ………………………………… 2
　1.2.1　过程系统 …………………………… 2
　1.2.2　过程系统分析 ……………………… 2
　1.2.3　过程系统综合 ……………………… 2
　1.2.4　过程系统优化 ……………………… 3
1.3　本课程的特点 …………………………… 3
参考文献……………………………………… 4

第 2 章　过程系统的稳态模拟 / 6

2.1　过程系统的稳态模拟概述 …………… 6
　2.1.1　过程系统的数学模型 …………… 6
　2.1.2　过程系统模拟的基本任务 …… 7
　2.1.3　过程系统稳态模拟的基本方法 ·· 8
　2.1.4　流程模拟软件简介 ……………… 9
2.2　过程单元与过程系统的自由度分析 · 10
　2.2.1　自由度概念 …………………… 10
　2.2.2　过程单元的自由度分析 …… 10
　2.2.3　过程系统的自由度分析 …… 15
2.3　过程系统模拟的序贯模块法 …… 16
　2.3.1　序贯模块法的基本问题 …… 16
　2.3.2　不相关子系统的分隔 ……… 17
　2.3.3　不可分隔子系统的断裂 …… 23
　2.3.4　断裂流股变量的收敛 ……… 27
2.4　过程系统模拟的联立方程法 …… 29
　2.4.1　联立方程法的基本思想和特点 · 29
　2.4.2　稀疏线性方程组的解法 …… 32
2.5　过程系统模拟的联立模块法 …… 37
　2.5.1　联立模块法的基本思想和特点 · 37
　2.5.2　简化模型建立中问题的描述方式 …………………… 38
　2.5.3　单元简化模型的形式 ……… 39
习题 ………………………………………… 41
本章符号说明 …………………………… 43
参考文献 ………………………………… 43

第 3 章　换热器网络综合 / 45

3.1　换热器网络的综合问题 ………… 45
3.2　过程系统的夹点及其意义 ……… 47
　3.2.1　温-焓图（T-H 图） ………… 47
　3.2.2　组合曲线 ……………………… 49
　3.2.3　在温-焓图上描述夹点 ……… 50
　3.2.4　问题表格法确定夹点 ……… 54
　3.2.5　夹点的意义 ………………… 59
3.3　过程系统夹点位置的确定 ……… 61
　3.3.1　操作型夹点计算 …………… 62
　3.3.2　设计型夹点计算 …………… 63
3.4　过程系统的总组合曲线 ………… 64
　3.4.1　总组合曲线绘制方法分类 …… 65
　3.4.2　问题表格法绘制总组合曲线 … 65
　3.4.3　图解法绘制总组合曲线 …… 67
　3.4.4　总组合曲线的意义 ………… 68
3.5　根据温-焓图综合换热器网络……… 69
　3.5.1　热力学最小传热面积网络的分析 ………………………… 69

3.5.2 热力学最小传热面积网络的综合 …… 71
3.5.3 热力学最小传热面积网络的改进 …… 72
3.6 夹点设计法综合换热器网络 …… 74
3.6.1 夹点处物流匹配换热的可行性规则 …… 74
3.6.2 物流匹配的经验规则 …… 78
3.7 换热器网络的调优 …… 84
3.7.1 最少换热设备个数与热负荷回路 …… 84
3.7.2 热负荷回路的断开 …… 86
3.7.3 热负荷路径及能量松弛 …… 89
3.8 分步综合换热器网络的数学规划法——转运模型法 …… 102
3.8.1 转运模型 …… 103
3.8.2 最小公用工程费用问题 …… 105
3.8.3 最少换热设备个数问题 …… 109
3.8.4 利用转运模型综合的步骤 …… 110
3.9 同步综合换热器网络的数学规划法——超结构法 …… 110
3.9.1 基于分级超结构的混合整数非线性规划模型 …… 111
3.9.2 基于分级超结构的混合整数非线性规划模型的求解 …… 113
习题 …… 116
本章符号说明 …… 117
参考文献 …… 118

第4章 分离序列综合 / 122

4.1 分离序列综合概述 …… 122
4.2 分离序列综合的基本概念 …… 123
4.2.1 分离序列综合问题的定义 …… 123
4.2.2 分离序列综合组合问题 …… 123
4.2.3 分离序列方案评价 …… 126
4.2.4 分离过程的能耗 …… 127
4.3 有序直观推断法 …… 128
4.4 渐进调优法 …… 133
4.4.1 建立初始分离序列 …… 133
4.4.2 确定调优法则 …… 133
4.4.3 制定调优策略 …… 133
4.5 数学规划法 …… 137
4.5.1 动态规划法 …… 137
4.5.2 有序分支搜索法 …… 143
4.5.3 超结构法 …… 145
习题 …… 152
本章符号说明 …… 152
参考文献 …… 153

第5章 过程系统能量集成 / 155

5.1 过程系统能量集成概述 …… 155
5.2 蒸馏过程与过程系统的能量集成 · 156
5.2.1 蒸馏塔在系统中的合理设置 · 156
5.2.2 蒸馏过程与过程系统的能量集成 …… 157
5.3 公用工程与过程系统的能量集成 … 164
5.3.1 热机与热泵在系统中的合理设置 …… 164
5.3.2 热机在热集成过程中热负荷及温位的限制 …… 166
5.4 全局能量集成 …… 166
5.4.1 全局组合曲线和全局夹点 … 166
5.4.2 全局能量集成的加/减原则 … 168
5.5 夹点分析在过程系统能量集成中的应用 …… 169
5.5.1 过程用能的一致性原则 …… 170
5.5.2 过程流股的提取及参数的确定 ·172
5.5.3 过程系统用能诊断 …… 174
5.5.4 过程系统用能调优 …… 177
5.5.5 工业应用实例 …… 177
5.6 过程系统功集成 …… 182
5.6.1 功交换网络综合 …… 182

5.6.2 功集成 …… 184
习题 …… 186
本章符号说明 …… 187
参考文献 …… 187

第 6 章 过程系统质量集成 / 188

6.1 过程系统质量集成概述 …… 188
6.2 质量交换网络综合 …… 188
6.2.1 基本概念 …… 188
6.2.2 质量交换网络与热交换网络的类比 …… 190
6.2.3 质量交换网络综合方法 …… 190
6.3 质量夹点法 …… 191
6.3.1 最小浓度差与浓度转换 …… 191
6.3.2 组合曲线法确定夹点 …… 192
6.3.3 浓度间隔图表法确定夹点 …… 195
6.3.4 质量交换网络综合准则 …… 197
6.3.5 质量集成 …… 199
6.4 水分配网络综合 …… 199
6.4.1 基本概念 …… 199
6.4.2 水分配网络综合方法 …… 200
习题 …… 204
本章符号说明 …… 204
参考文献 …… 205

第 7 章 化工产品设计 / 207

7.1 化工产品设计概述 …… 207
7.1.1 化工产品分类 …… 207
7.1.2 化工产品设计开发流程 …… 209
7.2 分子与混合物设计方法 …… 210
7.2.1 分子结构表征 …… 211
7.2.2 可行分子/混合物生成方法 …… 212
7.2.3 分子/混合物设计（CAMD/CAM^{b}D）的数学模型 …… 217
7.3 分子与混合物设计实例 …… 218
7.3.1 制冷剂分子设计 …… 218
7.3.2 MBT 结晶溶剂设计 …… 219
7.3.3 页岩气脱酸过程吸收剂产品与过程设计 …… 221
习题 …… 222
参考文献 …… 222

第1章 绪论

本章学习要点

1. 了解过程系统工程学科的发展历史和研究进展。

2. 掌握过程系统工程的基本概念，包括过程系统、过程系统分析、过程系统设计和过程系统优化。

3. 掌握过程系统工程的研究方法和特点。

1.1 过程系统工程的进展

随着科学技术的进步，现代过程工业实现了综合生产，生产装置日趋大型化、复杂化，产品品种精细化，要求实现整个装置乃至一个联合企业的最优设计、最优控制和最优管理，并在安全、可靠和对环境污染最小的状况下运行，以单元操作概念为基础的化学工程方法已不能适应时代的要求。20 世纪 60 年代初，在系统工程学、运筹学、化学工程学、过程控制以及计算机技术等学科的基础上，产生和发展起来一门新兴的技术学科——过程系统工程学。

系统工程简述

过程系统工程学是将系统工程的思想和方法用于过程系统而形成的。由于化工过程是一类典型的过程系统，而且关于化工系统工程的研究开展得较早、较为深入，在一些场合常将化工系统工程作为过程系统工程来讨论[1]，且化工过程分析与综合是化工系统工程的重要研究内容。

20 世纪 60 年代是过程系统工程产生和发展的理论准备时期，这个时期的活动主要在学术界，是学术酝酿期。这期间奠定了过程系统工程学科的理论基础及研究方法，明确了学科范畴为过程系统的分析、过程综合和过程控制，代表性的研究者有美国的 Rudd 和 Watson[2]，Himmelblau 和 Bischoff[3] 等。

20 世纪 70 年代是过程系统工程走上实用的时期。一方面，随着计算机应用的普及，科研人员采用过程系统工程方法研制工业用化工流程通用模拟系统，如 Aspen Plus、PRO/Ⅱ等，对过程系统生产实现计算机控制，取得显著经济效益。另一方面，由于石油危机的挑战，化学工业需要大幅度节能降耗，同时为满足石油化工装置的大型化、综合化的需求，迫切需要开发新的手段来分析、设计和控制这些复杂的化工系统，这些动因就促成了过程系统工程的大发展。

20 世纪 80 年代和 90 年代是过程系统工程普及推广的时代，过程系统工程已经从学术理论走向工业应用，不仅在化工、石油、石油化工、核工业和能源等过程工业中获得广泛应用，而且向冶金、轻工、食品等工业部门推广，有力地促进了这些部门生产技术的发展，并实现了不少重大技术突破[4-6]。相应地，过程系统工程学科在理论、方法和内容方面也在不断发展和完善。

21 世纪以来，过程系统工程进入扩展时期，在研究范围和研究内容方面继续向纵深发展，从以换热网络为代表的能量系统的研究和应用，扩展到质量交换网络的研究与应用，典型的有水网络集成和氢网络集成[7-11]，以及质能同时集成[12,13]。此外，计算机辅助产品设计[14]也是目前过程系统工程的研究热点和重点。

经过长期发展，过程系统工程学的研究范畴不断延伸，涉及分子、单元、系统、工厂/园区、供应链等多个科学尺度，相关理论与技术方法在推动过程工业高质量发展中起到关键作用，是过程工业实现高端化、智能化与绿色化的重要基础。

1.2 基本概念

1.2.1 过程系统

过程系统是对原料进行物理或化学加工处理的系统，它由一些特定功能的过程单元按照一定的方式相互联结组成，它的功能在于实现工业生产中的物质和能量的转换；过程单元用于进行物质和能量的转换、输送和储存；单元间通过物料流、能量流和信息流相连而构成一定的关系[15]。

20 世纪末以来，过程系统已由原来的常规尺度过程工业系统向巨型和微型过程系统扩充，不限于人造系统。巨型过程系统，如地区和全球气候变化的过程系统；微型过程系统，如纳米级的分子工厂、基因工程中微系统过程[1]。

1.2.2 过程系统分析

过程系统分析（或过程分析）是指：对于系统结构及其中各个单元或子系统均已给定的现有过程系统进行分析，即建立各单元或子系统的数学模型，按照给定的系统结构进行整个系统的数学模拟，预测系统在不同条件下的特性和行为，借以发现其薄弱环节并加以改进[16]。过程系统分析的概念如图 1-1 所示，即对于已知的过程系统，给定其输入参数，求解其输出参数。具体些说，大致包括过程系统的物料、热量衡算，确定设备负荷、费用，以及对过程系统进行技术、经济和环境影响等多目标评价。化工过程模拟系统是过程系统分析的主要工具。

1.2.3 过程系统综合

在哲学中，为了构成较为完整的观点或体系，将各部分或各种因素结合在一起，叫做综合。过程系统综合（或过程综合）是过程系统工程学的核心内容，是指：按照规定的系统特性，寻求所需的系统结构及其各子系统的性能，并使系统按规定的目标进行最优组合[16]。过程系统综合的概念如图1-2所示，即当给定过程系统的输入参数及规定其输出参数后，确定出满足性能的过程系统，包括选择所采用的特定设备及其间的联络关系，并提供某些变量的初值。在设计新建装置时，过程综合用于从众多备选方案中选择最优流程。

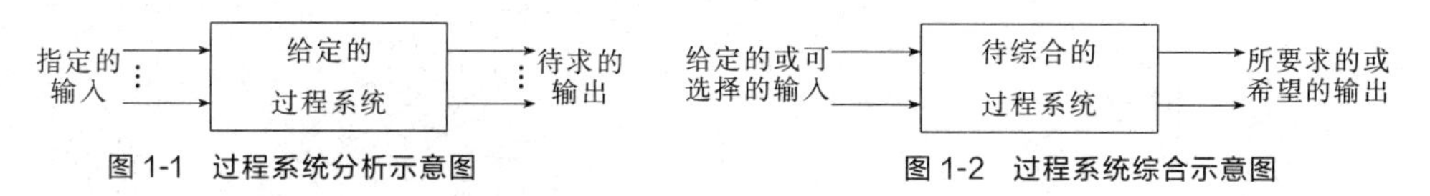

图1-1 过程系统分析示意图

图1-2 过程系统综合示意图

过程综合需要以过程分析为基础，同时过程综合又对过程分析提出新的要求，过程系统设计是综合与分析交替过程的整体。

过程系统综合是一个极为复杂的大系统、多目标最优组合问题，是过程系统工程学的一个前沿领域。

过程系统综合研究的主要课题有：①反应路径的综合；②反应器网络综合；③换热器网络综合；④分离序列综合；⑤公用工程系统综合；⑥控制系统综合；⑦全流程系统综合；⑧过程系统能量、质量集成。

过程系统综合的方法可归纳成4种基本方法：①分解法；②直观推断法；③调优法；④结构参数法。

1.2.4 过程系统优化

过程系统优化（或系统优化）可分为参数优化和结构优化。参数优化是指：在已确定的系统流程中，对其中的操作参数（如温度、压力和流量等）进行优选，以使某些指标（如费用、能耗和环境影响等）达到最优；如果改变过程系统中的设备类型或相互间的联结，以优化过程系统，则称为结构优化[17]。现场生产装置由于原料、负荷以及产品质量要求等发生变化，与原设计不符合，或个别设备已更新（如更换了新催化剂）或老化（如催化剂老化、换热设备结垢等），因而使过程系统操作条件不协调，并非处于最佳操作状态。针对这种情况，需要采用过程系统优化技术以实现过程结构优化或操作优化。

1.3 本课程的特点[18,19]

从上述内容可见，“过程系统工程”学科的研究内容和范围不断扩大，但作为本科生的课程，本教材主要介绍该学科的核心内容——化工过程分析与综合。本课程将理论和应用紧密结合。将过程系统的理论直接应用于过程和产品设计、过程操作与控制以及生产调度。对过程的操作优化、节能、增效，以及对设计中的优化综合和过程开发具有指导意义。

本课程注重基本概念、原理、方法和策略的论述，通过知识图谱梳理课程内容结构与知识点，以便使学生掌握系统的知识和综合的能力去应对变化的环境世界的挑战。

本课程采用的研究方法是系统的方法论，即把研究的对象系统看做一个整体，同时把研究过程也看做一个整体，并贯穿着优化的思想，即把系统中可调的部分调节到获得可能的最优性能。

本课程的一个最基本的目的是讨论化工过程系统设计的现代化方法和策略，即建立过程系统的数学模型，描述出系统中每一部分及总体性能，并给予评价；应用过程集成技术、数学规划方法和人工智能技术等对过程系统进行综合优化。

本章重点

1. 基本概念

① 过程系统：过程系统是对原料进行物理的或化学的加工处理的系统，它由一些特定功能的过程单元按照一定的方式相互联结而组成，它的功能在于实现工业生产中的物质和能量的转换。

② 过程系统分析：对于系统结构及其中各个单元或子系统均已给定的现有过程系统进行分析，即建立各单元或子系统的数学模型，按照给定的系统结构进行整个系统的数学模拟，预测系统在不同条件下的特性和行为，借以发现其薄弱环节并加以改进。

③ 过程系统综合：按照规定的系统特性，寻求所需的系统结构及其各子系统的性能，并使系统按规定的目标进行最优组合。

④ 过程系统优化：过程系统优化或系统优化可分为参数优化和结构优化。参数优化是指在已确定的系统流程中，对其中的操作参数（如温度、压力和流量等）进行优选，以使某些指标（如费用、能耗和环境影响等）达到最优；如果改变过程系统中的设备类型或相互间的联结，以优化过程系统，则称为结构优化。

2. 本课程的特点

本课程采用的研究方法是系统的方法论，即把研究的对象系统看做一个整体，同时把研究过程也看做一个整体，并始终贯穿着优化的思想。

参考文献

[1] 王基铭．过程系统工程辞典．2版．北京：中国石化出版社，2011.

[2] Rudd D F, Watson C C. Strategy of process engineering. New York: John Wiley and Sons, 1968.

[3] Himmelblau D M, Bischoff K B. Process analysis and simulation. New York: John Wiley and Sons, 1968.

[4] Gross B, Roosen P. Total process optimization in chemical engineering with evolutionary algorithms. Comput Chem Eng, 1998, 12: S229-S236.

[5] 俞红梅，姚平经，袁一．大规模复杂过程系统能量综合方法．高校化学工程学报，1998，4：368-374.

[6] 华贲．过程系统的能量综合和优化．化工进展，1994，3：6-15.

[7] Prakash R, U V Shenoy. Targeting and design of water networks for fixed flowrate and fixed contaminant load operations. Chemical Engineering Science, 2005, 60 (1): 255-268.

[8] Manan Z A, Y L Tan, D C Y Foo. Targeting the minimum water flow rate using water cascade analysis technique. AIChE Journal, 2004, 50 (12): 3169-3183.

[9] Agrawal V, U V Shenoy. Unified conceptual approach to targeting and design of water and hydrogen networks. AIChE Journal, 2006, 52 (3): 1071-1082.

[10] Alves J J, Towler G P. Analysis of refinery hydrogen distribution systems [J]. Industrial&Engineering Chemistry Research, 2002, 41 (23): 5759-5769.

[11] El-Halwagi M, Gabriel F, Harell D. Rigorous graphical targeting for resource conservation via material recycle/reuse

networks. Industrial&Engineering Chemistry Research，2003，42（19）：4319-4328.

[12] Du J，Meng X，Du H，et al. Optimal design of water utilization network with energy integration in Process Industries. Chin J Chem Eng，2004，2：247-255.

[13] Liu L，Du J，Yang F. Combined mass and heat exchange networks synthesis based on stage-wise superstructure model. Chin J Chem Eng，2015，9：1502-1508.

[14] Zhang L，Mao H，Liu Q. Chemical product design-recent advances and perspectives. Current Opinion in Chemical Engineering，2020，27：22-34.

[15]（民主德国）G. 格隆．过程系统工程（上册）．陆震维译．北京：化学工业出版社，1983.

[16]《中国大百科全书》编辑委员会．中国大百科全书——化工．北京：中国大百科全书出版社，1989.

[17] Westerberg A W，Hutchison H P，Motard R L，et al. Process flowsheeting. Cambridge England：Cambridge University Press，1979.

[18] 姚平经．过程系统分析与综合．大连：大连理工大学出版社，2004.

[19] 都健．化工过程分析与综合．大连：大连理工大学出版社，2009.

第2章

过程系统的稳态模拟

本章学习要点

1. 掌握过程系统数学模型的类型、过程系统模拟的基本任务。

2. 掌握过程系统稳态模拟的基本方法，即序贯模块法、联立方程法和联立模块法。

3. 掌握自由度概念，过程单元、过程系统的自由度分析。

4. 掌握序贯模块法中不相关子系统的分隔、不可分隔子系统的断裂以及断裂流股变量的收敛；联立方程法、联立模块法的基本思想和特点。

5. 掌握常用流程模拟软件的特点和应用。

2.1 过程系统的稳态模拟概述

过程系统的模拟可分为稳态模拟和动态模拟两类[1-4]。稳态模拟是过程系统模拟研究中开发最早和应用最为普遍的一种技术，它包括物料和能量衡算，设备尺寸和费用计算，以及过程的技术经济评价等。早期的模拟主要集中于发展分析模型，各种数学方法被用来获得不同化工问题的解析解。之后各种数学方法也被用来解决更严格的化工问题。目前，逆矩阵、非线性方程的求解和数值积分等方法在很多软件中应用；其模型主要是更详细地理解过程并用数学形式表达；目的是在各种水平上采用“模型图”以简化模型来表达复杂问题，并应用系统的方法解决问题。最新的比较全面的过程系统模拟方法和应用见参考书[5]。由于过程系统本身是动态的，即过程变量随时间而变化，因此，要真正认识过程的变化规律，客观上需要对过程系统进行动态模拟。本章主要介绍过程系统稳态模拟的基本概念和方法。

2.1.1 过程系统的数学模型

数学模型是对单元过程及过程系统或流程进行模拟的基础，对模拟结果的可靠性及准确程度起到关键作用。不同的过程具有不同的性能，因而需建立不同类型的模型，不同类型的模型求解方法也不同。

(1) 稳态模型与动态模型

在模型中，若系统的变量不随时间而变化，即模型中不含时间变量，称此模型为稳态模型。当连续生产装置正常运行时，可用稳态模型描述。对于间歇操作，装置的开、停车过程或在外界干扰下产生波动，则用动态模型描述，反映过程系统中各参数随时间变化规律。

（2）机理模型与“黑箱”模型

数学模型的建立是以过程的物理与化学变化本质为基础的。根据化学工程学科及其他相关学科的理论与方法，对过程进行分析研究而建立的模型称为机理模型。例如，根据化学反应的机理、反应动力学和传递过程原理而建立起来的反应过程数学模型，以及按传递原理及热力学等建立起来的换热及精馏过程的数学模型等。而当缺乏合适的或足够的理论依据时，则不能对过程机理进行正确描述，对此，可将对象当做“黑箱”来处理。即根据过程输入、输出数据，采用回归分析方法确定输出与输入数据的关系，建立起“黑箱”模型，即经验模型。这种模型的适用性受到采集数据覆盖范围的限制，使用范围只能在数据测定范围内，而不能外延。

（3）集中参数模型与分布参数模型

按过程的变量与空间位置是否相关，可分为集中参数模型和分布参数模型。当过程的变量不随空间坐标而改变时，称为集中参数模型，如理想混合反应器等，当过程的变量随空间坐标而改变时，则称为分布参数模型。如平推流式反应器，其数学模型在稳态时为常微分方程，在动态时为偏微分方程。若在以 z 轴为中心的半径方向也存在变化，则该模型为二维分布参数模型。

（4）确定性模型与随机模型

按模型的输入与输出变量之间是否存在确定性关系可分为确定性模型和随机模型。若输出与输入存在确定关系则为确定性模型，反之为随机模型。在随机模型中时间通常是一个独立变量，若时间不作为变量，则称其为统计的数学模型。

2.1.2　过程系统模拟的基本任务

过程系统模拟的基本任务主要有以下三个方面。

（1）过程系统的模拟分析

过程系统的模拟分析常称为标准型问题或操作型问题（operating problem），该问题首先应给定过程系统的结构，即过程系统及设备参数向量，给定输入流股向量，求解输出流股向量。对于过程系统，可获得系统内各单元过程输出流股向量，如图2-1所示。然后，由获得输出流股的各种信息，对过程系统及单元过程各种工况进行分析，以指导操作和过程的改造。如对一生产装置，通过模拟计算，获得所需要的信息，对实际生产的故障进行分析诊断。对装置的操作状况进行评价，对不同操作条件下运行工况进行预测，这对保证装置的正常运行是十分必要的。

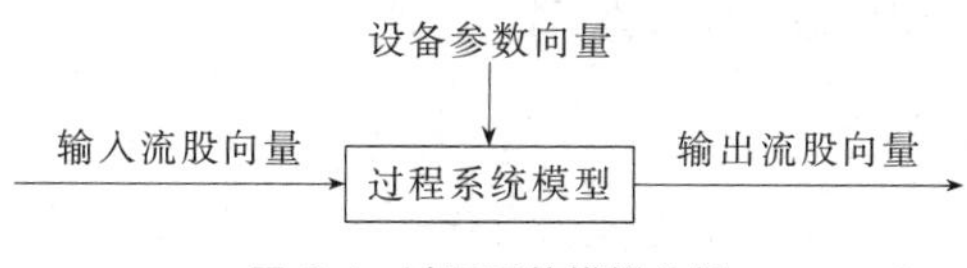

图2-1　过程系统模拟分析

（2）过程系统设计

在实际生产中，若新建一生产装置或对现有装置进行改造，均离不开过程系统及单元过程的设计，此类问题为设计型问题（design problem）。

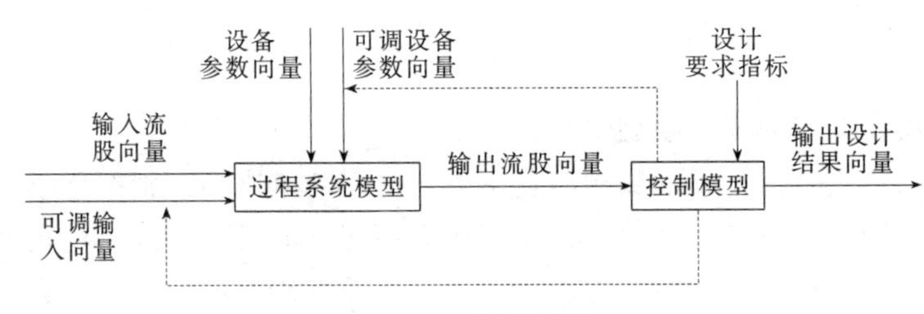

图 2-2　设计型问题

设计型问题的表达如图 2-2 所示。设计型问题是首先给定部分输入流股向量与设备参数向量。同时，指定输出流股向量中产品的特性要求。

在求解过程中，通过调整另一部分输入向量和设备参数向量使产品达到规定的特性指标，从而获得过程系统中各物流、能流及特性等信息，为过程系统及单元设备设计提供设计的基础数据。在实际工程设计中，通常是经过广泛调查研究和充分论证之后，确定一个或几个初步的工艺流程方案。然后，分别对各流程进行严格的模拟计算，对系统单元过程、设备以及操作条件进行调节，使之满足规定的工艺要求，并将方案进行比较，确定一比较适宜方案为最终方案。由最终方案的计算结果，作为基础设计的依据。

(3) 过程系统优化

过程系统的优化问题，即应用优化的模型或方法，求解过程系统的数学模型，确定一组关于某一目标函数为最优的决策变量的解（优化变量的解），以实现过程系统最佳工况。

优化问题与设计型问题相似，如图 2-3 所示。优化问题是通过不断调整有关的决策变量，即相关的可调的输入流股条件与设备参数，使目标函数在规定的约束条件下达到最佳。而调整决策变量是通过优化程序实现的。当优化目标涉及经济评价时，还必须提供描述经济指标的经济模型。

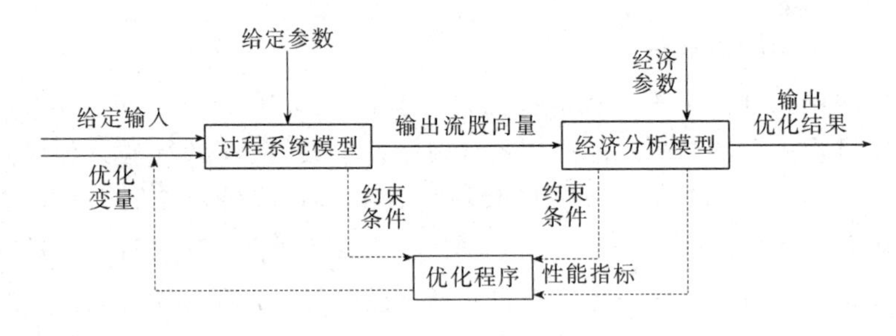

图 2-3　过程系统优化

2.1.3　过程系统稳态模拟的基本方法[6-11]

(1) 序贯模块法

序贯模块法（sequential modular approach）是开发最早、应用最广泛的方法。目前绝大多数通用应用软件多采用该方法。序贯模块法是以过程系统的单元设备数学模型为基本模块，该模块的基本功能是，只要给定全部输入流股相关变量和设备主要结构尺寸，即可求得所有输出流股的全部信息。同时，该信息提供后续单元设备模块的输入。

根据过程系统流程拓扑的信息流图，按照流股方向依次调用单元设备模块，逐个求解全系统的各个单元设备，获取全系统的所有输出信息。可见，序贯模块法也就是逐个单元模块依次序贯计算求解系统模型的一种方法。

(2) 联立方程法

联立方程法（equation-based approach）的基本思想是将描述过程系统的所有方程组织起来，形成一大型非线性方程组，进行联立求解。这些方程来自各单元过程的描述及生产工艺要求、过程系统设计约束条件等。与序贯模块法不同的是，序贯模块法是按单元过程模块求解，而联立方程法是将所有方程放在一起联立求解，从而打破单元模块间的界限，可根据计算任务的需要按一定的方法分隔成若干较小的方程组，按一定的顺序联立求解。或将非线性方程线性化，与原线性方程一起形成大型稀疏线性方程组，再联立求解。

(3) 联立模块法

联立模块法是用各个模块的严格模型计算出来的结果，根据输出的信息与输入信息间的关系产生简化模型，例如线性模型，再对简化模型以及联结方程联立求解，求解过程包括设计规定方程，对断裂流股要设定初值，求解后得出各流股的新值，再迭代使收敛。根据简化模型与 Jacobian 矩阵产生的方法以及迭代变量选定方法的不同，具体的算法有所不同。

2.1.4　流程模拟软件简介

2.1.4.1　流程模拟软件的基本结构

流程模拟软件的基本结构如图 2-4 所示。输入模块提供模拟计算所需的所有信息，其中包括过程系统的拓扑结构信息。单元过程模块是过程系统模拟的重要组成部分。单元过程模块是根据输入流股及单元结构的信息，通过过程速率或平衡级等的计算，对过程进行物料流及能量流的衡算，获得所有输出流股的信息。物性及热力学数据库及计算方法库为单元过程模块求解提供基础数据和求解方法。优化方法库为系统模拟需要进行优化时提供优化计算方法。经济分析模块则是将生产操作费用与设备投资费用与市场联系起来，对系统生产进行经济评价。管理系统执行模块是过程系统模拟的核心，用以控制计算顺序及整个模拟过程。输出模块按照单元过程模块或流股输出用户所需的中间结果或最终结果等。

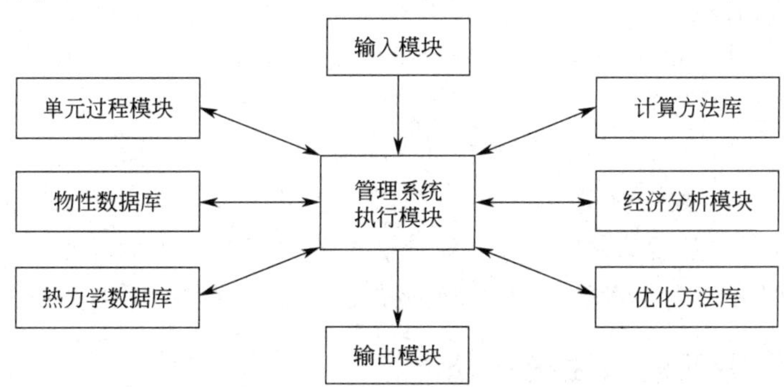

图 2-4　流程模拟软件的基本结构

2.1.4.2 流程模拟软件介绍

常用流程模拟软件

化工过程稳态模拟是通过运用工程研究的基本理论与方法描述过程与设备各变量间的基本关系，以预测过程系统行为[12,13]。20 世纪 50 年代末期，人们开始尝试在计算机上实现过程系统工艺流程的开发设计，这种在计算机上模拟化工过程的统一流程软件称为化工模拟软件。发展至今，化工模拟软件已经成为化工过程设计、生产过程优化与诊断的强有力工具，在工艺开发、工程设计、优化操作和技术改造中发挥着巨大作用。

目前应用最广的稳态流程模拟软件主要有 Aspen Plus、Pro/Ⅱ、ChemCAD 和 HYSYS 等，其中前三种软件主要采用序贯模块法进行解算，HYSYS 则主要基于联立方程法求解。

2.2 过程单元与过程系统的自由度分析

2.2.1 自由度概念

自由度是一个抽象的概念，同时也是系统的非常重要的参数[14,15]。自由度分析的主要目的是在系统求解之前，确定需要给定多少个变量，可以使系统有唯一确定的解。在求解模型之前，通过自由度分析准确地确定系统应给定的独立变量数，可以避免由设定不足或设定过度而引起的方程无解。

单元操作过程的数学模型由代数方程组和（或）微分方程组所构成，假定共有 m 个独立方程式，其中含有 n 个变量，且 $n>m$，则该模型具有的自由度为

$$d=n-m \tag{2-1}$$

即需要在 n 个变量中给定 d 个变量的值，对选出的 d 个变量赋以不同的值，模型方程得到的解也将有所不同，这些变量称为设计变量；其余 m 个变量可由 m 个方程式解出，称为状态变量。

由相律可知，对于一多组分、多相的平衡系统来说，自由度为

$$d=C-P+2 \tag{2-2}$$

式中 C——组分数；

P——相数。

相律中的自由度只包括强度性质（T、p 等），而不涉及系统的大小数量（总量、各相的量）。但在建立单元操作过程模型时必然要考虑系统的大小数量，如流股的流量、热负荷以及压力的变化等。

根据杜亥姆（Duhem）定理，可推知一个独立流股具有（$C+2$）个自由度，或者说，指定（$C+2$）个独立变量即可确定一个独立流股。如，规定了流股中 C 个组分的摩尔流量以及流股的温度 T 和压力 p，则该流股就确定了。也可用流股中组分的摩尔分数（即$C-1$个组分的摩尔分数值）和该流股的总摩尔流量来代替各组分的摩尔流量。

2.2.2 过程单元的自由度分析

过程单元自由度分析的基本步骤是：求出该单元所有输入与输出流股独立变量数与

设备参数的总和 n 及该单元的独立方程数 m，则自由度 d 即为（$n-m$）。

独立方程的类型主要有：物料衡算、焓衡算、相平衡、温度与压力平衡及其他有关的独立方程。物性参数的计算式，例如求相对焓值及求气液平衡常数的关联式等不作为独立方程。

典型单元操作过程的自由度分析如下。

(1) 混合器[12,13]

简单混合器的示意表达如图 2-5 所示，有两个流股混合成一个流股，每一流股有（$C+2$）个独立变量。对该过程可以建立以下独立方程

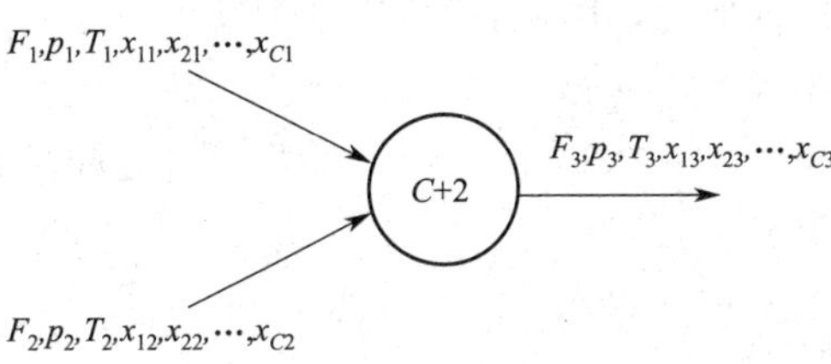

图 2-5 简单混合器示意图

压力平衡方程 $p_3=\min\{p_1,p_2\}$

物料衡算方程 $F_1=F_2+F_3$

$$x_{j1}F_1+x_{j2}F_2=x_{j3}F_3 \qquad (j=1,2,\cdots,C-1)$$

热量衡算方程 $F_1H_1+F_2H_2=F_3H_3$

式中 H——流股的比摩尔焓；

F——流股的摩尔流量；

x——流股中组分的摩尔分数；

p——压力。

上述混合器的独立方程数

$$m=C+2$$

混合器的自由度为

$$d=n-m=3(C+2)-(C+2)=2(C+2)$$

由上式可见，两独立流股混合过程的自由度为两个独立流股自由度之和，即相当于指定该两个输入流股变量后，混合器出口流股的变量就完全确定了，可用（$C+2$）个独立方程解出。也可指定包括输出流股在内的 $2(C+2)$ 个独立变量，用（$C+2$）个方程求出输入流股中的某些变量。如果混合器有 S 个输入流股，则自由度为 $S(C+2)$，即相当于指定 S 个输入流股变量后，混合器出口流股的变量也就确定了。

(2) 分割器[12,13]

简单分割器的示意表达如图 2-6 所示，由一股输入物流按一定分率分割成两股物流。由直观分析得知，当指定（$C+2$）个输入流股变量以及一个分割分率（其值为 0～1 之间的一个参量），则该分割器的两股输出物流的变量就完全确定了，即该简单分割器的自由度为（$C+2$）$+1$。

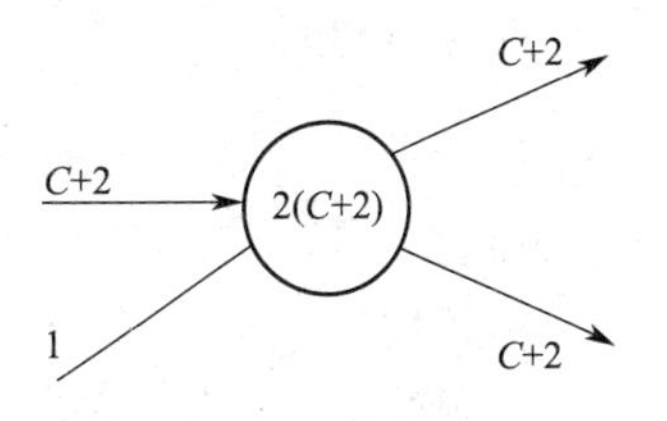

图 2-6 简单分割器示意图

当一个流股分割成 S 个流股时，由以上分析可知，指定（$C+2$）个输入流股变量以及（$S-1$）个分割分率值（因为分割分率之和为 1，故在 S 个分割分率中只有 $S-1$ 个是可以被规定的），则可由 $S(C+2)$ 个独立方程式解出 S 个分支流股包含的变量。该分割器的自由度为

$$d=(S+1)(C+2)+(S-1)-S(C+2)=(C+2)+(S-1)$$

（3）闪蒸器[12,13]

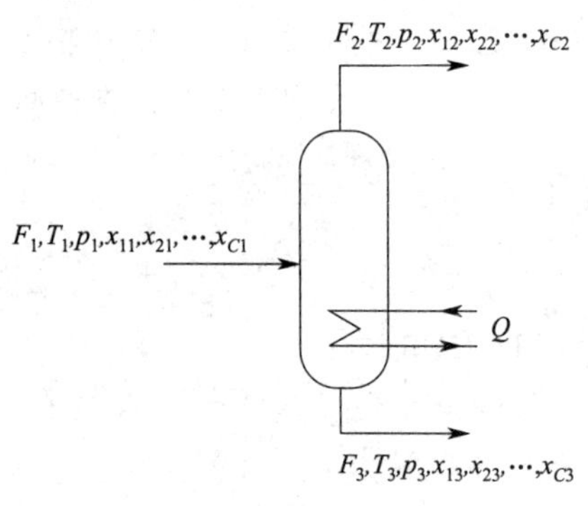

图 2-7 闪蒸器单元示意图

如图 2-7 所示，闪蒸器不一定是绝热闪蒸，输出的汽液相达到平衡。自由度分析对于阀后这种情况，闪蒸器共有三个流股，此外，闪蒸器的加热量 Q 必须作为设备参数。故变量总数为 $3(C+2)+1$，表示闪蒸器变量之间关系的方程为

物料衡算方程　$F_1x_{j1}=F_2x_{j2}+F_3x_{j3}$
$(j=1,2,\cdots,C)$

热量衡算方程　$F_1H_1+Q=F_2H_2+F_3H_3$

式中　H——流股的比摩尔焓；

F——流股的摩尔流量；

x——流股中组分的摩尔分数。

温度平衡方程　$T_2=T_3$

压力平衡方程　$p_2=p_3=p_1$

相平衡方程　$x_{j2}=k_jx_{j3}$　$(j=1,2,\cdots,C)$

这里共有 $(2C+4)$ 个独立方程式。故闪蒸器的自由度为

$$d=3(C+2)+1-(2C+4)=C+3$$

对于阀前另外一种情况，变量数多一个减压阀压力降 Δp，即 $n=3(C+2)+2$，则 d 也就多一个，为 $C+4$。

（4）换热器[12,13]

设换热器两侧物流的组分数目分别为 C_1 与 C_2，如图 2-8 所示，则自由度分析如下：

方程名称	一侧方程数	另一侧方程数
物料衡算	C_1	C_2
焓衡算	1	1
压力变化	1	1
独立方程数	C_1+2	C_2+2
独立方程总数	$m=(C_1+2)+(C_2+2)$	

独立变量数	一侧	另一侧
输入物流	C_1+2	C_2+2
输出物流	C_1+2	C_2+2
热负荷,作为设备参数	1	
独立变量总数	$n=2(C_1+2)+2(C_2+2)+1$	

故自由度为

$$d=2(C_1+2)+2(C_2+2)+1-[(C_1+2)+(C_2+2)]=C_1+C_2+5$$

即当给定进口热、冷流股的 (C_1+C_2+4) 个变量以及换热负荷（一个变量）后，出口流股的变量就完全确定了，可由 (C_1+C_2+4) 个独立方程式求出。

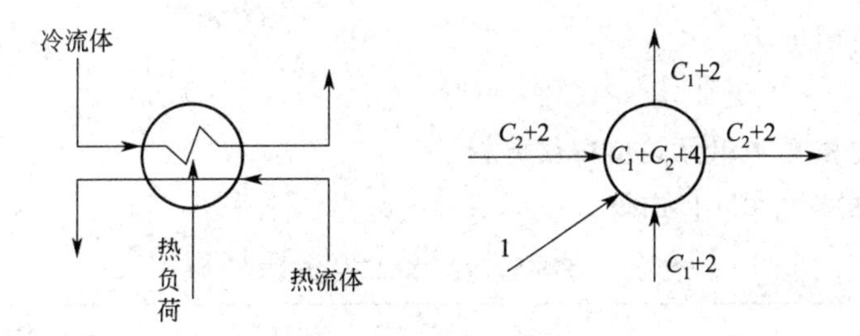

图 2-8　换热器单元示意图

(5) 反应器[8]

如图 2-9 所示，常用的反应器模型是规定出口反应程度的宏观模型，可称“反应度模型”。不假定反应达到平衡，而是规定了 r 个独立反应的反应度 $\xi_i(i=1,2,\cdots,r)$。向反应器提供的热量 Q（移出时 Q 为负值）和反应器中的压力降 Δp 是两个设备单元参数，所以共有 $r+2$ 个设备单元参数；独立方程数为 C 个组分物料平衡方程、1 个焓平衡方程、1 个压力平衡方程，即独立方程总数为 $C+2$。其自由度为

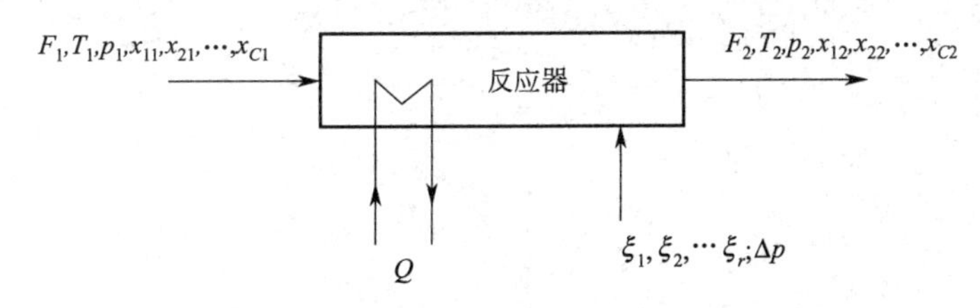

图 2-9　反应器单元示意图

$$d=2(C+2)+(r+2)-(C+2)=C+r+4$$

(6) 压力变化单元[7]

压力变化单元包括阀门、泵、压缩机等单元，如图 2-10 所示。压力变化单元中除了压降 Δp 作为设计参数予以规定，对于泵、压缩机而言，与物料流无关的能量流（轴功 W）也作为设计参数予以规定；独立方程数为 C 个组分物料平衡方程、1 个温度相等（忽略温度变化）方程、1 个压力平衡方程，即独立方程总数为 $C+2$。

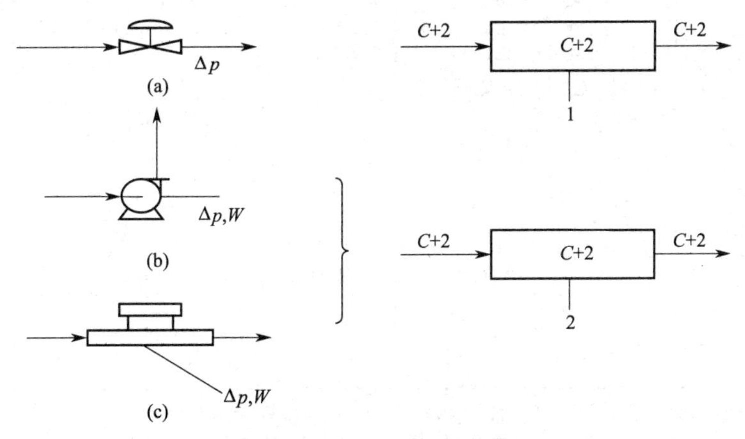

图 2-10　压力变化单元示意图

阀门的自由度为

$$d=2(C+2)+1-(C+2)=C+3$$

泵、压缩机的自由度为

$$d=2(C+2)+2-(C+2)=C+4$$

(7) 分离过程基本单元的自由度分析[16]

分离过程基本单元的自由度分析如表 2-1 所示。

表 2-1 分离过程基本单元的自由度分析

简图	名称	独立变量总数① m	独立方程总数① n	自由度 d
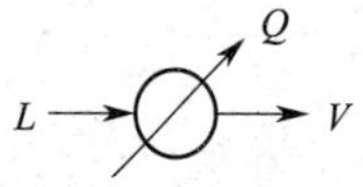	全沸器	$(2C+5)$	$(C+2)$	$(C+3)$
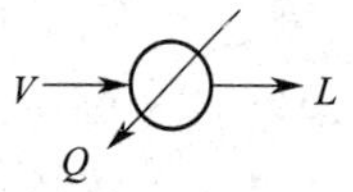	全凝器	$(2C+5)$	$(C+2)$	$(C+3)$
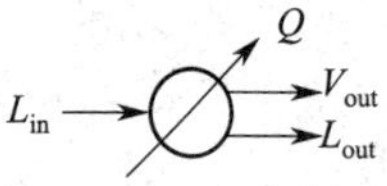	部分再沸器	$(3C+7)$	$(2C+3)$	$(C+4)$
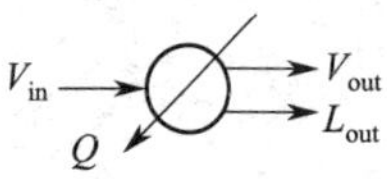	部分冷凝器	$(3C+7)$	$(2C+3)$	$(C+4)$
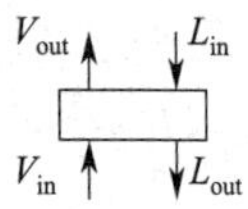	绝热平衡级	$(4C+8)$	$(2C+3)$	$(2C+5)$
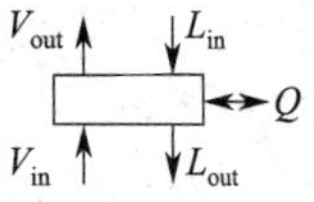	平衡级，有热负荷	$(4C+9)$	$(2C+3)$	$(2C+6)$
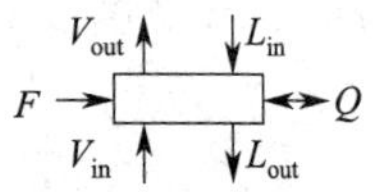	平衡级，有进料及热负荷	$(5C+11)$	$(2C+3)$	$(3C+8)$
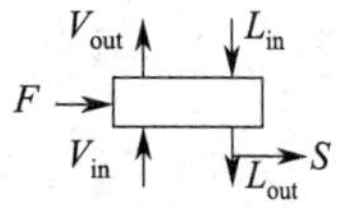	平衡级，有进料侧线引出与热负荷	$(6C+13)$	$(3C+4)$	$(3C+9)$
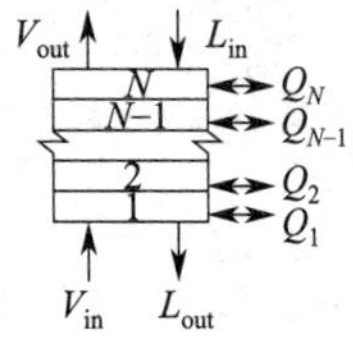	N 平衡级，有热负荷	$(5N+2NC+2C+5)$	$(3N+2NC)$	$(2N+2C+5)$

① 原书中流股变量按 $C+3$ 计，即温度或焓、压力、总流率及 C 个组分的组成摩尔分数，相应的方程多一个，即组成约束方程：$\sum_{i}^{C} X_i=1$，本表按独立变量及独立方程考虑，作相应调整。

分离过程复杂单元的自由度分析及涉及变量的指定，请参阅文献 [16]。

2.2.3 过程系统的自由度分析[17]

过程系统由过程单元组成，在过程单元自由度分析的基础上，进行过程系统的自由度分析。设流程如图 2-11 所示，该过程的进料为含有少量杂质 B 的高压气相组分 A。进料首先与主要组分为 A 的循环物流混合，然后进入反应器。在反应器中发生由单组分 A 生成 C 的放热反应。反应器出口物流用冷却水冷却，然后通过一节流阀减压进入闪蒸器。在闪蒸器中，未反应的组分 A 和 B 进入气相，液相出料为纯度较高的组分 C。未反应的组分 A 被循环利用。为防止系统里杂质 B 的含量过高，将闪蒸器的一部分气相出料放空，其余部分则经压缩机升压，然后和进料混合。

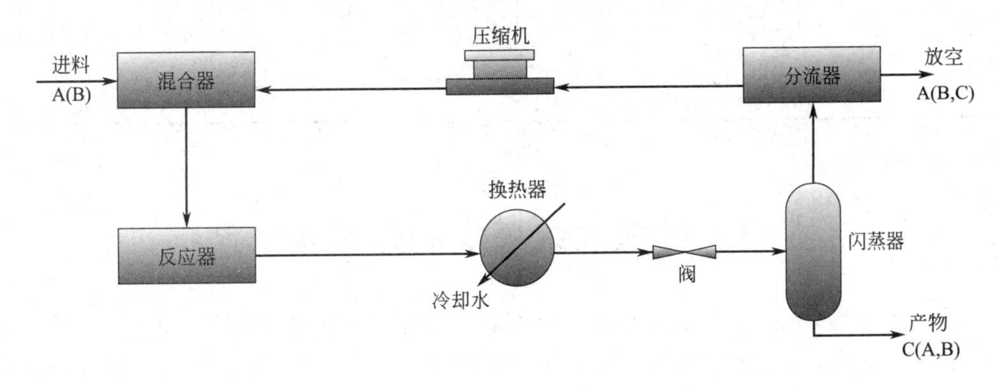

图 2-11　化工流程示例

该流程的自由度分析如图 2-12 及表 2-2 所示。图中有箭头的各流股所注数字都等于 (C_1+2)。单元设备内的数字为独立方程数。无箭头线段上的数字为该单元设备参数的数目。

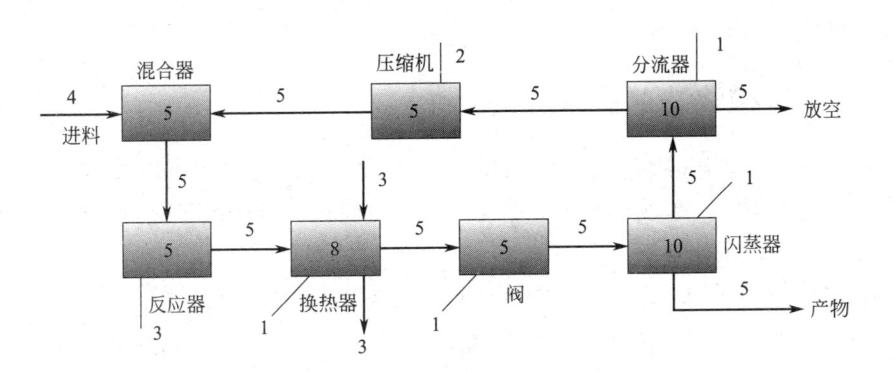

图 2-12　流程自由度分析示例

独立方程总数 $m=48$

流股独立变量数=55

单元参数=9

独立变量总数 $n=55+9=64$

所以，流程自由度 $d=n-m=64-48=16$

表 2-2 图 2-11 流程的自由度分析

单元	独立方程数	输入物流独立变量数	单元参数的数目	说明
混合器	5	9	0	
反应器	5	5	3	$\varepsilon,\Delta p,Q$
换热器	8	8	1	Q
阀	5	5	1	Δp
闪蒸器	10	5	1	Q
分流器	10	5	1	$S-1$
压缩机	5	5	2	$\Delta p,W$
系统的输出物流		输出物流独立变量数		
冷却水		3		
产物		5		
放空		5		
总数	48	55	9	

2.3 过程系统模拟的序贯模块法

过程系统模拟的依据是数学模型，要准确定量地对过程进行描述，重要的是要根据有关的基本定律，对过程进行分析，按照模拟的要求，建立起相应的模型。数学模型建立过程中所依据的基本定律主要如下：

① 质量守恒定律；

② 能量守恒定律；

③ 传递速率方程，包括热量传递、质量传递、动量传递等过程的速率方程；

④ 状态方程；

⑤ 化学平衡；

⑥ 相平衡；

⑦ 化学反应动力学。

2.3.1 序贯模块法的基本问题

序贯模块法的算法是给定模块的输入流股向量与设备参数向量，计算输出流股向量，再将此作为下一个模块的输入，整个流程的计算按一定的顺序进行，此顺序与流程的拓扑结构有关，示例如下。

【例 2-1】 如图 2-13 所示。计算中可断裂流股 4，设收敛块“C”，给定进料 1，设流股 4a 初值，迭代计算使循环流股 4 收敛。

如图 2-14 所示。流程中除简单回路外，还有嵌套回路，交叉回路，而且系统可以分隔，则可分成三个子系统，系统（1）的两个回路可同时收敛或先收敛内层，系统（2）的两个回路同时收敛，最后再使系统（3）收敛。

当对输出流股有规定的性能指标时，即模拟的问题是设计型问题时，还要解决控制模块的问题，因此序贯模块法在确定了各单元模块的数学模型以后，从流程水平方面主要应研究以下基本问题：

① 大系统如何分隔成若干子系统并确定解算顺序。

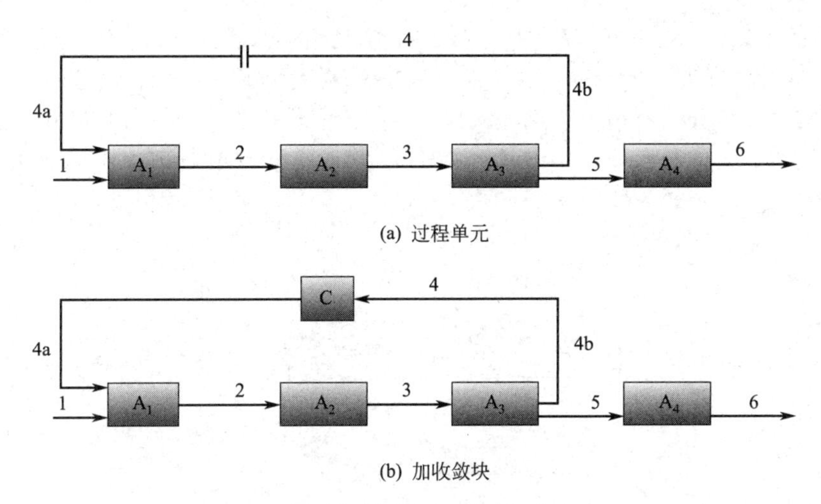

图 2-13　流程中有一循环回路

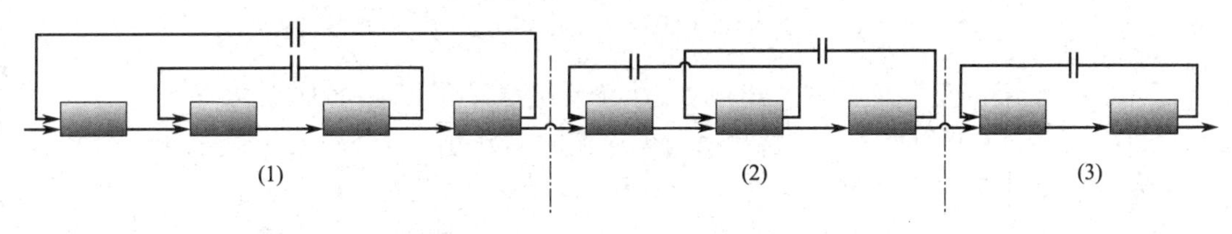

图 2-14　不同类型的循环回路

② 如何识别循环回路，如何确定最佳的断裂流股集。

③ 如何加速断裂流股的收敛。

④ 如何解决输出流股有规定要求指标的设计型问题。

2.3.2　不相关子系统的分隔

(1) 系统分隔的基础

系统分隔的基础在于描述系统性能的方程组存在稀疏性，而且数学模型中存在不相关的子系统。设描述系统的方程组为

$$f_1(x_1, x_3)=0$$

$$f_2(x_2, x_5)=0$$

$$f_3(x_1, x_3)=0$$

$$f_4(x_2, x_5)=0$$

$$f_5(x_2, x_4, x_5)=0$$

则可以分隔成两个不相关的子系统（f_1，f_3）和（f_2，f_4，f_5），分别求解。

(2) 系统分隔的 Sargent 和 Westerberg 单元串搜索法[18]

系统的分隔是找出必须同时求解的单元组（groups of units），即循环回路或最大循环网或不可分隔子系统，然后把这些单元组排成有利的计算顺序。例如，如图 2-15 所示为某过程系统的方框图（functional block diagram，亦称有向图，directed graph），现对该系统进行分隔。按信息流方向，可以直观地作如下分析，首先从单元 H 开始，当给定该单元的结构参数、操作参数及输入流股信息，就可以独立进行计算，求出其输

单元
串搜索法

出流股 S_2 的信息，所以单元 H 构成了第一个单元组（只由 1 个单元构成）。再沿单元 H 输出流股方向可见，单元 A、B、C、D 和 E 构成再循环结构，必须同时求解，它们构成了第二个单元组（由 5 个单元构成）。单元 F 和 G 在一个循环回路中，也必须同时求解，构成了第三个单元组（由 2 个单元构成）。最后，单元 I 构成了第四个单元组（只由 1 个单元组成）。

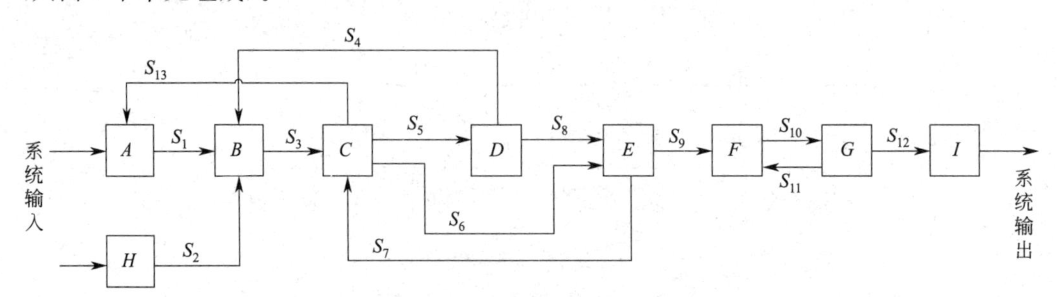

图 2-15 某过程系统的方框图（有向图）

$A,B,C,\cdots,I$—单元；$S_1,S_2,\cdots,S_{13}$—流股

下面，采用单元串搜索法找出上述 4 个单元组，并排出适宜的计算顺序。

① 从单元 A 开始（一般先从有系统输入流的单元开始，或单元排成序号，每个单元称为节点，由序号小的单元开始），沿其输出流股搜索下去，搜索过的单元形成一单元串。当发现某一单元在单元串中出现两次时，则把单元串中重复出现的单元之间所有的单元（包括重复出现的单元）合并为一拟节点，该拟节点可暂按单个单元一样处理。具体得到的单元串为

$$A,B,C,D,B \xrightarrow{\text{合并}\,B,C,D} A,(B,C,D)$$

单元 B 重复出现，B，C，D，B 构成一环路，合并单元 B，C，D 为一拟节点。

值得提出的是，搜索到单元 C 时，该单元有 3 个输出流股，按输出流股序号由小到大，依次搜索下去（对单元 D 也同样处理）。单元 C 有 3 个输出流股 S_5，S_6，S_{13}，依次按输出流股进行搜索，则先沿 S_5 搜索，得到上面结果。

② 从单元 C 沿其第二个输出流股 S_6 搜索，得到单元串为

$$A,(B,C,D),E,C \xrightarrow{\text{合并}\,B,C,D,E} A,(B,\underset{\underset{\smile}{E}}{\overset{\frown}{C}},D)$$

节点 C，E，C 构成一环路，合并 B，C，D，E 为拟节点，该节点包含 2 个环路，（B，C，D，B）及（C，E，C）。

③ 从单元 C 沿其第三个输出流股 S_{13} 搜索，得到单元串为

$$A,(B,\underset{\underset{\smile}{E}}{\overset{\frown}{C}},D),A \xrightarrow{\text{合并}\,A,B,C,D,E} (A,B,\underset{\underset{\smile}{E}}{\overset{\frown}{C}},D)$$

节点 C，A，B，C 构成一环路，合并 A，B，C，D，E 为拟节点，该节点包含 3 个环路，（B，C，D，B）及（C，E，C）及（C，A，B，C）。

④ 从单元 D 沿其第二个输出流股 S_8 搜索，得到单元串为

$$A,(B,\underset{\underset{\smile}{E}}{\overset{\frown}{C}},D),E,C,D \xrightarrow[\text{别出一个环路}]{\text{拟节点中又识}} (A,B,\underset{\underset{\smile}{E}}{\overset{\frown}{C}},D)$$

节点 D，E，C，D 构成一环路，即原拟节点中又识别出一个环路，此时，该拟节点包含 4 个环路，(B，C，D，B)、(C，E，C)、(C，A，B，C) 及 (D，E，C，D)。

⑤ 从单元 E 沿其输出流股 S_9 搜索，得到单元串为

$$(A,B,C,D,E),F,G,F \xrightarrow{\text{合并}F,G} (A,B,C,D,E),(F,G)$$

节点 F，G，F 构成一环路，合并成另一拟节点。

⑥ 从单元 G 沿输出流股 S_{12} 搜索，得到单元串为

$$(A,B,C,D,E),(F,G),I$$

单元 I 只有系统输出流股，没有输出到系统内其他单元的流股，此时，由节点 A 开始搜索的阶段结束，得到的单元串的顺序就是计算各单元组的顺序。下一步再从有系统输入流股的另一单元 H 开始搜索。

⑦ 因单元 H 没有从系统中返回的输入流股，所以 H 不在任何环路中，则可最先计算。从单元 H 沿输出流股 S_2 搜索，到达单元 B，单元 B 的输出流股已搜索过，所以不必再搜索了。至此，系统中所有的单元及物流皆搜索过，即全部搜索工作结束，得出计算各单元组的顺序是

$$H,(A,B,C,D,E),(F,G),I$$

(3) 系统分隔的邻接矩阵法 (adjacency matrix approach)

一个由 n 个单元或节点组成的系统，其邻接矩阵（或相邻矩阵）可表示为 $n \times n$ 的方阵。其行和列的序号均与节点号对应。行序号表示流股流出的节点号，而列序号则表示流股流入的节点号。邻接矩阵中的元素由节点间的关系而定。具体定义如下：

$$\boldsymbol{R} = [A_{ij}]$$

$$A_{ij} = \begin{cases} 1, \text{从节点 } i \text{ 到节点 } j \text{ 有边联结} \\ 0, \text{从节点 } i \text{ 到节点 } j \text{ 没有边联结} \end{cases}$$

由此可见，邻接矩阵的元素由 1 和 0 所构成，该矩阵属布尔矩阵。矩阵中元素都为零的列称为空列，表示系统中没有输入的节点，即系统的起始节点；矩阵中元素都为零的行称为空行，表示系统中没有输出的节点。这些特性将用于过程的分解中。

现以例子说明邻接矩阵法进行系统分隔的工作过程。图 2-16 示出一含有循环回路的系统及该系统的邻接矩阵 $\boldsymbol{R}$。邻接矩阵 $\boldsymbol{R}$ 有一个重要性质，即该矩阵的 P 次方得到的矩阵 $\boldsymbol{R}^P$ 给出了步长（由一个节点经输出流股到另一个节点为 1 个步长）为 P 的全部节点，由此可识别循环回路。

根据邻接矩阵，具体工作步骤如下[19]：

① 除掉"一步循环回路"(one-step cyclical loop，指由一个节点经其输出流股又直接回到该节点，也称"自身回路"，self-loop)。在邻接矩阵上，主对角线元素值为 1 的就表示"一步循环回路"，所以把主对角线上元素值为 1 的全部改为零，并记录下来，以便于后面步骤的处理。该例中没有"一步循环回路"。

② 除掉没有输入流股的节点。邻接矩阵中只含零元素的列即代表这样的节点，则把该节点排在计算顺序表中的最前面，因为这样的节点没有从系统内的节点输入到该节点的流股，只有从系统外来的输入流股。图 2-16(b) 邻接矩阵中第 1 列和第 4 列只含零元素，则除掉第 1 列和第 4 列及其对应的行，即第 1 行和第 4 行，把节点 1 和节点 4 从系统中除去，得到约简的系统及其邻接矩阵，如图 2-17 所示。节点 1 和节点 4 排在计

算顺序表的最前面。图 2-17(b) 中又新出现了到节点 5 的列只含零元素（因节点 4 已消去），则同样处理，把这一列及其对应的行从矩阵中除去，在计算顺序表中把节点 5 排在节点 4 后面。如此重复进行，消去没有输入流股的节点。

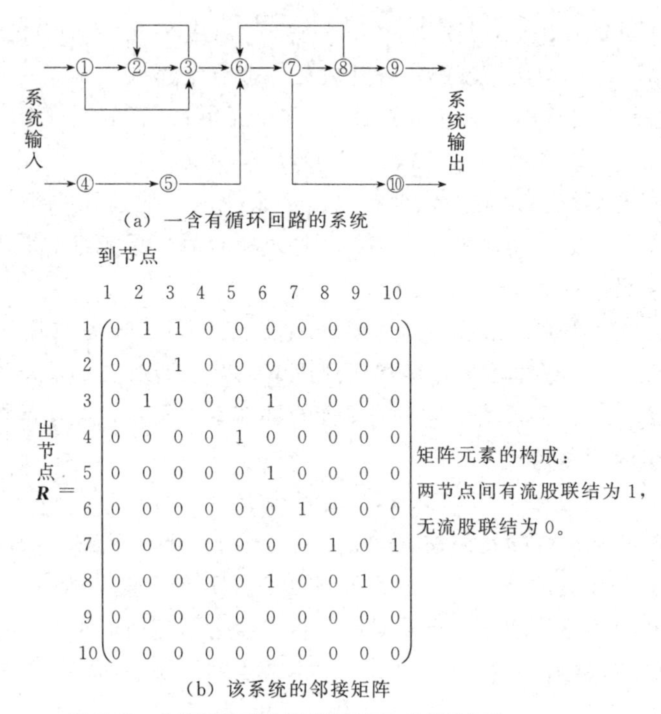

(a) 一含有循环回路的系统

(b) 该系统的邻接矩阵

图 2-16　含有循环回路的系统及相应的邻接矩阵

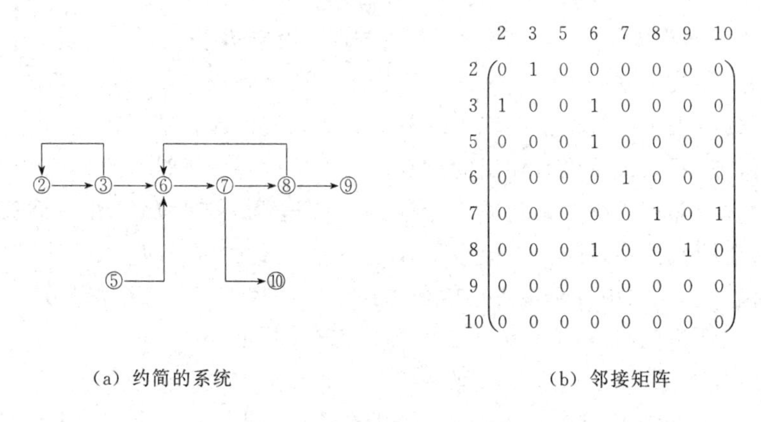

(a) 约简的系统　　　　(b) 邻接矩阵

图 2-17　约简的系统及对应的邻接矩阵

③ 除掉没有输出流股的节点。邻接矩阵中只含零元素的行即代表这样的节点，该节点排在计算顺序表中的最后面，因为这样的节点没有向系统内的节点输出流股，只有向系统外的节点输出流股，如图 2-17(a) 中节点 9,10 所示。图 2-17(b) 邻接矩阵中第 9 行和第 10 行只含零元素，则从矩阵中除去第 9 行和第 10 行及其对应的第 9 列和第 10 列，即从图中除去节点 9 与节点 10，并将节点 9 与节点 10 排在计算顺序表中的最后面（节点 9 与节点 10 谁先谁后无妨）。重复进行除掉没有输出流股的节点，得到进一步约简的系统及其邻接矩阵，如图 2-18(a) 所示。

④ 邻接矩阵中已经没有全为零元素的列或全为零元素的行了，说明系统中存在循环回路。首先寻找“2 步回路”（two-step loop），比如，由节点 i 经输出流股至节点 j，又由节点 j 经其输出流股直接回到节点 i，即中间经过 2 个流股又回到原节点，此即“2 步回路”。寻找“2 步回路”的方法如下：图 2-18(b) 邻接矩阵用 $\boldsymbol{R}^1$ 表示，$\boldsymbol{R}^1$ 的上标 1 指幂次，$\boldsymbol{R}^2$ 指邻接矩阵 $\boldsymbol{R}$ 经 2 次幂运算后得到的矩阵。按布尔运算规则[1]得到矩阵 $\boldsymbol{R}^2$，如图 2-19(b) 所示。

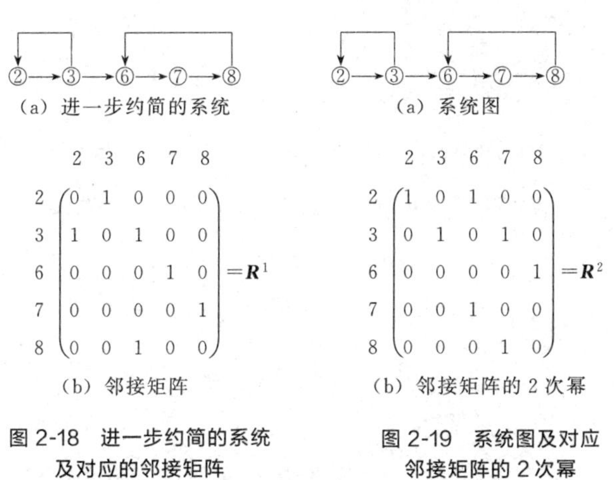

图 2-18　进一步约简的系统及对应的邻接矩阵

图 2-19　系统图及对应邻接矩阵的 2 次幂

图 2-19(b) 中矩阵的主对角线上有 2 个元素值为 1，其指出某一节点经 2 步又达到本身节点，如节点 2，经输出流股达到节点 3，由节点 3 经另一输出股流又回到节点 2，即构成了 2 步回路，节点 3 也是一样，所以节点 2 与节点 3 构成了 2 步回路。把节点 2 与节点 3 合并为一拟节点（2,3），得到的系统及其邻接矩阵如图 2-20 所示。再返回步骤②，执行上述计算过程。拟节点（2,3）无输入流股，则除去，在计算顺序表中排在节点 5 的后面。此时，图 2-20 又约简为图 2-21。

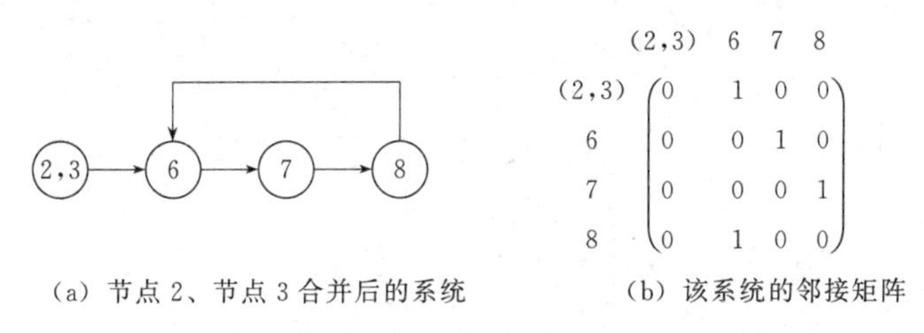

(a) 节点 2、节点 3 合并后的系统　　(b) 该系统的邻接矩阵

图 2-20　节点 2、3 合并后的系统及对应的邻接矩阵

⑤ 建立图 2-21(a) 的邻接矩阵，如图 2-21(b) 所示，由其邻接矩阵可见，不含无输入或无输出的节点，为此存在回路。作图 2-21(b) 邻接矩阵的 3 次幂运算，得到矩阵 $\boldsymbol{R}^3$，如图 2-22(b) 所示，其中主对角线上有 3 个元素值为 1，即节点 6、7、8 构成 3 步回路，合并为一拟节点（6、7、8）。至此，矩阵中已无其他节点存在，则把拟节点

[1] 布尔运算规则：例如

$$\begin{cases}0+0=0\\1+1=1,\\1+0=1\end{cases}\quad\begin{cases}0\times0=0\\1\times1=1,\\1\times0=0\end{cases}\quad\begin{matrix}x+y=\max\{x,y\}\\x\times y=\min\{x,y\}\end{matrix}$$

（6、7、8）排在拟节点（2,3）之后。系统分隔过程结束，得到计算顺序表（表 2-3）。

表 2-3 计算顺序

计算顺序	1	2	3	4	5
节点	1,4	5	（2,3）	（6,7,8）	9,10

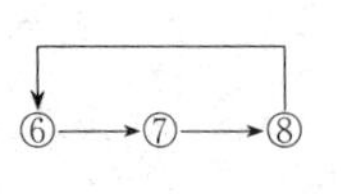

（a）除去拟节点（2,3）后的系统

$$
\begin{array}{c} \\ 6 \\ 7 \\ 8 \end{array}
\begin{array}{c} \begin{array}{ccc} 6 & 7 & 8 \end{array} \\ \begin{pmatrix} 0 & 1 & 0 \\ 0 & 0 & 1 \\ 1 & 0 & 0 \end{pmatrix} \end{array} = \boldsymbol{R}^1
$$

（b）邻接矩阵

图 2-21 除去拟节点（2,3）后的系统及对应的邻接矩阵

（a）系统图

$$
\begin{array}{c} \\ 6 \\ 7 \\ 8 \end{array}
\begin{array}{c} \begin{array}{ccc} 6 & 7 & 8 \end{array} \\ \begin{pmatrix} 1 & 0 & 0 \\ 0 & 1 & 0 \\ 0 & 0 & 1 \end{pmatrix} \end{array} = \boldsymbol{R}^3
$$

（b）矩阵 $\boldsymbol{R}^3$

图 2-22 系统图及对应邻接矩阵的 3 次幂

由上可见，邻接矩阵法采用了矩阵和布尔运算，容易在计算机上实现，但占用计算贮存单元较多，尤其是对于大规模系统，该法就显得不太合适。

若一过程系统已用方程组的形式描述，则先用事件矩阵表示该方程组，然后再把事件矩阵转换成邻接矩阵（方程式当做节点），则用上述方法即可把该方程组进行分隔。例如，一过程系统以下面方程组描述。

$$
\begin{cases}
f_1(x_1, x_4)=0 \\
f_2(x_2, x_3, x_4, x_5)=0 \\
f_3(x_1, x_2, x_4)=0 \\
f_4(x_1, x_4)=0 \\
f_5(x_1, x_3, x_5)=0
\end{cases}
$$

其事件矩阵（occurrence matrix，亦称关联矩阵 incidence matrix）为

$$
\begin{array}{c|ccccc|}
 & x_1 & x_2 & x_3 & x_4 & x_5 \\
f_1 & \textcircled{1}_4 & & & 1 & \\
f_2 & & 1 & \textcircled{1}_2 & 1 & 1 \\
f_3 & 1 & \textcircled{1}_1 & & 1 & \\
f_4 & 1 & & & \textcircled{1}_5 & \\
f_5 & 1 & & 1 & & \textcircled{1}_3
\end{array}
$$

该矩阵中的每一行对应一方程，每一列对应一变量，如果变量 x_j 在方程式 f_i 中出现，则矩阵中 i 行第 j 列的元素值为 1，否则为 0。

为把该事件矩阵转换成邻接矩阵，首先要确定每一方程的“输出变量”（output

variable)。用该方程及其中的其他变量可以解出该方程的输出变量，该输出变量即可代入有关的方程中，达到各方程之间的信息联通。

确定各方程的输出变量，要使得一个方程只有一个输出变量，而一个输出变量只对应一个方程，通常采用下面的方法[20]：首先选择非零元素最少的列（或行），非零元素个数相同时，则按序号先后来选取，以列 A 表示，在列 A 中非零元素所在的行中选取含有最少非零元素的行，以行 B 表示。位于列 A 与行 B 的元素对应的变量即为行 B 对应方程的输出变量。除去列 A 与行 B，重复上述过程，依次确定其他方程的输出变量。在本例中，第 2 列含有最少非零元素（即 $A=2$），2 个，该 2 个非零元素所在的行中，第 3 行含有 3 个非零元素，而第 2 行含有 4 个非零元素（即 $B=3$），所以选第 2 列、第 3 行对应的变量 x_2 为方程 f_3 的输出变量。矩阵中第 2 列、第 3 行对应的元素画上圆圈，并除掉第 2 列及第 3 行。继续做下去，第 3 列（有 2 个非零元素）、第 2 行对应的元素画上圆圈，即变量 x_3 为方程 f_2 的输出变量，最后得到的输出变量都画上圆圈，圆圈内的数字表示选择输出变量的顺序。各方程的输出变量为

$$f_1 \rightarrow x_1,\quad f_2 \rightarrow x_3,\quad f_3 \rightarrow x_2,\quad f_4 \rightarrow x_4,\quad f_5 \rightarrow x_5$$

选定各方程的输出变量后，由事件矩阵可看出方程 f_1 的输出变量是 x_1，x_1 也存在于方程 f_3、f_4、f_5 中，说明 f_1 与 f_3、f_4、f_5 有信息联通；方程 f_2 的输出变量是 x_3，x_3 也存在于方程 f_5，说明 f_2 与 f_5 有信息联通，等等。若方程以节点表示，各方程间以输出变量相联通，该 5 个方程可用有向图表示，如图 2-23(a) 所示，其邻接矩阵如图 2-23(b) 所示。再按前面介绍的方法，根据邻接矩阵对该系统进行分隔。

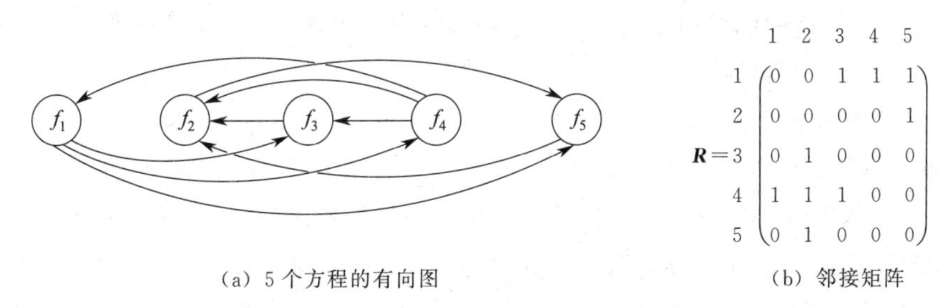

（a）5 个方程的有向图　　（b）邻接矩阵

图 2-23　5 个方程的有向图及对应的邻接矩阵

2.3.3　不可分隔子系统的断裂

（1）最优断裂准则[20-22]

流股的最优断裂准则主要有：

① 断裂流股的数目最少；

② 断裂流股包含的变量数目最少；

③ 对每一流股选定一个权因子，该权因子数值反映了断裂该流股时迭代计算的难易程度，应当使所有的断裂流股权因子数值总和最小；

④ 选择一组断裂流股，使直接代入法具有最好的收敛特性。

现在还不能确定哪一种准则是最可取的。准则①和②人们很直观地就可以想象出来，迭代变量少，收敛起来会容易些，但这只是经验看法，在某些场合是正确的。准则③应当说是比较完善的，但各流股权因子的估计是困难的。准则④具有相当的实用性，但还需要深入的探究。

(2) Lee-Rudd 断裂法[23]

该方法简单，给出了很直观的思维方法。Lee-Rudd 提出的断裂法是使断裂的流股数目最少（属第①类最优断裂准则），把一不可分隔子系统包含的所有回路打开。例如，有一不可分隔子系统如图 2-24 所示，其中有 4 个回路 A，B，C，D 以及 8 个流股 S_1，S_2，…，S_8。其相应的回路矩阵（loop matrix）如图 2-24 所示。

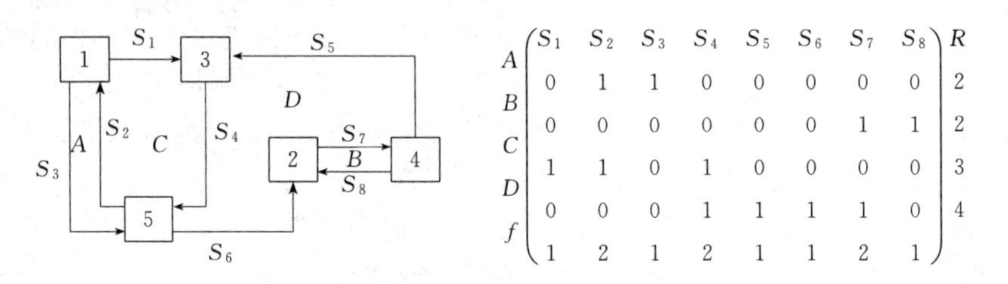

图 2-24 不可分隔子系统

回路矩阵的元素定义

$$C_{ij}=\begin{cases}1，流股 S_j 在回路 i 内\\0，流股 S_j 不在回路 i 内\end{cases}$$

矩阵中 f——流股频率（stream frequency），指某一流股出现在各回路中的次数，数值上等于矩阵中每一列元素的代数和；

R——回路中的秩（loop rank），指某一回路中包含的流股总数，即矩阵每一行元素的代数和。

找出切断流股的步骤如下：

① 除去不独立的列 k　若第 j 列流股频率 f_j 与第 k 列流股频率 f_k 对不等式 $f_j \geqslant f_k$ 成立，且列 k 中非零元素的行对应列 j 的行也为非零元素，则列 k 不是独立的，为列 j 所包含。例如，上述回路矩阵中，S_1，$S_3 \subset S_2$，则除去 S_1，S_3（即 S_2 包含了 S_1 和 S_3，切断 S_2 相当于切断 S_1 和 S_3）。又 S_5，$S_6 \subset S_4$，则除去 S_5，S_6。以及 $S_8 \subset S_7$，则除去 S_8。

② 选择断裂流股　最后剩下的独立列构成的回路矩阵中，秩为 1 的行说明该行所对应的回路只剩下一流股，为打开此回路，必须将该行非零元素对应的流股断裂。所以，当断裂 S_2 时，A、C 两回路断开。当断裂 S_7 时，B、D 两回路断开，即所有回路被打开，断裂流股的选择结束。

上述步骤用矩阵表示为

$$\begin{array}{c}\\A\\B\\C\\D\\f\end{array}\begin{pmatrix}S_1 & S_2 & S_3 & S_4 & S_5 & S_6 & S_7 & S_8\\0 & 1 & 1 & 0 & 0 & 0 & 0 & 0\\0 & 0 & 0 & 0 & 0 & 0 & 1 & 1\\1 & 1 & 0 & 1 & 0 & 0 & 0 & 0\\0 & 0 & 0 & 1 & 1 & 1 & 1 & 0\\1 & 2 & 1 & 2 & 1 & 1 & 2 & 1\end{pmatrix}\begin{array}{c}R\\2\\2\\3\\4\\ \end{array}\xrightarrow{根据①}\begin{array}{c}\\A\\B\\C\\D\end{array}\begin{pmatrix}S_2 & S_4 & S_7\\1 & 0 & 0\\0 & 0 & 1\\1 & 1 & 0\\0 & 1 & 1\end{pmatrix}\begin{array}{c}R\\1\\1\\2\\2\end{array}\xrightarrow{根据②}[\Phi]$$

当所有回路已断裂开，则该不可分隔子系统的计算顺序如图 2-25 所示。选择 S_2、

S_7 为断裂流股，即可假定该两流股所有变量初值 S_2^0 和 S_7^0，则单元 1、4 可以进行计算，然后计算单元 3，5，2，计算出的单元 2 的输出（S_7）和单元 5 的输出（S_2）同假定值进行比较，若不满足精度，则迭代计算，直到满足精度，计算结束。这样，把一个联立求解的过程（通常求解比较困难）转变为顺序求解的迭代过程。

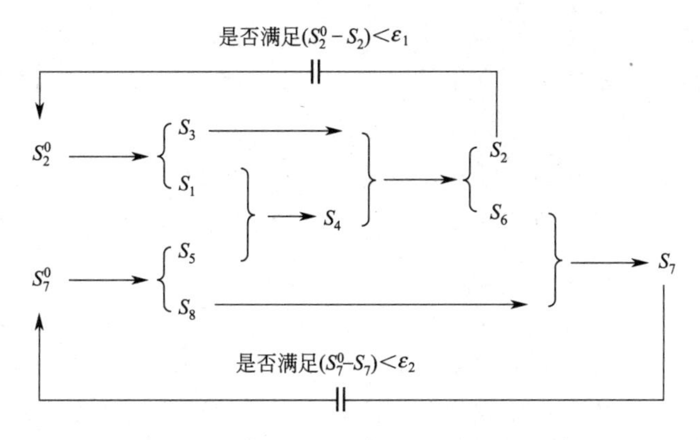

图 2-25　计算顺序图示（ε_1、ε_2 为收敛判据）

（3）Upadhye 和 Grens 断裂法[24]

该断裂方法基本思想是尽量避免单个循环回路的重复断裂（double tearing）。首先介绍该断裂方法中涉及的基本概念。

① 断裂组的类型　一个不可分隔的子系统可以包括若干个简单回路。能够把全部简单回路至少断裂一次的断裂流股组称为有效断裂组。有效断裂组可以分为两类：多余断裂组（redundant tearing set）；非多余断裂组（nonredundant tearing set）。如果从一个有效断裂组中至少可以除去一个流股，而得到的断裂组仍为有效断裂组，则原有效断裂组为多余断裂组，否则为非多余断裂组。

② 断裂族　断裂组对迭代计算顺序的影响不同，可以用断裂族的概念来表示。不同的断裂组对应不同的单元计算次序，从而引起迭代序列上的差异，即任何一种单元计算序列都同时具有一种特定的收敛行为和与其对应的许多断裂组。我们可以把与每一种单元计算顺序对应的断裂组看做一个断裂族，同一断裂族的断裂组具有相同的收敛行为。

③ 断裂族的识别——替代规则　Upadhye 等提出用下述替代规则识别断裂族：

令 $\{D_1\}$ 为一有效断裂组，A_i 为所有输入流股均属于 $\{D_1\}$ 的单元（至少有一个这样的单元存在，否则 $\{D_1\}$ 为无效断裂组）。将 A_i 的所有输入流股用 A_i 的所有输出流股替代，形成一等效的断裂组，这是因为一单元所有的输入流股被断裂，与该单元所有的输出流股被断裂对断开回路的作用（用直接代入法计算时的收敛性能）相同。经多次替代可获得一个具有相同收敛行为的断裂族；反之，用所有的输入流股替代该单元的所有输出流股可得到相同的结果。这样构成新的断裂组，令得到的新的断裂组为 $\{D_2\}$，则

a. $\{D_2\}$ 也是有效断裂组；

b. 对于直接迭代，$\{D_2\}$ 与 $\{D_1\}$ 具有相同的收敛性质。对某一有效断裂组，反复利用替代规则可以得到属于同一断裂族的全部断裂组。因此，断裂族可以定义为由替

代规则联系起来的断裂组的集合。

④ 断裂族的类型　断裂族的类型可以分为三类：

a. 非多余断裂族：不含有多余断裂组的断裂族；

b. 多余断裂族：仅含有多余断裂组的断裂族；

c. 混合断裂族：同时含有多余断裂组和非多余断裂组的断裂族。

由于同一断裂族的断裂组具有相同的收敛行为（至少对直接迭代收敛是如此），因而寻求最佳断裂组的问题可简化成寻求断裂族，从而使原问题得到简化。

对多余断裂族和混合断裂族反复使用替代规则，找出断裂族的全部断裂组，则这些断裂组中存在着重复出现的流股。例如，假设一断裂族中包括下列断裂组：$\{S_1, S_3\}$，$\{S_2, S_3\}$，$\{S_2, S_4, S_6\}$ 和 $\{S_4, S_4, S_5, S_6\}$。断裂组 $\{S_4, S_4, S_5, S_6\}$ 中的流股 S_4 出现两次，这样的断裂组称为二次断裂组。二次断裂组导致了一个回路的两次断裂。由此可见，多余断裂族和混合断裂族均会造成回路的两次断裂。实际上，两次以上的断裂也是存在的。两次以上的断裂将使收敛速度减缓，一般情况下，非多余断裂族不包含两次以上的断裂组，所以寻找目标是非多余断裂族，然后从非多余断裂族中筛选最优断裂组。

⑤ 最优断裂组确定算法　确定非多余断裂族和最优断裂组的算法，其步骤如下：

a. 选择任一有效断裂组；

b. 运用替代规则；如果在任何一步中出现两次断裂组，则消去其中的重复流股，消去重复流股后所形成的新断裂组作为新的起点；

c. 重复步骤 a、b，直到没有两次断裂组出现，且某个“树枝”上的断裂组重复出现为止。从最后一个新的起点开始，其后出现的所有不重复的断裂组构成非多余断裂族；

d. 非多余断裂族中权因子总和最小的断裂组为最优断裂组。

图 2-26 示出了含有 4 个简单回路的网络，以该系统为例，说明确定最优断裂组的具体算法。

最优断裂组寻求算法

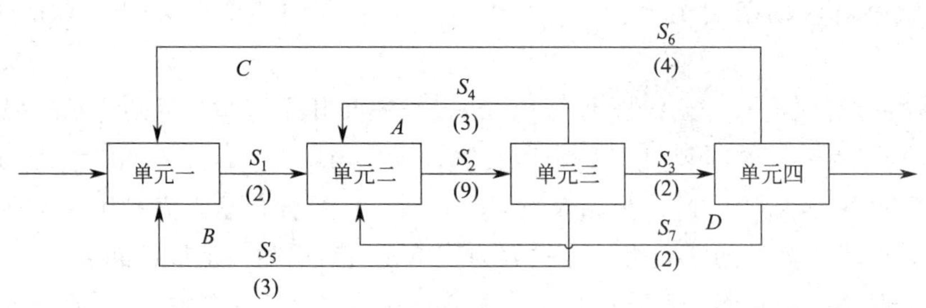

图 2-26　含有 4 个简单回路（A、B、C、D）的网络

（括号内数值为流股权因子数值）

从有效断裂组 $\{S_1, S_2, S_3\}$ 开始，反复利用替代规则，过程如图 2-27 所示，图中箭头侧标注的流股为被替代的流股。

从图 2-27 中的替代过程可找到非多余断裂族，并参考图 2-26 中给出的各流股的权因子数值，按断裂流股权因子之和最小的准则，通过计算找出最优断裂组：

非多余断裂族	权因子总和
$\{S_2\}$	9
$\{S_1,S_4,S_7\}$	2+3+2=7
$\{S_3,S_4,S_5\}$	2+3+3=8
$\{S_4,S_5,S_6,S_7\}$	3+3+4+2=12

所以，断裂组 $\{S_1,S_4,S_7\}$ 为最优断裂组。

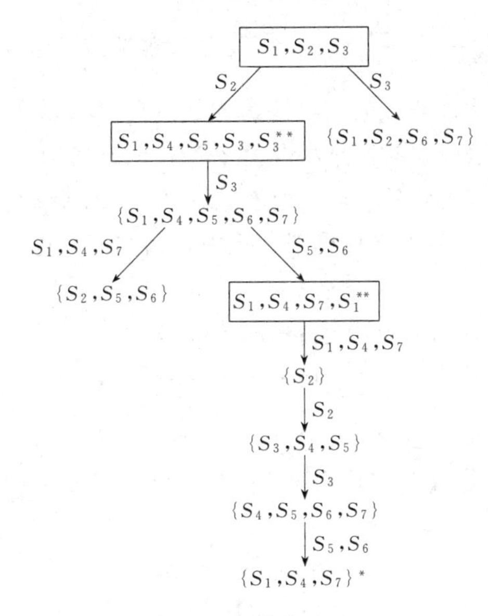

图 2-27　替代过程

** —找到多余断裂组，消去重复流股，重新开始；* —重复断裂组出现，不必继续展开

2.3.4　断裂流股变量的收敛[4,5,7]

迭代法是方程的数值解法中最常用的一大类方法的总称。其共同的特点是，对求解变量的数值进行逐步改进，使之从开始不能满足方程的要求，逐渐逼近方程所要求的解，每一次迭代所提供的信息（表明待解变量的数值同方程的解尚有距离的信息）用来产生下一次的改进值。迭代方案可有多种，这就形成了各种不同的迭代方法。

过程系统经过分隔和最大循环网的断裂后，对所有断裂流股中的全部变量给定一初值，即可按顺序对该系统进行模拟计算，其中需要选择有效的迭代方法，以使断裂流股变量达到收敛解。

如图 2-28 所示为典型的最大循环网，图中方框表示单元操作过程，线段表示流股。

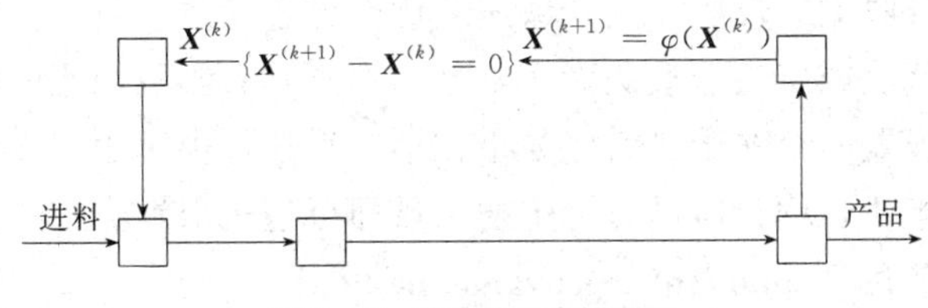

图 2-28　典型的最大循环网

图中 $\boldsymbol{X}^{(k)}$ 为向量，表示所有断裂流股中全部变量的 k 次迭代计算值，当 $k=0$ 时，即 $\boldsymbol{X}^{(0)}$ 为初值；$\boldsymbol{X}^{(k+1)}$ 为上述变量的（$k+1$）次迭代计算值。

显然 $\boldsymbol{X}^{(k+1)}=\varphi$（$\boldsymbol{X}^{(k)}$），并且当 $\boldsymbol{X}^{(k+1)}-\boldsymbol{X}^{(k)}=0$（或 $<\varepsilon$）时，即得到收敛解。

（1）直接迭代法（direct substitution method）

直接迭代法是一种最简单的迭代方法。其迭代方程式为

$$\boldsymbol{X}^{(k+1)}=\varphi(\boldsymbol{X}^{(k)}) \tag{2-3}$$

收敛判据为

$$\left|\frac{\boldsymbol{X}^{(k+1)}-\boldsymbol{X}^{(k)}}{\boldsymbol{X}^{(k+1)}}\right|\leqslant\varepsilon \quad (\varepsilon\text{ 为收敛容差或收敛误差})$$

上式表明，当第 k 次迭代未能收敛时，将该次的数值直接取为下一轮 $\boldsymbol{X}$ 的估计值 $\boldsymbol{X}^{(k+1)}$ 而转入下一轮的迭代。算法起步时，只需设置一个初始点。这种迭代公式本身并不提供迭代能够收敛的保证。迭代能否收敛在很大程度上取决于方程中 $\varphi(\boldsymbol{X})$ 的函数性质。

直接迭代法比较广泛地用于流程模拟计算中，当初值选得较好时会收敛，但其收敛速度较慢。

（2）部分迭代法（partial substitution method）

在迭代过程中，如果通过一次迭代把 $\boldsymbol{X}$ 的计算值 $\varphi(\boldsymbol{X}^{(k)})$（或记作 $\boldsymbol{X}_{\text{cal}}^{(k)}$）算出之后，不是取其全部，而是只取其一部分，另外，再加上本次 $\boldsymbol{X}$ 的估计值 $\boldsymbol{X}^{(k)}$ 部分，把这两部分之和取为下次 $\boldsymbol{X}$ 的估计值 $\boldsymbol{X}^{(k+1)}$，则这样得到的迭代方法就叫作部分迭代法。其迭代公式为

$$\boldsymbol{X}^{(k+1)}=(1-\omega)\boldsymbol{X}^{(k)}+\omega\varphi(\boldsymbol{X}^{(k)}) \tag{2-4}$$

或写成

$$\boldsymbol{X}^{(k+1)}=\boldsymbol{X}^{(k)}+\omega\left[\varphi(\boldsymbol{X}^{(k)})-\boldsymbol{X}^{(k)}\right] \tag{2-5}$$

式中，ω 是用来调节两部分大小的一个系数，叫松弛因子。实际使用部分迭代法时，要对 ω 的数值进行合理的估计。

（3）韦格斯坦法（Wegstein method）

这是一种应用最为广泛的迭代方式，适用于显式方程且具有显式迭代形式的割线法。

其迭代公式为

$$\boldsymbol{X}^{(k+1)}=\boldsymbol{X}^{(k)}+\omega^{(k)}\left[\varphi(\boldsymbol{X}^{(k)})-\boldsymbol{X}^{(k)}\right] \tag{2-6}$$

式中

$$\omega^{(k)}=\frac{1}{1-S^{(k)}}$$

而

$$S^{(k)}=\frac{\varphi(\boldsymbol{X}^{(k)})-\varphi(\boldsymbol{X}^{(k-1)})}{\boldsymbol{X}^{(k)}-\boldsymbol{X}^{(k-1)}} \tag{2-7}$$

此法具有超线性收敛的性质，其收敛速度比部分迭代法（包括直接迭代法）快，因此，相对于部分迭代法或直接迭代法而言，这种方法具有收敛加速的作用。从迭代公式来看这一迭代法需设置两个初始点，但如果在第一轮迭代中采用直接迭代法，从第二轮开始再改用韦格斯坦法，则只需设置一个初始点即可迭代求解。

（4）优势特征值法（dominant eigenvalue method）

优势特征值法（常简称 DEM 法）是一种与直接迭代法配合使用的方法，可对直接

迭代法的收敛过程起到显著的加速作用。其迭代公式为

$$\boldsymbol{X}_{\mathrm{DEM}}^{(k+1)}=\boldsymbol{X}^{(k)}+\frac{1}{1-\lambda^{(k)}}f(\boldsymbol{X}) \tag{2-8}$$

式中
$$\lambda^{(k)}=\frac{\| f(\boldsymbol{X}^{(k)}) \|}{\| f(\boldsymbol{X}^{(k-1)}) \|}$$

在应用优势特征值法时，先用直接迭代法进行若干次（一般只需 4～5 次）迭代，即可发现相继两轮函数向量的欧氏范数之比已渐趋稳定，于是可得 $\lambda^{(k)}$ 的估值，进而可进行一轮优势特征值法的迭代，而使收敛过程得到一次明显加速。此后，即按此做法反复执行，按直接迭代法进行若干轮迭代之后，就接着进行一轮优势特征值法的迭代，直至整个迭代过程达到收敛。

（5）牛顿-拉夫森法（Newton-Raphson method）

对于非线性方程组 $f(\boldsymbol{X})=0$，在 $\boldsymbol{X}=\boldsymbol{X}^{(k)}$ 作泰勒展开，只截取一次项，则可得如下方程

$$f(\boldsymbol{X})=f(\boldsymbol{X})^{(k)}+\left.\frac{\partial f}{\partial \boldsymbol{X}}\right|_{\boldsymbol{X}=\boldsymbol{X}^{(k)}}(\boldsymbol{X}-\boldsymbol{X}^{(k)}) \tag{2-9}$$

将 $\left.\frac{\partial f}{\partial X}\right|_{\boldsymbol{X}=\boldsymbol{X}^{(k)}}$ 记作 $\boldsymbol{J}^{(k)}$，称雅克比矩阵，则可得如下方程

$$f(\boldsymbol{X}^{(k)})+\boldsymbol{J}^{(k)}(\boldsymbol{X}^{(k+1)}-\boldsymbol{X}^{(k)})=0 \tag{2-10}$$

与单变量方程情况相仿，上式为一线性方程组。于是，可得牛顿-拉夫森法迭代公式为

$$\boldsymbol{X}^{(k+1)}=\boldsymbol{X}^{(k)}-(\boldsymbol{J}^{(k)})^{-1}f(\boldsymbol{X}^{(k)}) \tag{2-11}$$

牛顿-拉夫森法的收敛速度很快，具有二次收敛性。另外，算法起步时，也只需设置一个初始点。

（6）拟牛顿法（quasi-Newton method）

设代替雅克比矩阵逆矩阵的矩阵为 $\boldsymbol{H}^{(k)}$，即

$$\boldsymbol{H}^{(k)}=-[\boldsymbol{J}\ (\boldsymbol{X})^{(k)}]^{-1} \tag{2-12}$$

则拟牛顿法的迭代公式为

$$\boldsymbol{X}^{(k+1)}=\boldsymbol{X}^{(k)}+\boldsymbol{H}^{(k)}f(\boldsymbol{X}^{(k)}) \tag{2-13}$$

根据矩阵 $\boldsymbol{H}^{(k)}$ 的构造方法以及每次迭代 $\boldsymbol{H}^{(k)}$ 取值方式的不同，可有多种拟牛顿法。这类拟牛顿法是近年来发展起来的求解非线性方程组的主要方法，其初值要求不高，收敛速度快，收敛性能大为改善。

2.4 过程系统模拟的联立方程法

干气脱硫工艺
流程模拟

2.4.1 联立方程法的基本思想和特点

（1）建立过程系统的数学模型

过程系统的模型由系统结构模型和系统单元过程的数学模型组成，形成一大型的非线性方程组。其中主要包括以下几类方程：

① 物料平衡方程；

② 能量平衡方程；

③ 化学反应速率方程及化学平衡方程；

④ 热量、质量和动量传递方程；

⑤ 物性推算方程；

⑥ 过程拓扑、生产工艺指标要求及其他设计或操作的约束条件等。

方程组的形式具有稀疏性的特点，即不是所有变量都在各方程中出现，或每一方程中非零变量很少。

（2）方程组联立求解的基本方法

过程系统通常由大型线性及非线性方程组来描述，由于方程的数量很大，求解中一般要采取适当的策略；例如对于物性推算的处理，平衡常数与焓的计算方程参与联立方程组的求解，其他物性采取调用子程序的方法。联立方程法的核心就是解决如何求解超大型的稀疏非线性方程组的问题。其求解方法大致可分为两类。

① 方程组降维法　由于描述过程系统的方程组存在稀疏性，因而方程组可以分隔成若干较小非线性方程组或子系统，存在进行降维求解的可能性。其系统的降维通过对系统的分解等方法来实现。与序贯模块法的区别是，序贯模块法是以单元模块为节点，流股为联系节点的边。而联立方程法则是以方程为节点，以方程中的变量为联系节点的边。从数学意义上联立方程法的系统分解与序贯模块法对系统的分解本质上是一致的。联立方程法的降维步骤如下：

a. 应用矩阵法识别系统中不相关的子系统；

b. 将不相关子系统中的回路和不可分隔子系统识别出来；

c. 断裂系统中的回路和不可分隔子系统，确定适宜的断裂变量；

d. 确定计算顺序，对系统进行联立求解；

具体步骤与 2.3.2 节及 2.3.3 节所述相同。

② 方程线性化法　设过程系统的数学模型含线性和非线性两类方程。方程线性化法就是将系统中非线性方程首先进行线性化，形成拟线性化方程，与系统中原线性方程一起组成一大型的稀疏线性方程组，然后按稀疏线性方程组进行求解。通过迭代计算，使之在规定的精度内收敛，即使下式成立

$$|F(\boldsymbol{x})| \leqslant \varepsilon \tag{2-14}$$

设有 n 维非线性方程组

$$F(\boldsymbol{x})=0 \tag{2-15}$$

按 Taylor 展开，可得

$$\begin{aligned} F(\boldsymbol{x}) &\approx F(\boldsymbol{x}^{(k)})+\boldsymbol{J}^{(k)}(\boldsymbol{x}-\boldsymbol{x}^{(k)}) \\ &=\boldsymbol{J}^{(k)}\cdot\boldsymbol{x}+F(\boldsymbol{x}^{(k)})-\boldsymbol{J}^{(k)}\cdot\boldsymbol{x}^{(k)} \\ &=0 \end{aligned} \tag{2-16}$$

式中，$\boldsymbol{J}^{(k)}$ 为 $\boldsymbol{x}^{(k)}$ 处的 Jacobian 矩阵，所以

$$\boldsymbol{x}^{(k+1)}=\boldsymbol{x}^{(k)}-(\boldsymbol{J}^{(k)})^{-1}F(\boldsymbol{x}^{(k)}) \tag{2-17}$$

此即牛顿迭代公式。

今设式(2-15) 可用拟线性方程组逼近

$$F(\boldsymbol{x}) \approx \boldsymbol{A}\boldsymbol{x}^{(k)} + \boldsymbol{B} = 0 \tag{2-18}$$

对比式(2-18) 与式(2-16) 可知

$$\boldsymbol{A}^{(k)} = \boldsymbol{J}^{(k)} \tag{2-19}$$

$$\boldsymbol{B}^{(k)} = F(\boldsymbol{x}^{(k)}) - \boldsymbol{J}^{(k)}\boldsymbol{x}^{(k)} \tag{2-20}$$

$$\boldsymbol{x}^{(k+1)} = -(\boldsymbol{A}^{(k)})^{-1}\boldsymbol{B}^{(k)} \tag{2-21}$$

此式即拟线性方程组的迭代公式，与牛顿法的迭代公式(2-17) 同样具有二阶收敛性。

实际流程模拟的方程组中，非线性方程只占一部分，设 N 维未知变量，N 个方程中可分两部分，其中，线性方程组

$$\sum_{n=1}^{N} a_{in} x_n = b_i \qquad (i = 1, 2, \cdots, L) \tag{2-22}$$

非线性方程组

$$f_L(\boldsymbol{x}) = 0 \qquad (L = 1, 2, \cdots, N-L) \tag{2-23}$$

求解的具体步骤如下：

① 设未知变量 x 的初值，$\boldsymbol{x}^{(0)}$，对每一个非线性方程进行线性化，构造拟线性方程：

$$f_L(\boldsymbol{x}) = f_L(\boldsymbol{x}^{(0)}) + \sum_{n=1}^{N}\left[\left(\frac{\partial f_L}{\partial x_n}\right)(x_n - x_n^{(0)})\right] \qquad (L = 1, 2, \cdots, N-L) \tag{2-24}$$

对当前的 $k+1$ 次迭代

$$\sum_{n=1}^{N}\left[\left(\frac{\partial f_L}{\partial x_n}\right)^{(k)} x_n^{(k+1)}\right] = \sum_{n=1}^{N}\left[\left(\frac{\partial f_L}{\partial x_n}\right)^{(k)} x_n^{(k)}\right] - f_L^{(k)} \qquad (L = 1, 2, \cdots, N-L) \tag{2-25}$$

② 将式(2-25) 拟线性方程组与式(2-22) 线性方程组联立求解，得 $\boldsymbol{x}^{(k+1)}$。

③ 检查收敛性

$$|f_L(\boldsymbol{x}^{(k+1)})| \leqslant \varepsilon \qquad (L = 1, 2, \cdots, N-L) \tag{2-26}$$

如收敛，则得解，否则返回①，重新迭代。

(3) 联立方程法的基本特点

① 联立方程法本质上是以存储空间换取计算时间，由于方程组是联立求解，就省去了嵌套迭代的时间，收敛速度加快，特别适用于多回路和交互作用比较强的情况。

② 自变量与因变量可以自由选择，这就消除了标准型模拟与设计型模拟的区别，便于实现用户关于设计指标的规定要求。

③ 便于与优化问题联系，流程系统的模型相当于数学规划中的约束条件，使模拟问题与优化问题同时实现。

④ 便于用户扩大模拟任务，增加各种单元模块，相当于增加模型，而不必考虑求解方法问题。

联立方程法也存在一些缺点：

① 联立方程法求解是否顺利，与初值是否合理有很大关系，因此，用联立方程法进行流程模拟时，要求用户对此流程有一定了解，并给出大致初值。

② 方程组是联立求解，因此，当出现结果不可行或根本无解的情况，就不如序贯模块法那样易于检查。

③ 当求解过程进入不可行区域时，会出现不稳定的情况或求解失败。

④ 实现通用优化比较困难。

2.4.2 稀疏线性方程组的解法

(1) 稀疏性

设线性方程组为

$$\boldsymbol{Ax}=\boldsymbol{b} \tag{2-27}$$

式中 $\boldsymbol{A}$——$n\times n$ 阶矩阵；

$\boldsymbol{x}$——n 维向量；

$\boldsymbol{b}$——n 维向量。

系数矩阵 $\boldsymbol{A}$ 中，大部分元素为零，而非零元素占很小比例，则 $\boldsymbol{A}$ 为稀疏矩阵。矩阵的稀疏度可用稀疏比 ϕ 表示

$$\phi=\frac{\text{非零元素数 } N}{\boldsymbol{A}\text{ 中元素总数}(n\times n)}\times 100\%$$

如矩阵 $\boldsymbol{A}_{n\times n}$ 中，$n=1000$，非零元素数 $N=2000$，则

$$\phi=\frac{2000}{1000\times 1000}\times 100\%=0.2\%$$

(2) *LU* 分解法

当获得系统的线性稀疏阵式(2-27) 后，如用求 $\boldsymbol{A}$ 的逆矩阵方法求解，则 $\boldsymbol{x}=\boldsymbol{A}^{-1}\boldsymbol{b}$，由于矩阵求逆时，不能保证方程组的稀疏性，计算中会大量地占用计算机内存和增加计算时间，所以，稀疏阵通常避开求逆方法，而采用矩阵的 ***LU*** 量纲分解方法进行求解。***LU*** 量纲分解是高斯消去法的一种改进，其基本原理是将式(2-27) 矩阵方程进行分解。

即式(2-27) 中矩阵 $\boldsymbol{A}$ 分解为一下三角形矩阵 $\boldsymbol{L}$ 与一上三角形矩阵 $\boldsymbol{U}$ 的乘积

$$\boldsymbol{A}=\boldsymbol{LU} \tag{2-28}$$

当 $\boldsymbol{A}$ 为 4×4 矩阵时，则 ***LU*** 分解可表示为以下形式

$$\underset{\boldsymbol{A}}{\begin{pmatrix} a_{11} & a_{12} & a_{13} & a_{14} \\ a_{21} & a_{22} & a_{23} & a_{24} \\ a_{31} & a_{32} & a_{33} & a_{34} \\ a_{41} & a_{42} & a_{43} & a_{44} \end{pmatrix}}=\underset{\boldsymbol{L}}{\begin{pmatrix} l_{11} & 0 & 0 & 0 \\ l_{21} & l_{22} & 0 & 0 \\ l_{31} & l_{32} & l_{33} & 0 \\ l_{41} & l_{42} & l_{43} & l_{44} \end{pmatrix}}\underset{\boldsymbol{U}}{\begin{pmatrix} 1 & u_{12} & u_{13} & u_{14} \\ 0 & 1 & u_{23} & u_{24} \\ 0 & 0 & 1 & u_{34} \\ 0 & 0 & 0 & 1 \end{pmatrix}} \tag{2-29}$$

按矩阵相乘规则，可得

$$l_{11}=a_{11},\quad l_{21}=a_{21},\quad l_{31}=a_{31},\quad l_{41}=a_{41}$$

即矩阵 $\boldsymbol{L}$ 的第 1 列与矩阵 $\boldsymbol{A}$ 的第 1 列相同，又

$$l_{11}u_{12}=a_{12},\quad l_{11}u_{13}=a_{13},\quad l_{11}u_{14}=a_{14}$$

由此可得 $\boldsymbol{U}$ 的第 1 行各元素

$$u_{12}=\frac{a_{12}}{l_{11}},\quad u_{13}=\frac{a_{13}}{l_{11}},\quad u_{14}=\frac{a_{14}}{l_{11}}$$

采用以上方法可交替求得矩阵 $\boldsymbol{L}$ 的一个列和矩阵 $\boldsymbol{U}$ 的一个行，$\boldsymbol{L}$ 的第 2 行与 $\boldsymbol{U}$ 的第 2 列相乘，得

$$l_{21}u_{12}+l_{22}=a_{22}, \quad l_{22}=a_{22}-l_{21}u_{12}$$

$$l_{31}u_{12}+l_{32}=a_{32}, \quad l_{32}=a_{32}-l_{31}u_{12}$$

$$l_{41}u_{12}+l_{42}=a_{42}, \quad l_{42}=a_{42}-l_{41}u_{12}$$

采用同样的方法可得 $\boldsymbol{U}$ 的第 2 行

$$u_{23}=\frac{a_{23}-l_{21}u_{13}}{l_{22}}, \quad u_{24}=\frac{a_{24}-l_{21}u_{14}}{l_{22}}$$

类似地，可得

$$l_{33}=a_{33}-l_{31}u_{13}-l_{32}u_{23}$$

$$l_{43}=a_{43}-l_{41}u_{13}-l_{42}u_{23}$$

$$u_{34}=\frac{a_{34}-l_{31}u_{14}-l_{32}u_{34}}{l_{33}}$$

$$l_{44}=a_{44}-l_{41}u_{14}-l_{42}u_{24}-l_{43}u_{34}$$

对 $n\times n$ 阶矩阵，可得 $\boldsymbol{L}$ 与 $\boldsymbol{U}$ 各元素的计算通式如下

$$l_{ij}=a_{ij}-\sum_{k=1}^{j-1}l_{ik}u_{kj} \qquad (j\leqslant i, i=1,2,\cdots,n) \tag{2-30}$$

$$u_{ij}=\frac{a_{ij}-\sum_{k=1}^{i-1}l_{ik}u_{kj}}{l_{ii}} \qquad (i>j, i=1,2,\cdots,n) \tag{2-31}$$

采用 $\boldsymbol{LU}$ 分解后，存储空间可以节省，$\boldsymbol{L}$ 与 $\boldsymbol{U}$ 中的零元素以及 $\boldsymbol{U}$ 中的对角线各元素 1 都可省去，即

$$\begin{pmatrix} a_{11} & a_{12} & a_{13} & a_{14} \\ a_{21} & a_{22} & a_{23} & a_{24} \\ a_{31} & a_{32} & a_{33} & a_{34} \\ a_{41} & a_{42} & a_{43} & a_{44} \end{pmatrix} \longrightarrow \begin{pmatrix} l_{11} & u_{12} & u_{13} & u_{14} \\ l_{21} & l_{22} & u_{23} & u_{24} \\ l_{31} & l_{32} & l_{33} & u_{34} \\ l_{41} & l_{42} & l_{43} & l_{44} \end{pmatrix}$$

方程组的求解如下

$$\boldsymbol{Ax}=\boldsymbol{LUx}=\boldsymbol{Lb}'=\boldsymbol{b} \tag{2-32}$$

$$\boldsymbol{Ux}=\boldsymbol{b}' \tag{2-33}$$

先由式(2-32) 求得 $\boldsymbol{b}'$，再由式(2-33) 求得 $\boldsymbol{x}$。

【例 2-2】
$$\boldsymbol{A}=\begin{bmatrix} 3 & -1 & 2 \\ 1 & 2 & 3 \\ 2 & -2 & -1 \end{bmatrix}, \quad \boldsymbol{b}=\begin{bmatrix} 12 \\ 11 \\ 2 \end{bmatrix}$$

$\boldsymbol{LU}$ 分解后得

$$\boldsymbol{L}=\begin{bmatrix} 3 & 0 & 0 \\ 1 & \frac{7}{3} & 0 \\ 2 & -\frac{4}{3} & -1 \end{bmatrix}, \quad \boldsymbol{U}=\begin{bmatrix} 1 & -\frac{1}{3} & \frac{2}{3} \\ 0 & 1 & 1 \\ 0 & 0 & 1 \end{bmatrix}$$

所以 $$\boldsymbol{b}'=\begin{bmatrix}4\\3\\2\end{bmatrix},\ \boldsymbol{x}=\begin{bmatrix}3\\1\\2\end{bmatrix}$$

(3) 稀疏线性方程组的求解

稀疏线性方程组求解的基本特点是：只对非零元素进行运算，只存储非零元素。这里结合实例介绍以 Gauss 消元法为基础的 Bending-Hutchison[23]求解方法。

【例 2-3】 设稀疏线性方程组如下：

$$-\frac{1}{3}x_1+x_2=0 \quad ①$$

$$-\frac{2}{3}x_1+x_3=0 \quad ②$$

$$x_1-x_5-x_9=0 \quad ③$$

$$-\frac{1}{3}x_4+x_5=0 \quad ④$$

$$-\frac{2}{3}x_4+x_6=0 \quad ⑤$$

$$-\frac{1}{3}x_6+x_7=0 \quad ⑥$$

$$x_9=1 \quad ⑦$$

$$-\frac{2}{3}x_6+x_8=0 \quad ⑧$$

$$x_3+x_4-x_7=0 \quad ⑨$$

本例中，系数矩阵 $\boldsymbol{A}_{9\times 9}$ 及右侧常数向量（RHS）$\boldsymbol{b}_{9\times 1}$ 中，共有 20 个非零元素，稀疏比 $\phi=\frac{20}{90}=0.222$。

表 2-4 ［例 2-3］中各元素的编号

行	列									
	1	2	3	4	5	6	7	8	9	RHS
1	$-\frac{1}{3}^{(2)}$	$1^{(12)}$								
2	$-\frac{2}{3}^{(4)}$		$1^{(3)}$							
3	$1^{(11)}$				$-1^{(15)}$				$-1^{(20)}$	
4				$-\frac{1}{3}^{(13)}$	$1^{(16)}$					
5				$-\frac{2}{3}^{(14)}$		$1^{(17)}$				
6						$-\frac{1}{3}^{(18)}$	$1^{(8)}$			
7									$1^{(6)}$	$1^{(5)}$
8						$-\frac{2}{3}^{(9)}$		$1^{(19)}$		
9			$1^{(10)}$	$1^{(1)}$			$-1^{(7)}$			

求解步骤如下：

① 将非零元素任意编号，如表 2-4，表中行号对应方程号，列号对应变量号。

② 选择主元，设 K 为主元的序号，从 $K=1$ 开始，选择非零元素最少的列作为主列。今第 2 列和第 8 列都只含有一个非零元素，任选第 2 列为主列。

③ 在主列中，选非零元素最少的行作为主行，如非零元素最少的行不止一个，则选元素值最大的行作为主行。主行与主列交点上的元素为主元素。今第 2 列中只有 (12) 号一个非零元素，选此为第一个主元素。

K	PIVC	PIVR	元素号
1	2	1	12

其中，PIVC 为列号，PIVR 为行号。主元素的选择方法是为了避免消元过程中零元素的位置上引入非零元素从而增加稀疏比。选择元素绝对值最大值作为主元素是为了在计算过程中提高精度。凡已选为主元素的变量和所在的方程都视为“用过的”。建立整数码供识别主元素用

INTCOD　0　12

其中，INTCOD 表示整数码，数码 0 表明其后面的数码为所述主元素号，此处即第 12 号元素。

④ 用消元法消去主列中非零的“未用过的”元素，由于第 2 列中无其他未用过的非零元素，此步省略。

⑤ 对其余各列与各行，即对“未用过的”元素与“未用过的”方程，重复以上②～④步骤，主元素号位 $K+1$，例如，选第 8 列的第 19 号元素为主元素。第 3、5、7、9 各列均含有两个非零元素，任选第 3 列为主列，再选第 3 列中未用过的非零元素最少的第 2 行为主行，第 3 号元素为主元素，此时，整数码变为

INTCOD　0　12　0　19　0　3

⑥ 消去第 3 列中未用过的非零元素，即第 10 号元素，而在 9 行 1 列（R_9C_1）交点处按下式产生一个新元素，其值为 C_{91}，顺序编号为第 21 号元素。

$$C_{91}=C_{91}^{0}-C_{93}\frac{C_{21}}{C_{23}}$$

即
$$C^{(21)}=C^{(21)}-C^{(4)}\frac{C^{(10)}}{C^{(3)}}$$

用通式可表示为

$$C_{ij}=C_{ij}^{0}-C_{i,\mathrm{PIVC}(K)}\frac{C_{\mathrm{PIVR}(K),j}}{C_{\mathrm{PIVR}(K),\mathrm{PIVC}(K)}} \tag{2-34}$$

式中　C——元素值，下标 ij 表示非主元素所在行的行号与列号，上标 0 表示该元素的原值，上标 (21)、(10)、(3)、(4) 表示元素号；

PIVR——主行；

PIVC——主列。

整数码变为：INTCOD　0　12　0　19　0　3　1　21　10　3　4　2　10

数码－1 及其后面各数码的含义是由零新产生的非零元素号位 21，此元素是由第 10、3、4 三个元素参与计算产生的，而－2 后面的数码为从非零变为零的元素号，此处即第 10 号元素。按通式计算的第 21 号元素值为－2/3。

主元素的选择过程如表 2-5 所示。中间结果见表 2-6 消元过程中，非零元素的变化以及新产生的非零元素都属新元素，按出现的顺序接着编号。

表 2-5　主元素选择过程

序号	选择的主元素			消去的元素			变化或产生的元素				
K	行号	列号	元素号	行号	列号	元素号		行号	列号	元素号	元素值
1	R_1	C_2	12								
2	R_8	C_8	19								
3	R_2	C_3	3	R_9	C_3	10	产生	R_9	C_1	21	−2/3
4	R_6	C_7	8	R_9	C_7	7	产生	R_9	C_6	22	−1/3
5	R_4	C_5	16	R_3	C_5	15	产生	R_3	C_4	23	−1/3
6	R_7	C_9	6	R_3	C_9	20	产生	RHS	S	24	1.0
7	R_3	C_1	11	R_9	C_1	21	变化	R_9	C_4	25	7/9
							产生	RHS		26	2/3
8	R_5	C_6	17	R_9	C_6	22	产生	R_9	C_4	27	5/9
9	R_9	C_4	27								

至此，主元素选择的中间结果见表 2-6。

表 2-6　主元素选择的中间结果

行	列									
	1	2	3	4	5	6	7	8	9	RHS
1	$-\frac{1}{3}$	1								
2	$-\frac{2}{3}$		1							
3	1			$-\frac{1}{3}$						1
4				$-\frac{1}{3}$	1					
5				$-\frac{2}{3}$		1				
6						$-\frac{1}{3}$	1			
7									1	1
8						$-\frac{2}{3}$		1		
9	$-\frac{2}{3}$			1		$-\frac{1}{3}$				

主元素选择后的结果如表 2-7 所示。

表 2-7　主元素选择后的结果

行	列									
	1	2	3	4	5	6	7	8	9	RHS
1	$-\frac{1}{3}$	1								
2	$-\frac{2}{3}$		1							
3	1			$-\frac{1}{3}$						1

续表

行	列									
	1	2	3	4	5	6	7	8	9	RHS
4				$-\frac{1}{3}$	1					
5				$-\frac{2}{3}$		1				
6						$-\frac{1}{3}$	1			
7									1	1
8						$-\frac{2}{3}$		1		
9				$\frac{5}{9}$						$\frac{2}{3}$

⑦ 从最后一个主元素开始，按相反的顺序回代，求出各变量如下：

K	9	8	7	6	5	4	3	2	1
x	x_4	x_6	x_1	x_9	x_5	x_7	x_3	x_8	x_2
变量值	1.20	0.80	1.40	1.00	0.40	0.267	0.933	0.533	0.467

计算终了时得到一串整数码 INTCOD，称为“运算列”，实际是反映了稀疏线性方程组求解过程的整个信息。

2.5　过程系统模拟的联立模块法

2.5.1　联立模块法的基本思想和特点

联立模块法（simultaneous modular approach）[24-27] 是取序贯模块法及联立方程法两者之长，又称双层法。

联立模块法是将整个模拟计算分为两个层次，第一是单元模块的层次，第二是系统流程的层次。其基本思想如图 2-29 所示。首先在模块水平上采用严格单元模块模型，进行严格计算，获得在一定条件和范围内的输入与输出数据，可采用数据拟合的方法，确定输入与输出间的关系，并获得其模型参数，表示该模块的简化模型，模型通常为线性。然后，在系统流程层次上，采用各模块的简化模型，进行联立求解联结各单元模块的流股信息。如果在系统水平上未达到规定的精度，则必须返回到模块水平上，重新对模块进行严格计算，重新建立简化模型。经过多次迭代，直至前后两次重新建模获得模型参数间的相对误差达到规定精度，同时也必须满足系统规定的其他目标函数的收敛精度要求。

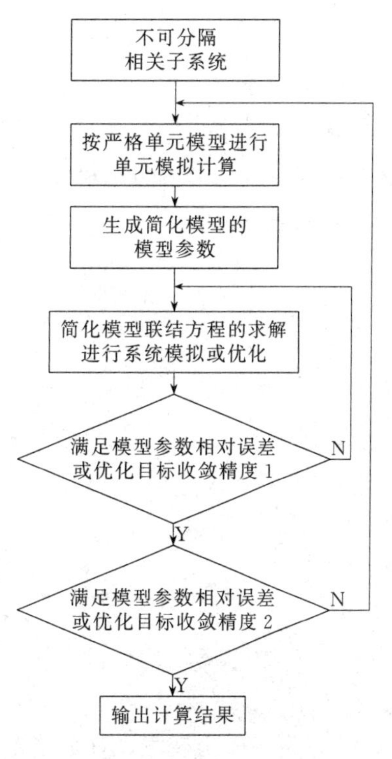

图 2-29　联立模块法基本思想

在简化模型建立中，对过程系统流股有两种切断方式，一是将连接两节点的所有流股全部切断；二是仅将系统中所有回路切断。当按第一种方式断裂流股时，简化模型以单元过程为基本模块，故使系统降维。若采用第二种切断流股的方式，可将环路（回路）所含的全部节点合并为一个虚拟的节点或虚拟的单元过程，并作为简化模型的基本模块，从而使系统进一步降低维数。

联立模块法不需设收敛模块，因而避免了序贯模块法收敛效率低的缺点。联立模块法不需求解大规模的非线性方程组，因而也避免了联立方程法不易给定初值和计算时间较长等缺点。由于简化模型是在流程水平上联立求解的，因此便于设计和优化问题的处理。由于流程水平上的模型计算基本上保持了流程序贯顺序，因此，计算一旦出现问题，也易于分析诊断。

2.5.2 简化模型建立中问题的描述方式

在简化模型的建立中，对所研究问题的描述主要有三种方式，以图 2-30 中 4 单元子系统为例，说明如下。

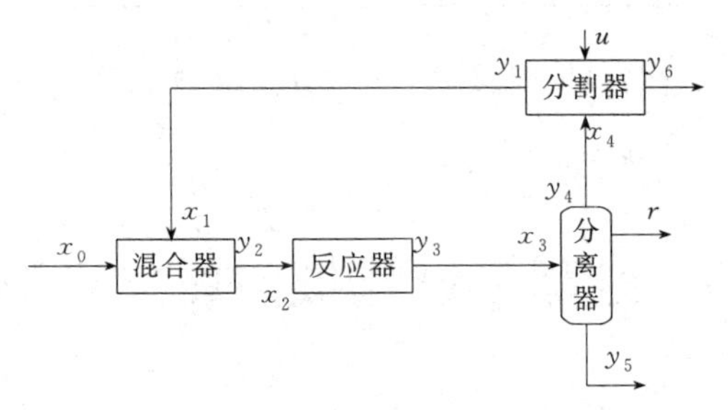

图 2-30 4 单元子系统

(1) 方式一

在此方式中，所有联结流股全部切断，并处理成输入与输出两类流股，在联立模块法中流程层次的方程包括单元模块方程或其近似模型，流股联结方程及设计规定方程：

单元模块方程

$$y_1=g_1(x_4,u) \tag{2-35}$$

$$y_2=g_2(x_1) \tag{2-36}$$

$$y_3=g_3(x_2) \tag{2-37}$$

$$y_4=g_4(x_3) \tag{2-38}$$

联结方程

$$x_2=y_2 \tag{2-39}$$

$$x_3=y_3 \tag{2-40}$$

$$x_4=y_4 \tag{2-41}$$

$$x_1=y_1 \tag{2-42}$$

设计规定方程

$$r(x_3)=r_s \tag{2-43}$$

式中　r——输出变量，其值指定为 r_s。

按这种描述方式，一般的标准型问题或设计型问题，可以用 n_e 个非线性方程描述

$$n_e = 2\sum_{i=1}^{n_c}(C_i + 2) + n_d \tag{2-44}$$

式中　C_i——第 i 个流股的组分数；

n_c——联结流股数；

n_d——设计规定数。

(2) 方式二

在第二种方式中，联结方程的处理加以简化，即将单元模块方程代入联结方程，联结流股用输入流股表示，系统的非线性方程组可表示如下：

流股联结方程

$$x_2 = g_2(x_1) \tag{2-45}$$

$$x_3 = g_3(x_2) \tag{2-46}$$

$$x_4 = g_4(x_3) \tag{2-47}$$

$$x_1 = g_1(x_4, u) \tag{2-48}$$

设计规定方程

$$r(x_3) = r_s \tag{2-49}$$

此处，r 为输出变量，其值为 r_s。

按这种描述方式，一般的标准型问题或设计型问题的非线性方程数为

$$n_e = \sum_{i=1}^{n_c}(C_i + 2) + n_d \tag{2-50}$$

流程层次的方程数几乎可减少50%。

(3) 方式三

在一般的应用中，第二种处理方式的方程数目仍可达几千，进一步减少方程数目的处理方式是采用回路断裂的方法，即断裂 x_1，而 x_2，x_3，x_4 不断裂，将其他各单元看作是一虚拟单元，非线性方程组为：

流股联结方程

$$\begin{aligned} x_1 &= g_1(g_4\{g_3[g_2(x_1)]\}, u) \\ &= G_1(x_1, u) \end{aligned} \tag{2-51}$$

设计规定方程

$$r\{g_3[g_2(x_1)]\} = r_1(x_1) = r_s \tag{2-52}$$

采用这种处理方式，非线性方程的数目为

$$n_e = \sum_{i=1}^{n_t}(C_i + 2) + n_d \tag{2-53}$$

式中　n_t——不可分隔子系统中的断裂流股数。

2.5.3 单元简化模型的形式

(1) 线性简化模型

对于单元（或虚拟单元）严格模型的非线性方程组

$$y = G(\boldsymbol{x}) \tag{2-54}$$

式中　$\boldsymbol{x}$——输入流股变量与设备参数。

在某点 $\boldsymbol{x}^{(k)}$ 附近一阶 Taylor 展开，即为线性简化形成

$$\boldsymbol{y}^{(k+1)} \approx G(\boldsymbol{x}^{(k)}) + \boldsymbol{J}^{(k)}(\boldsymbol{x}^{(k+1)} - \boldsymbol{x}^{(k)}) \tag{2-55}$$

令 $\Delta\boldsymbol{y}=\boldsymbol{y}^{(k+1)}-\boldsymbol{y}^{(k)}$，$\Delta\boldsymbol{x}=\boldsymbol{x}^{(k+1)}-\boldsymbol{x}^{(k)}$，$\boldsymbol{A}=\boldsymbol{J}^{(k)}$

则式(2-55) 变成以增量表示的线性方程形成

$$\Delta\boldsymbol{y}=\boldsymbol{A}\cdot\Delta\boldsymbol{x} \tag{2-56}$$

式中 $\boldsymbol{A}$——简化模型参数矩阵，即为雅可比矩阵 $\boldsymbol{J}^{(k)}$。

可通过“摄动法”（或称“数值扰动法”）求出 $\boldsymbol{A}$。即对每一输入变量与设备参数，进行足够小的摄动（扰动）Δx_j 后，求解一次严格模型方程，得到 Δy_i，用差商作为系数矩阵的近似

$$\boldsymbol{A}=\begin{bmatrix}\dfrac{\partial y_1}{\partial x_1} & \cdots & \dfrac{\partial y_1}{\partial x_n}\\ \vdots & \ddots & \vdots\\ \dfrac{\partial y_m}{\partial x_1} & \cdots & \dfrac{\partial y_m}{\partial x_n}\end{bmatrix}_{x=x^{(k)}}=\begin{bmatrix}\dfrac{\Delta y_1}{\Delta x_1} & \cdots & \dfrac{\Delta y_1}{\Delta x_n}\\ \vdots & \ddots & \vdots\\ \dfrac{\Delta y_m}{\Delta x_1} & \cdots & \Delta\dfrac{\Delta y_m}{\Delta x_n}\end{bmatrix} \tag{2-57}$$

其中，$\Delta y_i=y_i^{(k+1)}-y_i^{(k)}$，$\Delta x_j=x_j^{(k+1)}-x_j^{(k)}$。

例如：

① 先扰动 x_1，$x_1^{(k)}\to x_1^{(k+1)}$，得

$$y_1^{(k)}\to y_1^{(k+1)},\cdots,y_m^{(k)}\to y_m^{(k+1)}$$

即先得 $\boldsymbol{A}$ 阵的第一列。

② 扰动 x_j，$x_j^{(k)}\to x_j^{(k+1)}$ 得

$$y_1^{(k)}\to y_1^{(k+1)},\cdots,y_m^{(k)}\to y_m^{(k+1)}$$

于是得 $\boldsymbol{A}$ 阵的第 j 列。

最终得 $\boldsymbol{A}$ 阵最后一列，即 n 列。

由此可知：线性简化模型的实质是用线性方程近似一个本质上为非线性的关系，所以，虽然线性简化模型的建立与求解相对比较容易，但外推性差，适应性不强，需要反复多次调用严格模型来修正，故计算效率不高。

若采用方程次数较低的非线性模型（如二次扰动模型），外推性能好些，迭代次数少些，计算效率要高些。虽然解非线性方程组多花了时间，但迭代减少，使总计算量可减少一半左右。如果采用方程次数较高的非线性模型，则以扰动法计算高阶导数使计算效率不能提高。

(2) 非线性简化模型

二次扰动模型

$$\Delta y_j=\bar{\boldsymbol{a}}_j^{\mathrm{T}}\cdot\Delta\bar{\boldsymbol{x}}+\bar{\boldsymbol{b}}_j^{\mathrm{T}}\cdot\Delta\bar{\boldsymbol{w}}+\Delta\bar{\boldsymbol{x}}^{\mathrm{T}}\cdot\boldsymbol{A}_j\cdot\Delta\bar{\boldsymbol{w}}+\Delta\bar{\boldsymbol{x}}^{\mathrm{T}}\cdot\boldsymbol{B}_j\cdot\Delta\bar{\boldsymbol{x}}+\Delta\bar{\boldsymbol{w}}^{\mathrm{T}}\cdot\boldsymbol{C}_j\cdot\Delta\bar{\boldsymbol{w}} \tag{2-58}$$

式中 y_j——输出流股的第 j 个变量；

$\bar{\boldsymbol{x}}$——输入流股变量向量；

$\bar{\boldsymbol{w}}$——单元设备参数向量；

$\bar{\boldsymbol{a}}_j$、$\bar{\boldsymbol{b}}_j$（向量），$\boldsymbol{A}_j$、$\boldsymbol{B}_j$、$\boldsymbol{C}_j$（矩阵）——模型参数，通常不能解析计算，而是通过数值扰动法计算。

联立模块法在实际应用中至少与序贯模块法同样可靠；而对同一过程进行模拟分析，或工况不同但操作条件变动不大的情况，以及设计型问题等，联立模块法的计算效率比序贯模块法有较大提高；不同的断裂流股集对联立模块法的收敛性能影响不大。

本章重点

1. 过程系统稳态模拟的三种基本方法有：序贯模块法、联立方程法和联立模块法。

① 序贯模块法：是以过程系统的单元设备数学模型为基本模块，该模块的基本功能是，只要给定全部输入流股相关变量和设备主要结构尺寸，即可求得所有输出流股的全部信息；序贯模块法也就是逐个单元模块依次序贯计算求解系统模型的一种方法。

② 联立方程法：基本思想是将描述过程系统的所有方程组织起来，形成一大型非线性方程组，进行联立求解。这些方程来自各单元过程的描述及生产工艺要求、过程系统设计约束条件等。

③ 联立模块法：用各个模块的严格模型计算出来的结果，根据输出的信息与输入信息间的关系产生简化模型，例如线性模型，再对简化模型以及联结方程联立求解，求解过程中可以包括设计规定方程，对断裂流股要设定初值，求解后得出各流股的新值，再迭代使收敛。

2. 自由度定义：$d=n-m$，其中 m 为独立方程式数，n 为变量数；自由度分析的主要目的是确定系统求解时需要给定的独立变量数，使系统有唯一解。在混合器、闪蒸器、换热器、反应器和压力变化单元等过程单元自由度分析的基础上，能进行过程系统的自由度分析。

3. 序贯模块法中不相关子系统的分隔的方法主要有：单元串搜索法、邻接矩阵法。

4. 流股的最优断裂准则主要有：

① 断裂流股的数目最少；

② 断裂流股包含的变量数目最少；

③ 对每一流股选定一个权因子，该权因子数值反映了断裂该流股时迭代计算的难易程度，应当使所有的断裂流股权因子数值总和最小；

④ 选择一组断裂流股，使直接代入法具有最好的收敛特性。

不可分隔子系统的断裂方法主要有：Lee-Rudd 断裂法、Upadhye 和 Grens 断裂法。

5. 能够应用常用流程模拟软件 Aspen Plus 和 HYSYS 对过程系统进行模拟和分析。

习题

2-1　试分析下列问题在给定条件下是否有唯一解?

(1) 如附图所示，已知绝热条件下的平衡级上流入的流股流量、组成、温度和压力，给定流出平衡级物流的压力，试计算流出平衡级气、液两相的组成和流量。

(2) 若存在热损失，其他条件同 (1)。

(3) 已知多元气体混合物的温度、压力和组成，并在冷凝器中部分冷凝，给定冷凝器内压力和冷却水进口温度，计算所需的冷却水量。

2-2　假定一绝热平衡闪蒸。所有变量如附图所示，试确定：

(1) 变量总数 m。

(2) 写出所有有关变量的独立方程。

(3) 独立方程数 n。

(4) 自由度数 d。

(5) 为解决典型的绝热闪蒸问题，你将规定哪些变量?

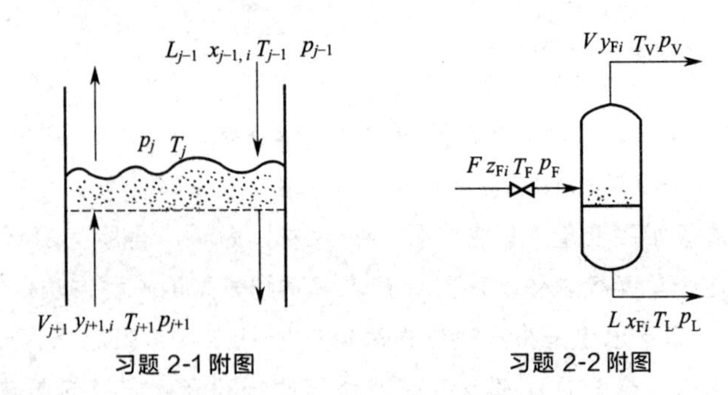

习题 2-1 附图　　习题 2-2 附图

2-3　选择适宜方法对如附图所示的系统进行分隔，用 Lee-Rudd 断裂法确定系统的断裂流股，并确定单元模块的计算顺序。

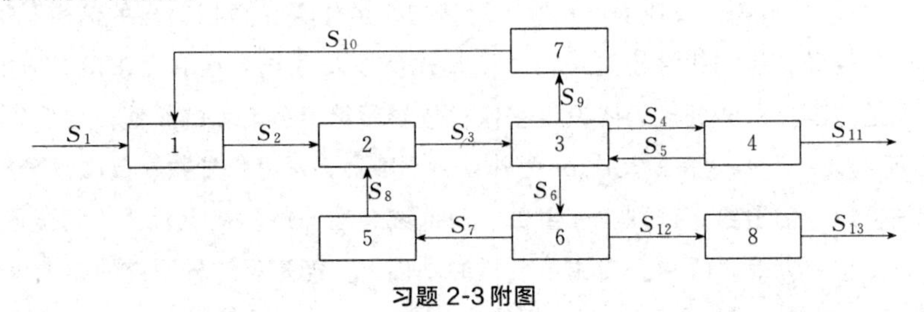

习题 2-3 附图

2-4　选择适宜方法对如附图所示的系统进行分隔，用 Lee-Rudd 断裂法确定系统的断裂流股，并确定单元模块的计算顺序。

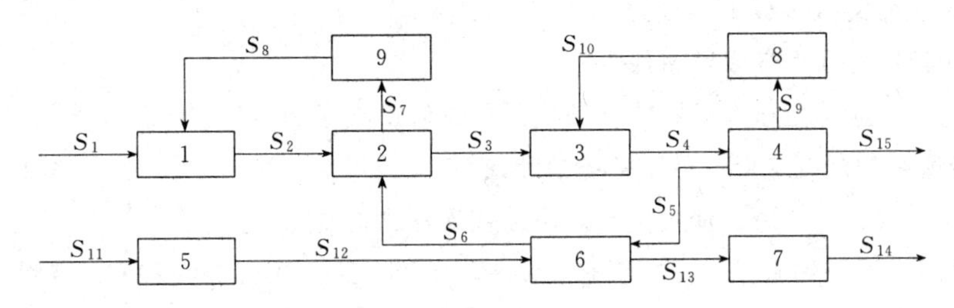

习题 2-4 附图

2-5　用 Lee-Rudd 断裂法确定如附图所示系统的断裂流股，并确定单元模块的计算顺序。

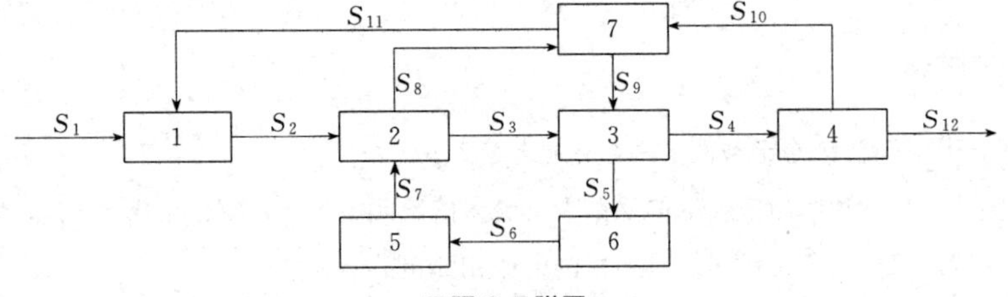

习题 2-5 附图

2-6　用 Upadhye 和 Grens 断裂法确定如附图所示系统的断裂流股，并确定单元模块的计算顺序。

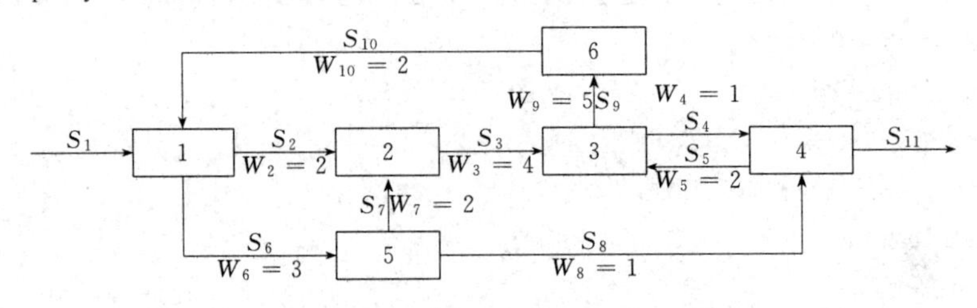

习题 2-6 附图

本章符号说明

符号	意义与单位
a_{ij}	系数矩阵 **A** 中的元素
$\boldsymbol{A}$	系数矩阵
$\boldsymbol{A}_{ij}$	矩阵 **A** 中第 i 行 j 列的元素
d	自由度
F	摩尔流量，mol/s
H	比摩尔焓，J/mol
$\boldsymbol{H}^{(k)}$	雅克比逆矩阵
l_{ij}	矩阵 **L** 中的元素
$\boldsymbol{J}^{(k)}$	雅克比矩阵
$\boldsymbol{L}$	**LU** 量纲分解法中矩阵 **A** 的下三角阵
Δp	压力降，Pa
Q	热量，kW
$\boldsymbol{R}$	邻接矩阵
S_{ij}	流入或流出单元 i 的流股 j 序号
T	温度，K
u_{ij}	矩阵 **U** 中的元素
$\boldsymbol{U}$	**LU** 量纲分解法中矩阵 **A** 的上三角阵
W	轴功，W
x_{nj}	单元 j 输入流股 n 的变量
y_{mi}	单元 i 输入流股 m 的变量。
希腊字母	
ξ_i	反应度
ϕ	稀疏比
ε	收敛误差
ω	松弛因子

参考文献

[1] Pierucci S J，Ranzi E M，Biardi G E. AIChE J，1982，28：820.

[2] Evans L B，et al. Process systems engineering：PSE' 85：The use of computers in chem Eng. Institution of Chemical Engineers，1985.

[3] Chen H S，Stadtherr M A. AIChE J，1985，31：1843.

[4] 《化学工程手册》编辑委员会．化学工程手册．2版．北京：化学工业出版社，1996.

[5] Ashok Kumar Verma. Process modelling and simulation in chemical，biochemical and environmental engineering. Boca Raton，FL：CRC Press，2014.

[6] 杨友麒．实用化工系统工程．北京：化学工业出版社，1989.

[7] 杨冀宏，麻德贤．过程系统工程导论．北京：烃加工出版社，1989.

[8] 张建侯，许锡恩．化工过程分析与计算机模拟．北京：化学工业出版社，1989.

[9] 孙兰义．化工流程模拟实训-Aspen Plus教程．北京：化学工业出版社，2012.

[10] 杨友麒，项曙光．化工过程模拟与优化．北京：化学工业出版社，2006.

[11] 朱开宏等．化工过程流程模拟．北京：中国石化出版社，1993.

[12] 都健．化工过程分析与综合．大连：大连理工大学出版社，2009.

[13] 姚平经．过程系统分析与综合．大连：大连理工大学出版社，2004.

[14] 王基铭．过程系统工程词典．2版．北京：中国石化出版社，2011.

[15] 成思危．过程系统工程词典．北京：中国石化出版社，2001.

[16] （美）Henley E J，Seader J D. 化学工程中的平衡级分离操作．许锡恩等译．北京：化学工业出版社，1990.

[17] Westerberg A W，Hutchison H P，Motard R L，Winter P. Process Flowsheeting. Cambridge：Cambridge University Press，2011.

[18] Sargent R W H，Westerberg A W. Trans Inst Chem Eng，1964，42（5）：190.

[19] Himmelblau D M，Bischoff K B. Process Analysis and Simulation：deterministic systems. New York：Wiley，1968.

[20] Motard R L, Shacham M, Rosen E M. AIChE J, 1975, 21 (3): 417.

[21] Thompson R W, King C J. AIChE J, 1972, 18 (5): 941.

[22] Rosen E M. Acs Symp Ser, 1980, 124: 3.

[23] Lee W Y, Christensen J H, Rudd D F. AIChE J, 1966, 12 (6): 1104.

[24] Upadhye R S, Grens E A. AIChE J, 1975, 21 (1): 136.

[25] Aspen Technology. ASPEN PLUS (85) 化工流程模拟系统入门手册. 北京: 化工部第一设计院, 第八设计院, 1986.

[26] Bending M J, Huthchison H P. Chem Eng Sci, 1973, 28: 1857.

[27] Rosen E. Chem Engng Prog, 1962, 58 (10): 69.

第 3 章

换热器网络综合

本章学习要点

1. 掌握温-焓图、组合曲线、夹点和总组合曲线的概念和意义，掌握设计型夹点和操作型夹点计算的温-焓图法和问题表格法。
2. 掌握温-焓图法综合换热器网络的基本步骤和方法。
3. 掌握夹点设计法综合换热器网络的基本步骤和方法。
4. 掌握换热器网络的调优方法及步骤。
5. 了解数学规划法进行换热器网络综合的思路和模型建立过程。

3.1 换热器网络的综合问题

换热器网络（heat exchanger networks，HEN）作为过程系统的一个重要子系统，是化工、炼油、电力等过程工业能量回收的主要组成部分，对于生产中降低能耗和减少投资具有重要意义[1,2]。国内外众多学者对换热器网络综合问题进行了深入的研究，使之成为过程系统综合中最富有成就的研究领域，在工程实际应用中也获得了显著的效果[3]。

在许多过程工业中，一些流股需要加热，而另一些流股则需要冷却。合理地把这些流股匹配在一起，充分利用热流股去加热冷流股，提高系统的热回收能力，尽可能地减少公用工程（如蒸汽、冷却水等）辅助加热和冷却负荷，无疑将提高整个过程系统的能量利用率和经济性[4]。合理有效地组织流股间的换热问题，涉及如何确定流股间匹配换热的结构以及相应的换热负荷分配。换热器网络最优综合问题的简化描述就是要确定出具有较小或最小的设备投资费用和操作费用，并满足把每个过程流股由初始温度加热或冷却到规定目标温度的换热器网络。其中设备投资费用主要与换热面积及换热设备台数有关，而操作费用主要与公用工程用量有关。这三个主要因素之间是相互影响的，其关系如图 3-1 所示。

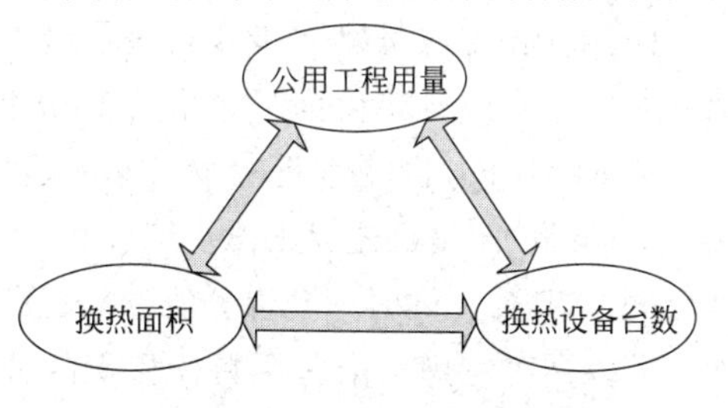

图 3-1 影响换热网络费用的三个主要因素

对于任何一个换热器网络综合问题，可供选择的流程方案太多，通常无法采用盲目的枚举法来寻优。近五十年来，多种不同特点和策略的换热器网络综合方法被提出。依据目标函数是分步还是同时权衡公用工程用量、换热面积和换热设备台数三个关键目标，通常将换热器网络综合方法分为分步综合方法和同步综合方法。

分步综合方法可以进一步分为两类：①启发探试法；②基于分步求解策略的数学规划法。启发探试法的主要方法有 Linnhoff 等[5]提出的夹点分析法。夹点分析法主要是基于热回收最小传热温差（heat recovery approach temperature，HRAT）划分温度区间，通过寻找系统的用能瓶颈获得最小的公用工程用量，用能瓶颈就是热量回收的夹点[6]。基于夹点将换热器网络分隔成多个子网络，得到最初的换热器网络结构，然后利用各种经验规则获得优化的换热器网络[7]。在夹点分析法的基础上研究人员对优化规则进行了改进，如允许换热器穿越夹点，利用换热器最小传热温差（exchanger minimum approach temperature，EMAT）取代热回收最小传热温差作为设计变量，提出了双温差法（dual-temperature approach method）[8]。另外，Wood 等[9]采用了伪夹点法（pseudo- pinch design method），利用可以变化的最小传热温差获得更加简化的换热器网络结构，放宽了夹点分析法的应用条件，使夹点分析法在使用过程中更加灵活[10]。

基于分步求解策略的数学规划法主要是将换热器网络依次划分为几个子问题，对每个子问题进行分析，同时利用上一级子问题求解结果作为下一级子问题的求解过程参数[11]。求解过程一般分为三个部分，首先是通过求解线性规划（linear programming，LP）问题获得最小的公用工程费用[12]；然后利用得到的公用工程结果求解混合整数线性规划（mixed-integer linear programming，MILP）问题[13]，解决热负荷分配问题获得最少的换热器个数，同时，利用 Gundersen 和 Grossmann 等[14]提出的垂直匹配换热模型得到换热器换热面积最小时的换热器网络结构；最后，基于换热器网络超结构求解非线性规划（nonlinear programming，NLP）模型[15]，获得与之前子问题相对应的最小换热器设备费用。另外，Zhu 等[16,17]提出基于一系列焓区间将换热器网络综合问题划分为多个“模块”，通过解决每个模块的匹配获得最优的换热器网络结构，这种方法可以极大地降低数学规划法中求解模型的维度[18]。

以夹点分析法为代表的分步综合法由于过程简单且易于操作，在实际工业过程中得到了比较广泛的应用[19-21]。然而，这也存在着一些局限，由于求解过程中分步操作的特点，考虑到各个子问题之间相互关联且相互制约，换热器网络综合过程中无法同时权衡公用工程用量、换热器个数以及换热面积之间的关系，得到的结果往往是局部最优，无法保证获得总费用最低的换热器网络结构。因此，研究人员提出采用同步综合的方法协同优化换热器网络各个子问题之间的关系。

同步综合方法是以同步搜索获得最优的换热器网络结构和参数，通常基于模型将换热器网络综合过程转化为一个混合整数非线性规划（mixed-integer nonlinear programming，MINLP）问题进行求解，同时运用一些简化假设降低数学模型的复杂程度。

Yuan 等[22]是最先提出同步综合数学模型者之一，但是他们提出的 MINLP 模型要求给定 HRAT 值，同时不允许分流。Yee 等[23]和 Yee 和 Grossmann[24]提出了不受夹点限制的，可以同时考虑三个费用目标权衡的分级超结构 MINLP 模型，但由于受线性化分解算法的限制，模型在等温混合假设下实现线性约束，当由于结果中存在分流情况时必须再用NLP模型优化以确定结构参数。Ciric和Floudas[25]给出了公用工程用量与HRAT的计算函数关系，并构造基于复杂结构和伪夹点的转运模型，建立了三个费用目标同步优化的MINLP模型。模型采用广义Benders分解算法求解，由于模型规模很大，而且严重非凸和非线性，求解效率很低。袁希钢[26]也提出了不分流的换热器网络分段超结构和MINLP模型，其超结构较为简化，模型也没有考虑换热设备的固定费用，原则上可化为NLP问题求解。Bjork和Westerlund[27]对Yee等[23]的MINLP模型中的非凸项进行了凸性化转换，从而可以利用现有的算法和软件进行求解，同时他们还考虑了取消模型中等温混合假设的情况下问题的求解。Shivakumar和Narasimhan[28]利用图形理论原则得到一个有效的NLP表达式用于换热器网络综合，与MINLP表达式比较，问题的复杂性有较大减小，而且可以用于有匹配约束和变化的目标温度等设计约束的换热器网络综合。求解大规模换热器网络同步综合数学模型已经成为了一个很大的挑战，Feng和Karimi[29]提出一种高效的近似算法来解决这种模型，求解过程不需要可行的初始解，比商业化的求解软件计算更加迅速，针对39条过程流股的换热器网络，这种方法能获得比遗传算法更低费用的换热器网络结构。

利用同步综合方法构建的换热器网络综合数学模型十分复杂，给求解过程带来了难度，简化假设的引入降低了设计结果在实际过程中的可行性。然而，利用同步综合方法可以有效地权衡换热器网络综合过程中各个组成部分之间的关系，同时，严格的MINLP数学模型也能保证设计结果的理论可行性，有利于获得换热器网络综合的全局最优解。

随着换热器网络综合研究的深入，研究内容扩大到换热器网络和工艺过程同步优化[30]；换热器网络和公用工程网络的同步优化[31]；换热器网络和换热器详细设计的同步优化[32]；经济性、柔性、环境影响和可靠性等多目标优化[33-35]等。

关于换热器网络综合方法的详细介绍可参阅相关综述文献[6,36-50]。用于换热网络综合商品化软件已相继开发出来，如Advent、Hextran、Interheat、Magnets、Reshex、Supertarget以及Aspen Energy Analyzer等。

相关文献

3.2 过程系统的夹点及其意义

夹点技术（pinch technology）是以热力学为基础，从宏观的角度分析过程系统中能量流沿温度的分布，从中发现系统用能的“瓶颈”（bottleneck）所在，并给以“解瓶颈”（debottleneck）的一种方法[4,49]。这里所说的“瓶颈”就是夹点（pinch），也叫窄点，其是利用夹点技术进行换热网络综合设计的关键。

3.2.1 温-焓图（T-H图）

在T-H图（temperature-enthalpy graph）上能够简单明了地描述过程系统中的工艺物流及公用工程物流的热特性。该图的纵轴为温度T，K（或℃）；横轴为焓H，kW；这里的焓具有热流量的单位，kW；这是因为在工艺过程中的物流都具有一定的质量流量，单位是kg/s；所以这里T-H图中的焓相当于物理化学中的焓（单位是kJ/kg）再乘以物流的质量流量，即其单位是

$$kJ/kg\times kg/s=kJ/s=kW$$

物流的换热过程在 T-H 图上可以用一线段（直线或曲线）来表示，当给出该物流的质量流量 W、状态、初始温度 T_s、目标（或终了）温度 T_t，就可以将该过程标绘在 T-H 图上。例如：一质量流量为 W 的冷物流，由 T_s 升至 T_t 且没有发生相的变化，在该温度区间的平均比热容为 C_p［kJ/(kg·℃)］，则物流由 T_s 升至 T_t 所吸收的热量为

$$Q=WC_p(T_t-T_s)=\Delta H \tag{3-1}$$

该热量即为 T-H 图中的焓差 ΔH，该冷物流在 T-H 图上的标绘结果如图 3-2 中的线段 AB 所示，并以箭头表示物流温度及焓变化的方向。线段 AB 具有两个特征：

① AB 的斜率为物流热容流率（物流的质量流量乘以比热容，heat capacity flow rate）的倒数，由式(3-1) 得

$$\frac{T_t-T_s}{\Delta H}=\frac{1}{WC_p}$$

即线段 AB 的斜率为$\frac{\Delta T}{\Delta H}=\frac{T_t-T_s}{\Delta H}=\frac{1}{WC_p}=\frac{1}{CP}$，式中 $CP=WC_p$ 为物流热容流率，单位为 kW/℃。

② 线段 AB 可以在 T-H 图中水平移动而不改变其对物流热特性的描述，这是因为线段 AB 在 T-H 图中水平移动时，并不改变物流的初始和目标温度以及 AB 在横轴上的投影长度，即热量 $Q=\Delta H$ 不变。实际上，对于横轴 H，我们关注的是焓差——热流量。

物流的类型是多种多样的，如热物流（$T_s>T_t$）、冷物流($T_s<T_t$)、无相变、有相变、纯组分、多组分混合物等。几种不同物流在 T-H 图上标绘的示意表达如图3-3所示，各线段具体说明如下。

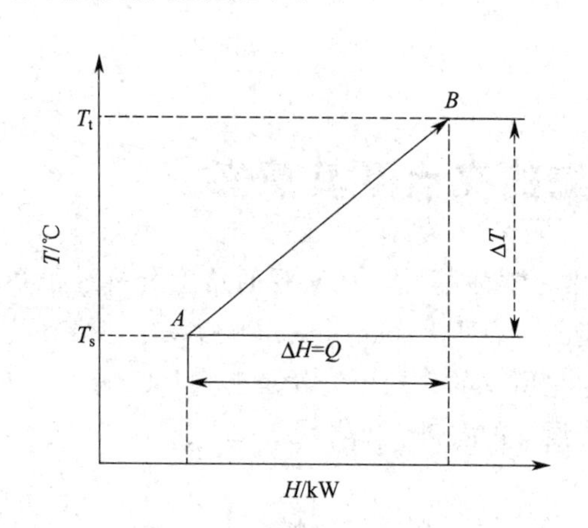

图 3-2 一无相变化的冷物流在 T-H 图上的标绘

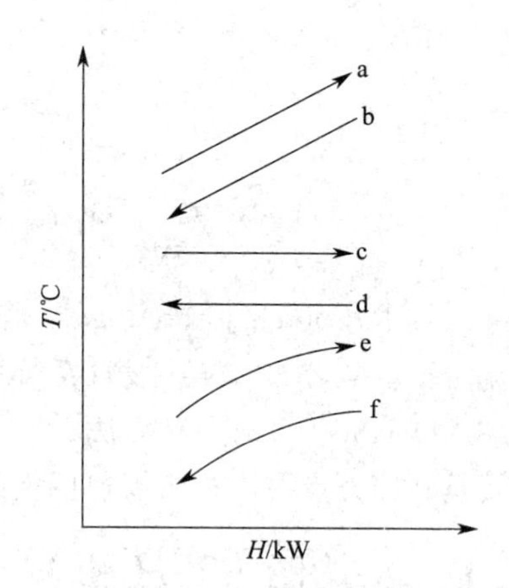

图 3-3 几种不同类型物流在 T-H 图上的标绘

在 T-H 图上能够简明地描述过程系统中的工艺物流及公用工程物流的热特性。

a——无相变化的冷物流，为一直线，这是由于物流的热容选用了该温度间隔的平均热容值，所以线段的斜率为一定值，即为一直线。当物流热容值随温度变化较大时，该直线就应该用一曲线代替，或近似用一折线来表达，即在分成几个小的温度间隔内取

几个热容平均值，由几个具有不同斜率的线段构成一条折线。箭头向右上方，表示冷物流吸收热量后向温度及焓同时增加的方向变化。

b——无相变化的热物流，为一箭头向左下方的直线，其他情况的分析同 a。

c——纯组分饱和液体的汽化。纯组分饱和液体在汽化过程中温度保持恒定，所以为一水平线，箭头向右表示物流汽化过程中吸收热量，向焓值增大的方向变化。

d——纯组分饱和蒸气的冷凝。纯组分饱和蒸气在冷凝过程中温度保持恒定，所以也为一水平线，箭头向左表示物流冷凝过程中放出热量，向焓值减小的方向变化。

e——多组分饱和液体的汽化。如果该多组分饱和液体全部汽化，则其温度的变化是由泡点变化到露点，中间温度下的物流处于气、液两相状态。该汽化曲线可通过选用合适的热力学状态方程进行严格计算得出。该曲线箭头指向右上方，表示物流在汽化过程中吸热，向焓和温度增大的方向变化。

f——多组分饱和蒸气的冷凝。如果该多组分饱和蒸气全部冷凝，则其温度的变化是由露点变化到泡点，中间温度下的物流处于气、液两相状态。该冷凝曲线可通过选用合适的热力学状态方程进行严格计算得出。该曲线箭头指向左下方，表示物流在冷凝过程中放热，向焓和温度减小的方向变化。

3.2.2　组合曲线

在一过程系统中，包含多股热物流和冷物流，在 T-H 图上孤立地研究一个物流是研究工作的基础，但更重要的是应当把它们有机地组合在一起，同时考虑热、冷物流间的匹配换热，从而提出了在 T-H 图上构造热物流组合曲线和冷物流组合曲线及其应用的问题。

在 T-H 图上，多个热物流和多个冷物流可分别用热组合曲线和冷组合曲线进行表达。例如，如图 3-4(a) 所示过程热物流 H_1 和 H_2 在 T-H 图上分别表示为线段 AB 和 CD。图 3-4(a) 同时表示 H_1 和 H_2 两个热物流的组合曲线的构造过程。首先将线段 CD 水平移动到点 B 与 C 在同一垂线上，即物流 H_1 和 H_2 "首尾相接"，然后沿点 B、点 C 分别作水平线，交 CD 于点 F，交 AB 于点 E，这表明物流 H_1 的 EB 部分与物流 H_2 的 CF 部分位于同一温度间隔，则可以用一个虚拟物流，即线段 EF（对角线），表示该间隔的 H_1 和 H_2 两个物流的组合。因为 EF 的热负荷等于（$EB+CF$）的热负荷，且在同一温度间隔。图 3-4(b) 表示最终得到的热物流 H_1 和 H_2 的组合曲线 $AEFD$。

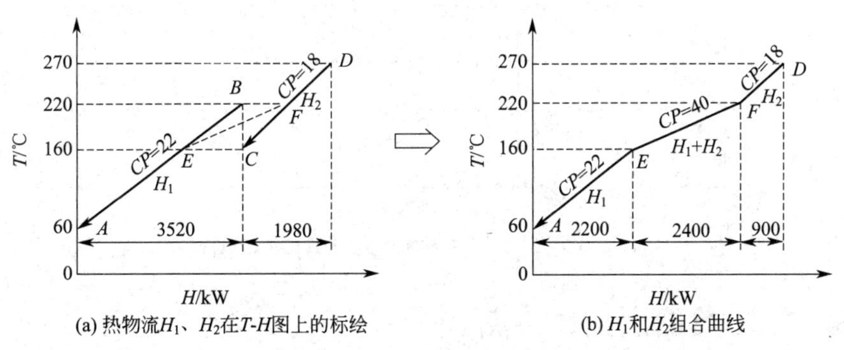

图 3-4　组合曲线的构造过程

多个热物流或多个冷物流的组合曲线的作法同上，只要把相同温度间隔内物流的热负荷累加起来，然后在该温度间隔中用一个具有累加热负荷值的虚拟物流来代表即可。详细步骤见［例 3-1］。

若进行构造组合曲线相反的过程，就可以由组合曲线分解出各物流的单个线段。

【例 3-1】 如图 3-5 所示有 3 个热物流 H_1、H_2、H_3，试构造该热物流的组合曲线。

解：构造多个物流组合曲线的步骤如下：

(1) 沿表示热物流 H_1、H_2、H_3 的线段 AB、CD、EF 的端点作水平线，共 6 条，形成 5 个温度间隔Ⅰ、Ⅱ、Ⅲ、Ⅳ、Ⅴ，每个温度间隔包含不同的物流段。

(2) 在各温度间隔中把物流组合起来。

间隔Ⅰ，只包含物流 H_3 的 EK 段，可以水平右移至 EK 位置；

间隔Ⅱ，包含物流 H_2 的 CI 段及物流 H_3 的 KL。线段 KL 与 CI 右移，且点 L 与点 C 在同一垂线上，则对角线 KI 即为 KL 与 CI 的组合线；

间隔Ⅲ，包含物流 H_1 的 AG 段、物流 H_2 的 IJ 段，以及物流 H_3 的 LF 段。该 3 个线段右移，并按前述的"首尾相接"方式排起来（即点 G 与点 I 在同一垂线上，点 J 与点 L 在同一垂线上），对角线 AF 即为该 3 个物流段的组合线；

间隔Ⅳ，包含物流 H_1 的 GH 段及物流 H_2 的 JD 段，作法同间隔Ⅱ，得组合线 GD；

间隔Ⅴ，只有物流 H_1 的 HB 段，作法同间隔Ⅰ。

(3) 上面 5 个温度间隔构成的组合线 $EKAFDB$ 即为物流 H_1、H_2、H_3 的组合曲线。

上述得到的组合曲线是一虚拟的热物流，它具有的热负荷及温度就可以代表热物流 H_1、H_2、H_3 的组合。

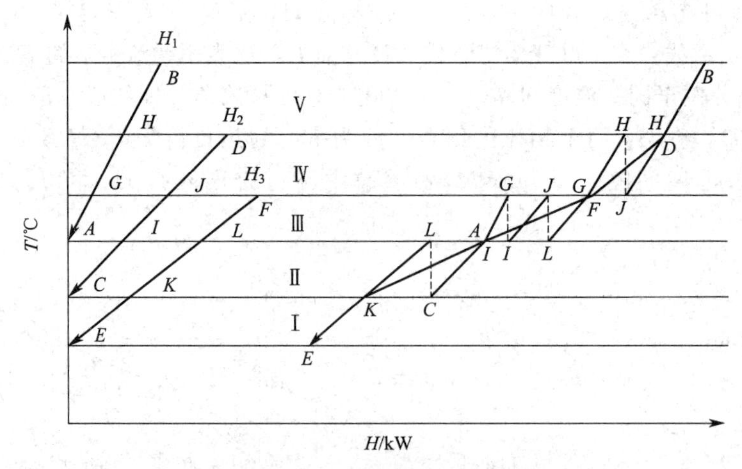

图 3-5 ［例 3-1］中热物流组合曲线的构造过程

3.2.3 在温-焓图上描述夹点

如果已知下列数据：所有过程物流的质量流量、热容、初始温度、终了温度，以及选用的热、冷物流间匹配换热的最小允许传热温差 $\Delta T_{\min}$，则可以在 T-H 图上形象、直观地表达过程系统的夹点位置。用作图的方法在 T-H 图上确定夹点位置的步骤如图 3-6 所示。

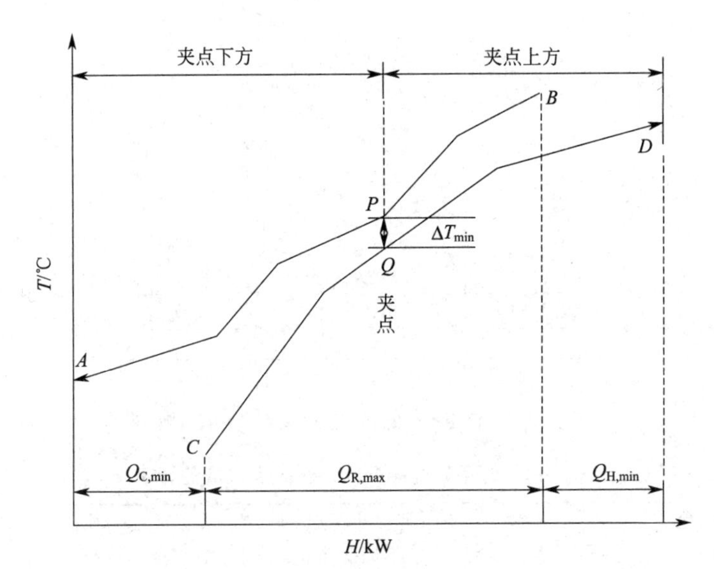

图 3-6 在 T-H 图上描述夹点

组合曲线的构造过程

具体步骤描述如下：

① 根据给出的热、冷物流数据，在 T-H 图上分别作出热物流组合曲线 AB 及冷物流组合曲线 CD。

② 热物流组合曲线置于冷物流组合曲线上方，并且两者在水平方向相互靠拢，当两组合曲线在某处的垂直距离正好等于 $\Delta T_{\min}$时（如图中的 PQ），则该处即为夹点。

应当强调指出，凡是等于 P 点温度的热流体部位以及凡是等于 Q 点温度的冷流体部位都是夹点，即从温位来讲，热流体夹点的温度与冷流体夹点的温度刚好相差 $\Delta T_{\min}$。

过程系统的夹点位置确定之后，相应地在 T-H 图上可以得出下列信息：

① 该过程系统所需的最小公用工程加热负荷 $Q_{\mathrm{H,min}}$ 及最小公用工程冷却负荷 $Q_{\mathrm{C,min}}$；

② 该过程系统所能达到的最大热回收 $Q_{\mathrm{R,max}}$；

③ 夹点 PQ 把过程系统分隔为两部分，一是夹点上方，包含夹点温度以上的热、冷工艺物流，称热端，热端只需要公用工程加热，故也称为热阱；另一是夹点下方，包含夹点温度以下的热、冷工艺物流，称冷端，冷端只需要公用工程冷却，故也称为热源。

由上可知，选用的热、冷物流间匹配换热的最小允许传热温差 $\Delta T_{\min}$的大小，直接影响夹点的位置。如图 3-7 所示，对于同一过程系统的热、冷物流来说，选用不同的 $\Delta T_{\min}$，则夹点位置、$Q_{\mathrm{C,min}}$、$Q_{\mathrm{H,min}}$以及 $Q_{\mathrm{R,max}}$都发生了变化，该变化见表 3-1。

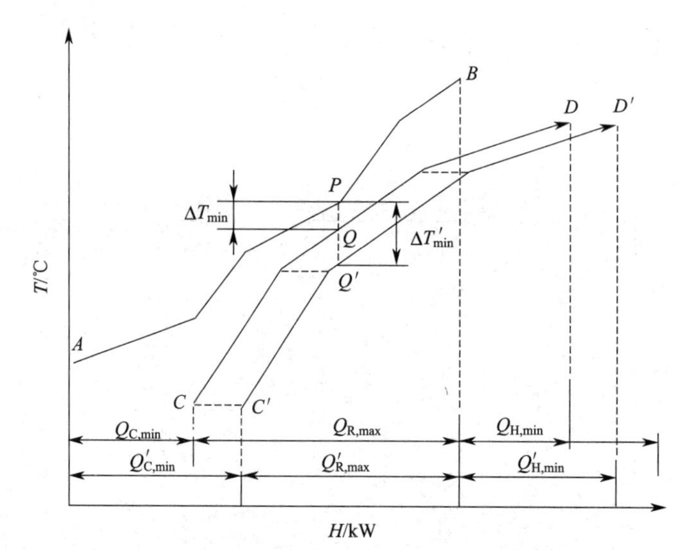

动画

传热温差对夹点位置的影响

图 3-7 选用不同的 ΔT_{min} 对夹点位置的影响

表 3-1 选用不同的 ΔT_{min} 对夹点位置的影响

选用的最小允许传热温差	夹点位置	所需最小的公用工程加热负荷	所需最小公用工程冷却负荷	最大热回收
ΔT_{min}	PQ	$Q_{H,min}$	$Q_{C,min}$	$Q_{R,max}$
$\Delta T'_{min}$	PQ'	$Q'_{H,min}$	$Q'_{C,min}$	$Q'_{R,max}$

由图 3-7 可见，如果
$$\Delta T'_{min} > \Delta T_{min}$$
则
$$Q'_{C,min} > Q_{C,min}$$
$$Q'_{H,min} > Q_{H,min}$$
$$Q'_{R,max} < Q_{R,max}$$

由此可知，当 ΔT_{min} 增大，所需要的最小公用工程加热和冷却负荷增加，即操作费用增加，但同时，当 ΔT_{min} 增大，热冷物流间的传热推动力（传热温差）增大，则所需的换热器面积减少，设备投资费降低。因此，ΔT_{min} 通常要以过程系统的总费用（设备投资费和操作费的总和）最小为目标进行优选。

换热器网络综合的基本目标是能量目标，即保证过程系统所需的最小公用工程加热负荷 $Q_{H,min}$ 和最小公用工程冷却负荷 $Q_{C,min}$。如何确定一给定过程的 $Q_{H,min}$ 和 $Q_{C,min}$，下面以一虚拟的工艺过程为例进行说明。

【例 3-2】 如图 3-8 和表 3-2 所示，给定一实际复杂过程，温度为 50℃的某反应原料进入系统，经过热回收换热器加热至 149℃，再经过蒸汽加热至 210℃，与循环物流混合进入反应器，反应为部分反应。反应器出口物流温度为 270℃，经热回收后温度降至 160℃进入精馏塔，产品从塔底采出，采出温度为 220℃，经热回收后温度降至 180℃，再经循环水冷却至 60℃后排出系统。精馏塔塔顶气相采出为未反应物料，经压缩机压缩升压升温至 160℃，再经热回收换热器加热至 178℃后，经蒸汽加热至 210℃与进料混合进入反应器。蒸汽、压缩机功耗为热公用工程，循环水为冷公用工程。不考虑压缩过程、精馏过程冷热公用工程消耗问题，需要外加热公用工程用量为 2840kW，试确定夹点的位置。

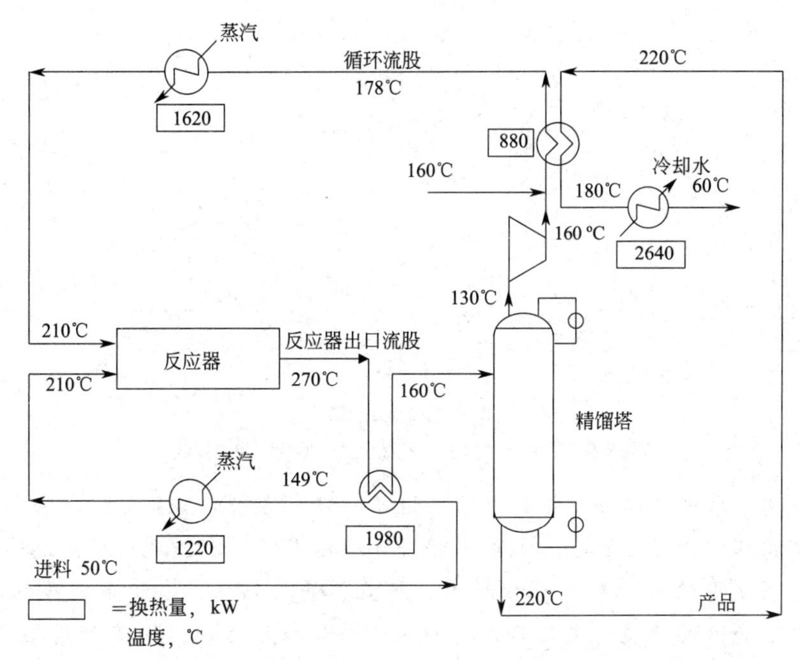

图 3-8 ［例 3-2］的过程（外加 2840kW 热公用工程）

表 3-2 ［例 3-2］的物流数据（热、冷物流间匹配换热的最小传热温差 $\Delta T_{min}=20℃$）

物流标号	物流名称	初始温度 T_s/℃	终了温度 T_t/℃	热负荷 Q/kW	热容流率 CP/(kW/℃)
H_1	产品	220	60	3520	22
H_2	反应器出口流股	270	160	1980	18
C_1	进料	50	210	3200	20
C_2	循环流股	160	210	2500	50

用作图的方法在 T-H 图上确定 $Q_{H,min}$ 和 $Q_{C,min}$ 的步骤如下：

（1）根据给出的热、冷物流数据，在 T-H 图上分别做出热、冷物流组合曲线，如图 3-9 所示。

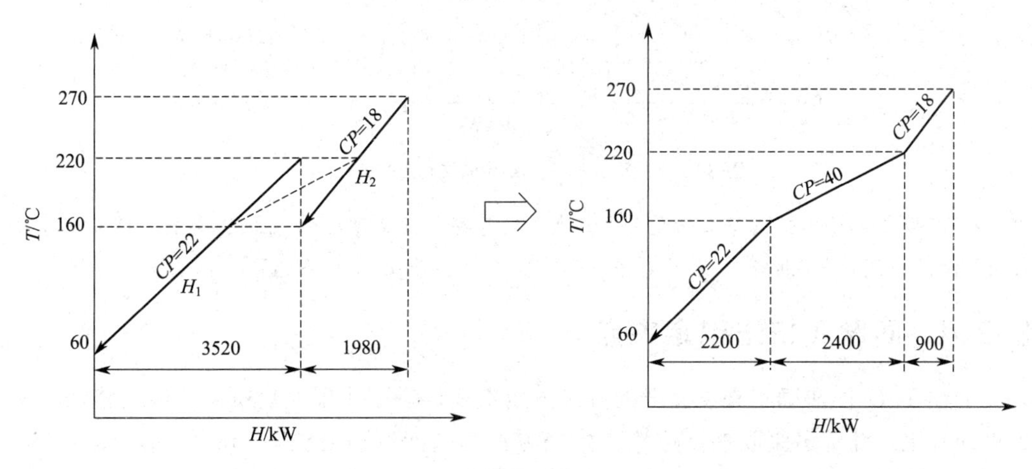

(a) 热物流组合曲线

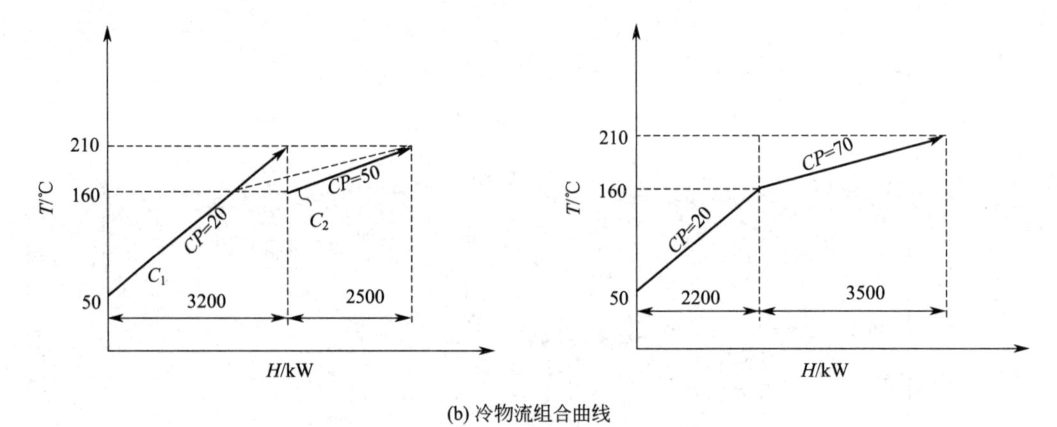

(b) 冷物流组合曲线

图 3-9 ［例 3-2］的 T-H 图上热、冷物流组合曲线

（2）分别在水平方向移动热、冷物流组合曲线，使它们相互靠拢，直至它们在某处的垂直距离正好等于 $\Delta T_{\min}$，如图 3-10 中的 PQ 所示。PQ 为夹点。图中，冷、热组合曲线上下重叠的部分为过程内部冷、热流体的换热区。冷组合曲线的上端剩余部分，已没有合适的热流与之换热，需要热公用工程使这部分冷流升高到目标温度，此时，在 T-H 图中可以得到该夹点温差下的最小热公用工程用量为 $Q_{\mathrm{H,min}}=1000\mathrm{kW}$；热组合曲线的下端剩余部分，已没有合适的冷流与之换热，需要冷公用工程使这部分热流降到目标温度，此时，在 T-H 图中可以得到该夹点温差下的最小冷公用工程用量为 $Q_{\mathrm{C,min}}=800\mathrm{kW}$。

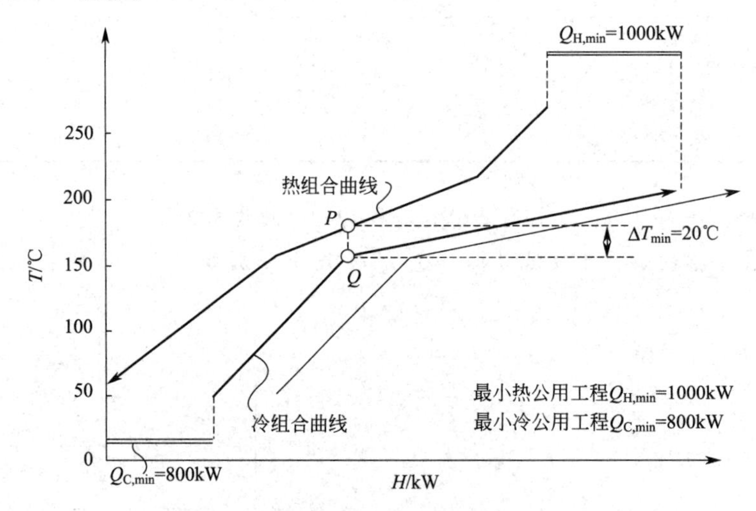

图 3-10 ［例 3-2］利用组合曲线确定的夹点 PQ

（3）如果实际热公用工程用量为 1500kW，需要平行移动冷物流组合曲线，使 $Q_{\mathrm{H,min}}=1500\mathrm{kW}$，如图 3-11 所示，此时夹点为 $P'Q'$，最小传热温差为 $\Delta T'_{\min}=40℃$。

3.2.4 问题表格法确定夹点

上述 T-H 图法确定夹点温度的方法虽然直观，但不适用大规模换热器网络问题的夹点的确定。确定多流股夹点位置的常用方法为“问题表格法”（problem table algorithm），其可以深刻地理解夹点的实质及特征，下面以例题进行说明。

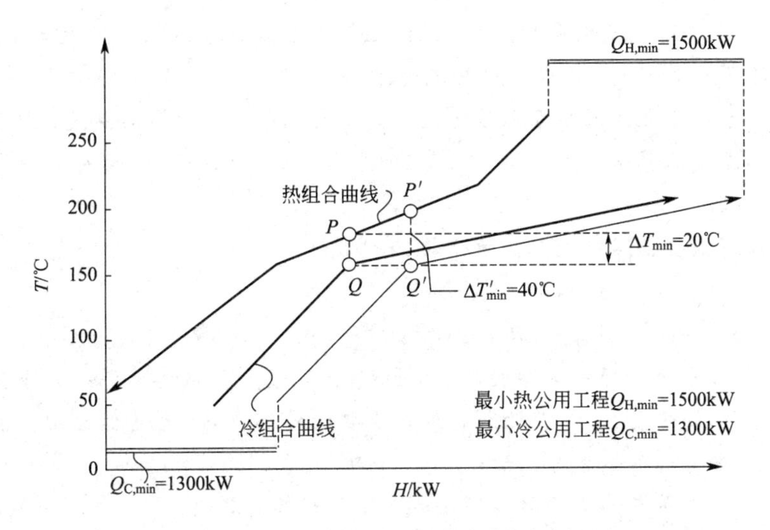

图 3-11 [例 3-2] 利用组合曲线确定的夹点P' Q'

【例 3-3】 一过程系统含有 2 个热物流和 2 个冷物流，给定数据列于表 3-3 中，并选热、冷物流间最小传热温差 $\Delta T_{min}=20$℃，试确定该过程系统的夹点位置。

表 3-3 [例 3-3] 的物流数据

物流标号	初始温度 T_s/℃	终了温度 T_t/℃	热负荷 Q/kW	热容流率 CP/(kW/℃)
H_1	150	60	180.0	2.0
H_2	90	60	240.0	8.0
C_1	20	125	262.5	2.5
C_2	25	100	225.0	3.0

解： 采用"问题表格法"进行求解。具体步骤如下：

(1) 以垂直轴为流体温度的坐标，把各物流按其初温和终温标绘成有方向的垂直线。但要注意，标绘时，在同一水平位置的冷、热物流间要刚好相差 ΔT_{min}，即热物流的标尺数值比冷物流标尺的数值高 ΔT_{min}，这样就保证了热、冷物流间有 ΔT_{min} 的传热温差。标绘结果见表 3-4。

表 3-4 [例 3-3] 的问题表格（1）（$\Delta T_{min}=20$℃）

子网络序号 k	冷物流及其温度 C_1	C_2	/℃	/℃	热物流及其温度 H_1	H_2
				150	↓（起点）	
SN_1	↑（终点）		125	145	↓	
SN_2	↑	↑（终点）	100	120	↓	
SN_3	↑	↑	70	90	↓	↓（起点）
SN_4	↑	↑	40	60	↓（终点）	↓（终点）
SN_5	↑	↑（起点）	25			
SN_6	↑（起点）		20			

由表 3-4 可看出，由各个冷、热物流的初温点和终温点作水平线，分出了 6 个温度间隔，每个温度间隔称为子网络（sub-network），该 6 个子网络以 SN_1、SN_2、…、

SN_6 表示。如子网络3是由冷物流 C_2 的终温和热物流 H_2 的初温所规定的温度间隔，对冷物流为 100－70＝30℃，或对热物流为 120－90＝30℃。

相邻两个子网络之间的界面温度可以人为定义一个虚拟的界面温度，其值等于该界面冷、热流体温度的算术平均值。例如，子网络 SN_3 和 SN_4 之间的虚拟界面温度为 (70＋90)/2＝80℃。

(2) 采用下式逐个网络进行热量衡算

$$O_k = I_k - D_k$$
$$D_k = (\sum CP_{\mathrm{C}} - \sum CP_{\mathrm{H}})(T_k - T_{k+1}) \qquad (k=1,2,\ldots,K) \tag{3-2}$$

式中 D_k——第 k 个子网络本身的赤字 (Deficit)，表示该网络为满足热平衡时所需外加的热量，D_k 值为正，表示需要由外部供热，D_k 值为负，表示该子网络有剩余热量可输出；

I_k——由外界或其他子网络供给第 k 个子网络的热量；

O_k——第 k 个子网络向外界或向其他子网络排出的热量；

$\sum CP_{\mathrm{C}}$——子网络 k 中包含的所有冷物流的热容流率之和；

$\sum CP_{\mathrm{H}}$——子网络 k 中包含的所有热物流的热容流率之和；

K——子网络数；

$T_k - T_{k+1}$——子网络 k 的温度间隔，用该间隔的热物流温度之差或冷物流温度之差皆可。

参看表3-4，对该6个子网络的计算如下：$k=1$，温度间隔对热物流为 150～145℃

$$D_1 = I_1 - O_1 = (0-2)(150-145) = -10$$

表明该 SN_1 有赤字 10kW。

$$I_1 = 0$$

说明没有从外界供给进来热量。由热量衡算知

$$O_1 = I_1 - D_1 = 0-(-10) = 10$$

说明 SN_1 中有 10kW 的剩余热量可以输出给外界或其他子网络。

$k=2$，温度间隔对热物流为 145～120℃

$$D_2 = I_2 - O_2 = (2.5-2)(145-120) = 12.5$$

表明 SN_2 剩余热量为 12.5kW。

$$I_2 = O_1 = 10$$

表示 SN_1 有 10kW 热量供给 SN_2，则

$$O_2 = I_2 - D_2 = 10-12.5 = -2.5$$

说明 SN_2 只能向 SN_3 提供负的剩余热量。

$k=3$，温度间隔对热物流为 120～90℃

$$D_3 = I_3 - O_3 = (2.5+3-2)(120-90) = 105$$

$$I_3 = O_2 = -2.5$$

$$O_3 = I_3 - D_3 = -2.5-105 = -107.5$$

$k=4$，温度间隔对热物流为 90～60℃

$$D_4 = I_4 - O_4 = (2.5+3-2-8)(90-60) = -135$$

$$I_4 = O_3 = -107.5$$

$$O_4=I_4-D_4=-107.5-(-135)=27.5$$

$k=5$，温度间隔对冷物流为 40～25℃（该子网络中没有热流体）

$$D_5=I_5-O_5=(2.5+3)(40-25)=82.5$$

$$I_5=O_4=27.5$$

$$O_5=I_5-D_5=27.5-82.5=-55$$

$k=6$，温度间隔对冷物流为 25～20℃（该子网络中没有热流体）

$$D_6=I_6-O_6=2.5(25-20)=12.5$$

$$I_6=O_5=-55$$

$$O_6=I_6-D_6=-55-12.5=-67.5$$

这 6 个子网络计算结果列于表 3-5 中。

表 3-5 [例 3-3] 的问题表格（2）（$\Delta T_{\min}=20$℃）

子网络序号 k	赤字 D_k/kW	热量/kW 无外界输入热量		热量/kW 外界输入最小热量	
		I_k	O_k	I_k	O_k
SN_1	−10.0	0	10.0	107.5	117.5
SN_2	12.5	10.0	−2.5	117.5	105.0
SN_3	105.0	−2.5	−107.5	105.0	0
SN_4	−135.0	−107.5	27.5	0	135.0
SN_5	82.5	27.5	−55.0	135.0	52.5
SN_6	12.5	−55.0	−67.5	52.5	40.0

由表 3-5 中的第 3 列和第 4 列计算结果可以看出，无外界输入热量时，在某些子网络中出现了供给热量 I_k 及排出热量 O_k 为负值的现象，例如，$O_2=-2.5$，又 $I_3=O_2=-2.5$，负值表明 2.5kW 的热量要由子网络 3 流向子网络 2，但这是不能实现的，因为子网络 3 的温位低于子网络 2 的温位。所以一旦出现某个子网络中排出热量 O_k 为负值的情况，说明系统中的热物流提供不出系统中冷物流达到终温所需的热量（在指定的允许最小传热温差 $\Delta T_{\min}$ 前提下），也就是需要采用外部公用工程物流（如加热蒸汽或燃烧炉等）提供热量，使 O_k（或 I_k）消除负值。所需外界提供的最小热量就是应该使子网络中所有的 O_k 或 I_k 消除负值，即 O_k 或 I_k 中负值最大者变成零。

该例题中，$I_4=O_3=-107.5$，为 O_k 或 I_k 中负值最大者，所以最少需从外部提供热量 107.5kW，即向第一个子网络输入 $I_1=107.5$kW，使得 $I_4=O_3=0$。

当 I_1 由 0 改为 107.5 时，各子网络依次作热量衡算，结果列于表 3-5 中的第 5 列和第 6 列。实际上，该表中的第 3 列、第 4 列中各值分别加上 107.5，即得表中第 5 列、第 6 列的值。

由表 3-5 中第 5 列、第 6 列的数值可见，子网络 SN_3 输出的热量，即子网络 SN_4 输入的热量为零，其他子网络的输入、输出热量皆无负值，此时 SN_3 与 SN_4 之间的热流量为零，该处即为夹点，该处传热温差刚好为 $\Delta T_{\min}$。由表 3-4 知，夹点处热物流的温度为 90℃，冷物流的温度为 70℃，夹点温度可以用该界面的虚拟温度 (90+70)/2=

80℃来表示。表 3-5 中数值的第 5 列第 1 个元素为 107.5，即为系统所需的最小公用工程加热负荷 $Q_{H,min}$。表 3-5 中数值的第 6 列最后的一个元素为 40.0，即子网络 SN_6 向外界输出的热量，也就是系统所需的最小公用工程冷却负荷 $Q_{C,min}$。

下面分析选用不同的 ΔT_{min} 值对计算结果有何影响。现选用 $\Delta T_{min}=15$℃，物流数据不变，计算如下：

（1）按 $\Delta T_{min}=15$℃，得到问题表格（1）见表 3-6。

表 3-6 ［例 3-3］的问题表格（1）（$\Delta T_{min}=15$℃）

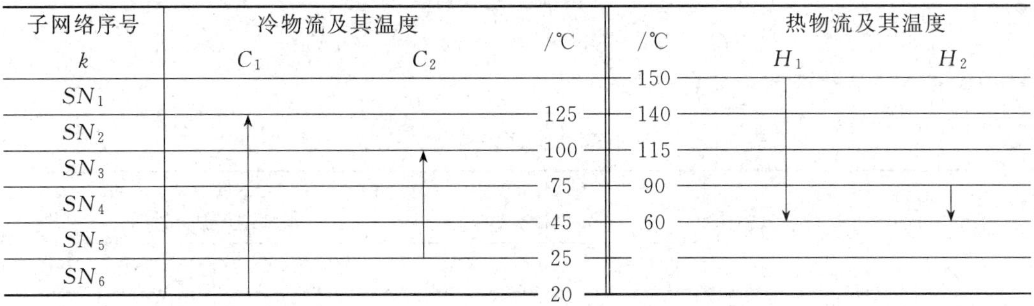

子网络序号 k	冷物流及其温度 C_1	C_2	/℃	/℃	热物流及其温度 H_1	H_2
				150		
SN_1					↓	
			125	140		
SN_2	↑				↓	
			100	115		
SN_3	↑	↑			↓	
			75	90		
SN_4	↑	↑			↓	↓
			45	60		
SN_5	↑	↑				
			25			
SN_6	↑					
			20			

（2）按式(3-2) 依次对每一个子网络作热量衡算，得出结果列于问题表格（2）的第 2、3 和 4 列，见表 3-7。

表 3-7 ［例 3-3］的问题表格（2）（$\Delta T_{min}=15$℃）

子网络序号 k	赤字 D_k/kW	热量/kW 无外界输入热量		热量/kW 外界输入最小热量	
		I_k	O_k	I_k	O_k
SN_1	－20.0	0	20.0	80.0	100.0
SN_2	12.5	20.0	7.5	100.0	87.5
SN_3	87.5	7.5	－80.0	87.5	0
SN_4	－135.0	－80	55.0	0	135.0
SN_5	110.0	55.0	－55.0	135.0	25.0
SN_6	12.5	－55.0	－67.5	25.0	12.5

从表 3-7 可以得出：

① 夹点位置在第 3 与第 4 子网络的界面处，夹点的温度是：热物流为 90℃，冷物流为 75℃；

② 最小公用工程加热负荷 $Q_{H,min}=80$kW；

③ 最小公用工程冷却负荷 $Q_{C,min}=12.5$kW。

将 $\Delta T_{min}=20$℃及 $\Delta T_{min}=15$℃在 T-H 图上确定夹点位置的标绘如图 3-12 所示。

上述计算结果的对比列于表 3-8。从表 3-8 可见，ΔT_{min} 值对 $Q_{H,min}$、$Q_{C,min}$ 以及夹点位置均有影响。从中可以看出一个特征，即当 ΔT_{min} 变化时，$Q_{H,min}$、$Q_{C,min}$ 在数值的变化上是相等的，即该题中 107.5－80＝40－12.5＝27.5kW，以此也可以检验当 ΔT_{min} 改变时的计算结果是否有误。

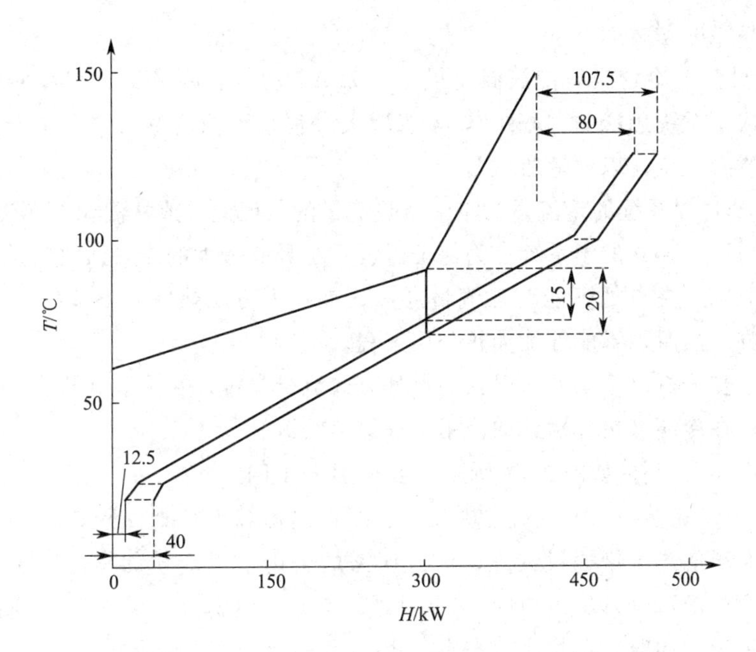

图 3-12　在 ΔT_{min}= 20℃及 ΔT_{min}= 15℃在 T-H 图上确定夹点位置

表 3-8　选用不同的 ΔT_{min}值，[例 3-3] 的计算结果的比较

ΔT_{min}/℃	$Q_{H,min}$/kW	$Q_{C,min}$/kW	夹点位置/℃	
			热物流	冷物流
20	107.5	40	90	70
15	80	12.5	90	75

从上述计算结果可以得到 ΔT_{min}值对 $Q_{H,min}$、$Q_{C,min}$的影响规律。同时 ΔT_{min}越小，热回收量越多，则所需的加热和冷却公用工程量越少，即运行能量费用越少。但相应换热面积加大，造成网络投资费用增大，因此需要确定最优的 ΔT_{min}。其确定方法如下：

① 根据经验确定，此时需要考虑公用工程和换热器设备的价格、换热介质、传热系数、操作弹性等因素的影响。

当换热器材质价格较高而能源价格较低时，可取较高的 ΔT_{min}以减少换热面积，例如对钛材或不锈钢换热系统，材质昂贵，可取 ΔT_{min}=50～100℃。反之，当能源价格较高时，则应取较低的 ΔT_{min}，以减少对公用工程的需求，例如对低温冷冻换热系统，因低温冷冻公用工程的费用较高，此时取 ΔT_{min}=5～10℃。

② 在不同的 ΔT_{min}下，综合出不同的换热器网络，然后比较各网络的总费用，选取总费用较低的网络所对应的 ΔT_{min}。其缺点是工作量太大。

利用数学规划法进行操作费用和投资费用同时优化，不需要事先确定 ΔT_{min}，具体方法见 3.9 节。

3.2.5　夹点的意义

由确定夹点位置的方法可以看出，夹点具有两个特征：一是该处热、冷物流间的传热温差最小，刚好等于 ΔT_{min}；另一是该处（温位）过程系统的热流量为零。由这些特征，可理解夹点的意义如下：

① 夹点处热、冷物流间传热温差最小，为 ΔT_{min}，它限制了进一步回收过程系统的能量，构成了系统用能的“瓶颈”，若想增大过程系统的能量回收，减少公用工程负荷，就需要改善夹点，以“解瓶颈”。

② 夹点处过程系统的热流量为零，从热流量的角度上（或从温位的角度上），它把过程系统分为两个独立的子系统。为保证过程系统具有最大的能量回收，设计中应该遵循三条基本原则：夹点处不能有热流量穿过；夹点上方（热阱）不能外加冷却公用工程；夹点下方（热源）不能外加加热公用工程。

现在进一步分析以下三种情况：夹点处有热流量穿过；在热端（热阱）外加公用工程冷却物流；在冷端（热源）外加公用工程加热物流。

① 结合［例 3-3］，如图 3-13 所示，如果加入子网络 SN_1 的公用工程加热负荷比所需值 107.5kW 还多 x kW，则按热级联逐级作热衡算可得到如图 3-14(a) 所示的结果，即有 x kW 的热流量通过夹点，而且所需的公用工程冷却负荷也比最小的所需值 40kW 增加了 x kW，所以，一旦有热流量通过夹点，这意味着该过程在增大了外加公用工程加热负荷的同时，也增大了外加公用工程冷却负荷，即增加了过程的操作费用（加大了加热蒸汽或燃料及冷却介质用量），减少了系统的热回收量。

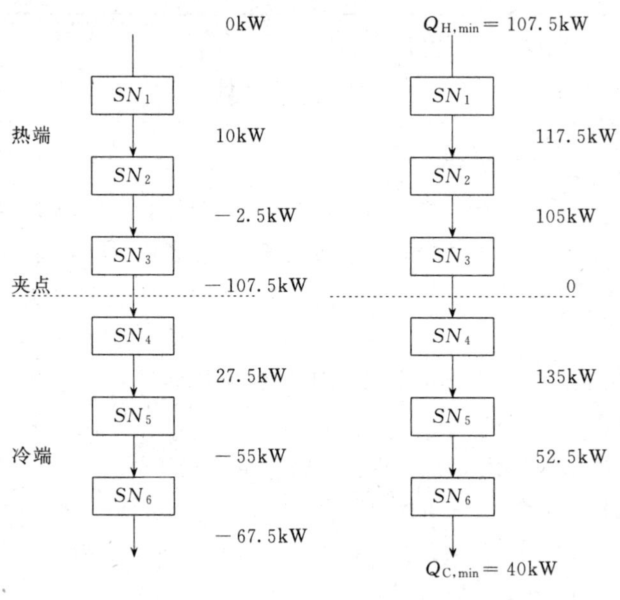

(a) 加公用工程加热负荷（见表 3-5 数值第 3、4 列）　(b) 加入最小公用工程加热负荷（见表 3-5 数值第 5、6 列）

图 3-13　热级联图（每一子网络为一级）

如图 3-15 所示，在 T-H 图上，如果有热量 XP 穿越夹点，实际外加公用工程加热负荷 Q_H 为 $Q_{H,min}$ 和穿越夹点负荷 XP 之和；实际外加公用工程冷却负荷 Q_C 为 $Q_{C,min}$ 和穿越夹点负荷 XP 之和。这意味着该过程在增大了外加公用工程冷却负荷的同时，也增大了外加公用工程加热负荷。因此应该最大限度地避免有热流量穿过夹点，这是夹点设计的基本规则。

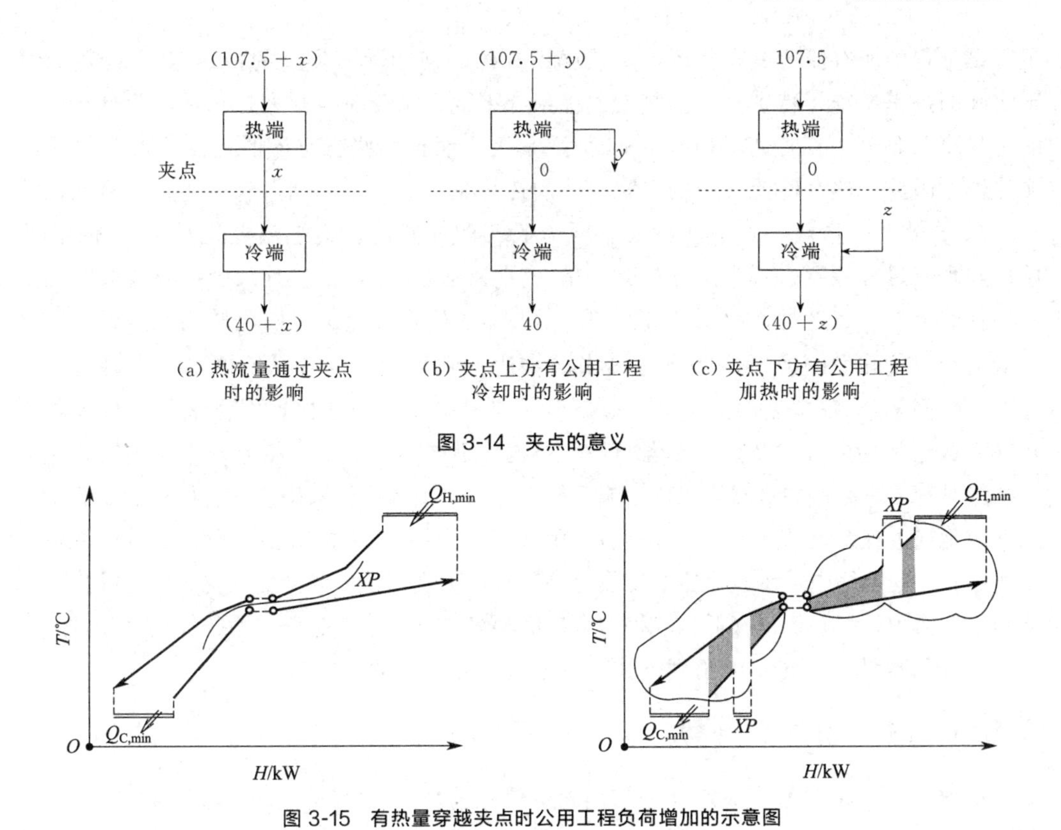

图 3-14　夹点的意义

图 3-15　有热量穿越夹点时公用工程负荷增加的示意图

② 如果在夹点上方（热端，即热阱）外加公用工程冷却负荷 y，如图 3-14(b) 所示，则由热端各子网络的热衡算可知，加入热端第一个子网络的公用工程加热负荷也需增加 y。此时增加了公用工程加热负荷，增大了操作费。因此，应当尽量避免在夹点上方引入公用工程冷却物流，这是设计中的第二个基本原则。

③ 如果在夹点下方（冷端，即热源）外加公用工程加热负荷 z，如图 3-14(c) 所示，则由冷端各子网络的热衡算可知，所需的公用工程冷却负荷也需增加 z。此时增加了公用工程冷却负荷，增大了操作费。所以，应当尽量避免在夹点下方引入公用工程加热物流，这是设计中的第三个基本原则。

综上所述，为得到最小公用工程加热及冷却负荷（或达到最大的热回收）的设计结果，应当遵循上述三条设计基本原则。这三条设计基本原则不只局限于换热器网络系统，也同样适用于热-动力系统、换热-分离系统以及全流程系统的最优综合问题。

相关文献

3.3　过程系统夹点位置的确定

由夹点的特征及其意义可知，夹点位置的确定是至关重要的，如果确定出的夹点位置不准确，采用夹点分析所得出的设计或改进方案就会出现偏差，难以达到预期的效果。

在应用夹点技术和 T-H 图法进行换热器网络综合时，通常采用单一的最小传热温差 ΔT_{min}（HRAT）确定夹点位置，该值可通过经验选取或优选，这种方法的理论基础是假设过程中所有流股具有相近的传热膜系数值和使用同一类型的换热器[50]。然而对于实际的过程系统，特别是大型复杂过程系统来说，系统流股众多，每条流股具有不同的传热膜系数值，有时甚至相差1～2个数量级，而且有些特殊流股还需要不同材质的换热器。因此，热、冷流股间的匹配换热的传热温差也各不相同，有可能在数值上相差1～2个数量级；并且当同一流股与不同流股匹配换热时，传热温差也是各不相同的。所以对现有过程装置进行夹点分析时，单一的传热温差不能准确地反映实际流股匹配换热的传热温差。在这种情况下，如用单一的$\Delta T_{\min}$确定夹点位置以及系统中热流量沿温位的分布，优化后的换热网络或者热量回收达不到最优，或者系统的经济性降低[50]。针对这一问题，“虚拟温度法”[51,52]被提出。虚拟温度法即是根据网络中各股流股的传热膜系数、物性参数以及因换热器材质、结构等不同而引起的价格差异等，确定各流股在换热时对传热温差的贡献值，修正流股的初始、终了温度，采用修正后得到的流股虚拟温度，确定过程系统的夹点位置，然后利用T-H图垂直匹配法或夹点设计法进行换热器网络综合。使网络中每个换热器的传热温差分布更加合理，均匀分配系统有效能损失，降低网络总面积，使总费用降低，使得综合出的网络结构更接近工程实用的优化目标。

下面从设计和操作两种角度阐述过程系统夹点位置的确定方法。

3.3.1 操作型夹点计算

操作型（或模拟型）夹点计算就是确定现有过程系统中热流量沿温度的分布，热流量等于零处即为夹点。下面分别介绍采用单一的$\Delta T_{\min}$和采用现场过程中各物流间匹配换热的实际传热温差进行计算。

（1）采用单一的$\Delta T_{\min}$确定夹点位置的计算步骤

① 收集过程系统中热、冷物流数据，包括其热容流率、初温、终温等；

② 选择一最小允许的传热温差初值$\Delta T_{\min}$，按3.2.4节介绍的问题表格法确定夹点位置，并得到系统所需的热、冷最小公用工程负荷$Q_{\mathrm{H,min}}$、$Q_{\mathrm{C,min}}$；

③ 修正$\Delta T_{\min}$，直至$Q_{\mathrm{H,min}}$、$Q_{\mathrm{C,min}}$与现有过程系统所需的热、冷公用工程负荷相符，此时即确定了该过程系统的夹点位置。

（2）采用虚拟温度法确定夹点位置的计算步骤

采用各流股的传热温差贡献值$\Delta T_{\mathrm{C}}^{i}$代替单一的过程$\Delta T_{\min}$，其中定义相互匹配换热的热流股$i$对传热温差的贡献值$\Delta T_{\mathrm{C}}^{\mathrm{H},i}$与冷流股$j$对传热温差的贡献值$\Delta T_{\mathrm{C}}^{\mathrm{C},j}$之和为该换热单元的对数平均传热温差$\Delta T_{\mathrm{m}}^{i,j}$，即

$$\Delta T_{\mathrm{m}}^{i,j}=\Delta T_{\mathrm{C}}^{\mathrm{H},i}+\Delta T_{\mathrm{C}}^{\mathrm{C},j} \tag{3-3}$$

① 按现场数据推算各热、冷物流对传热温差的贡献值$\Delta T_{\mathrm{C}}^{\mathrm{H},i}$、$\Delta T_{\mathrm{C}}^{\mathrm{C},j}$。

② 确定出各流股传热温差贡献值后，则各流股的虚拟温度为：

对热流股i

$$T_{\mathrm{P}}^{\mathrm{H},i}=T^{\mathrm{H},i}-\Delta T_{\mathrm{C}}^{\mathrm{H},i} \tag{3-4}$$

对冷流股j

$$T_{\mathrm{P}}^{\mathrm{C},j}=T^{\mathrm{C},j}+\Delta T_{\mathrm{C}}^{\mathrm{C},j} \tag{3-5}$$

式中，$T^{\mathrm{H},i}$和$T^{\mathrm{C},j}$分别为热流股i和冷流股j的实际温度。

③ 按3.2.4节介绍的问题表格法进行夹点计算，但不同之处是全过程系统取ΔT_{min}为零，这是因为当所有物流转换为虚拟温度后，都已经考虑了各物流间的传热温差值。

④ 打印输出计算结果。

3.3.2 设计型夹点计算

设计型夹点计算是改进各物流间匹配传热的传热温差以及对物流工艺参数进行调优，以得到合理的过程系统中热流量沿温度的分布，从而减小公用工程负荷，达到节能目的。如果基于单一的ΔT_{min}，确定夹点位置的方法可参见3.2.3节和3.2.4节。

本节讨论如何确定各物流适宜的传热温差贡献值，从而改善夹点。

各物流的传热温差贡献值实质上是该物流侧传热的温差推动力，应具有一适宜值，下面提出确定该适宜值的一种实用方法。

Nishimura等[53]用Pontryagin极大值原理证明了对于具有一个热阱（或热源）和多个热源（或热阱）的情况，满足下式则单位热负荷所需的传热面积最小。

$$\sqrt{\frac{U_i}{a_i}}\Delta T_i=\alpha \tag{3-6}$$

式中 U_i——第i台换热器传热系数，$kW/(m^2 \cdot K)$；

a_i——第i台换热器单位传热面积的价格，美元/m^2；

ΔT_i——第i台换热器传热温差，K；

α——某一常数。

式(3-6)也可近似推广到多个热源与多个热阱匹配换热的情况。根据总传热速率方程式和牛顿冷却定律，式(3-6)可转换成

$$\sqrt{\frac{h_j}{a_j}}\Delta T_C^j=\beta \tag{3-7}$$

式中 h_j——流股j侧的传热膜系数，又称表面传热系数，已包括了该侧污垢热阻的影响，$kW/(m^2 \cdot K)$；

a_j——流股j侧的换热器单位传热面积的价格，美元/m^2；

ΔT_C^j——流股j对传热温差的贡献值，K；

β——某一常数。

式(3-7)说明，流股j对ΔT_{min}的贡献值ΔT_C^j与h_j的平方根成反比，与a_j的平方根成正比，如能找到一参照流股的h_r、a_r、ΔT_r，而且已知流股j的h_j、a_j值，则ΔT_C^j可根据式(3-8)求出

$$\Delta T_C^j=\sqrt{\frac{a_j h_r}{a_r h_j}}\Delta T_C^r=Ca_j^{\frac{1}{2}}h_j^{-\frac{1}{2}} \tag{3-8}$$

参照流股的h_r、a_r、ΔT_r可用统计方法估算或根据经验选取；h_j、a_j能够较准确地计算出来。

这种确定流股传热温差贡献值的方法考虑了参考流股和系统中各条流股的传热膜系数及因换热器材质结构等不同而引起的价格差异，但是没有考虑到有效能损失分布的影响。对于相同的传热温差而言，高温段流股的有效能损失要比低温段的流股有效能损失

少。反之，对于相同的有效能损失，高温段的传热温差比低温段的传热温差要大很多。所以为了使传热过程能量流动更加合理，有效能损失分布均匀，传热温差在高、低温段的选取就至关重要。在高温部分采用大的传热温差，在低温部分采用小的传热温差，这样整个传热过程的有效能损失分布均匀合理，并且同时考虑到经济性和热力学影响因素。在式(3-8）中，考虑传热过程等有效能损失分布原则，得到一种新的计算流股传热温差贡献值的方法[54]

$$\Delta T_{\mathrm{C}}^{i}=\sqrt{\frac{a_i h_r}{a_r h_i}}\times\frac{T_i^2}{T_r^2}\Delta T_{\mathrm{C}}^{r}=Ca_i^{\frac{1}{2}}h_i^{-\frac{1}{2}}T_i^2 \tag{3-9}$$

式中　T_i——流股 i 的热力学平均温度，K；

　　　T_r——参考流股 r 的热力学平均温度，K。

$C=\sqrt{\frac{h_r}{a_r}}\times\frac{\Delta T_{\mathrm{C}}^{r}}{T_r^2}$，为一系数，由参考流股确定，其他符号意义与式(3-7）相同。

这种方法既考虑了参考流股和系统中各股流股的传热膜系数以及因换热器材质结构等不同而引起的价格差异，也考虑了等有效能损失，使得整个换热网络能量流动更加合理。

当每一物流的传热温差贡献值都确定之后，即可按 3.2.4 节介绍的步骤进行夹点计算，此时就得出了各物流具有适宜的传热温差贡献值情况下过程系统改进后的夹点位置，据此进行热回收系统的设计。

3.4　过程系统的总组合曲线

通过热、冷物流组合曲线和最小传热温差，可以确定需要最小的公用工程加热及冷却负荷的换热器网络，但可供选择的公用工程很多，如图 3-16 所示。热公用工程有蒸汽（具有不同温位的低压、中压和高压蒸汽）、热油和烟道气，冷公用工程有冷却水或冷却介质。为了选择较低品位的公用工程，常用的是总组合曲线图。

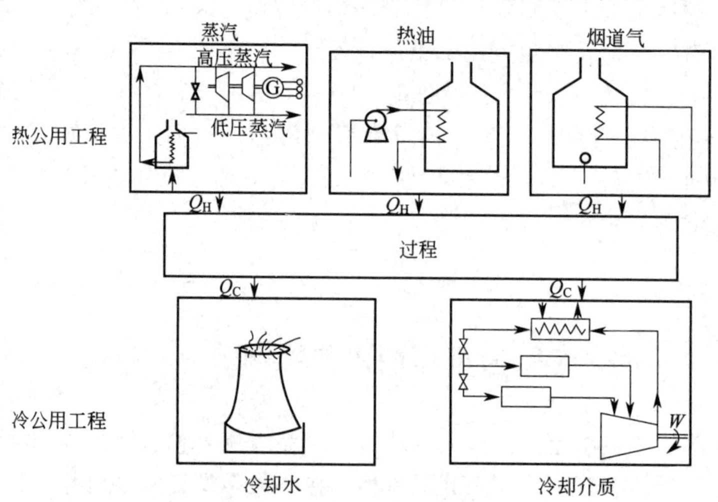

图 3-16　化工过程可供选择的公用工程

总组合曲线（grand composite curve）就是过程系统中热流量沿温度的分布在 T-H 图上的标绘，其中热流量为零处就是夹点。总组合曲线是用于过程系统能量集成的一种有效工具。

3.4.1 总组合曲线绘制方法分类

总组合曲线的绘制方法可分为两类：一是根据前述问题表格法计算的结果所提供的数据进行标绘得出；另一是图解法，即在 T-H 图上把热、冷组合曲线进一步合并成总组合曲线。下面结合例题分别介绍具体步骤。

3.4.2 问题表格法绘制总组合曲线

根据问题表格法计算的结果进行总组合曲线的标绘。

【例 3-4】 作出含有 2 个热物流和 2 个冷物流的过程系统的总组合曲线。物流数据见表 3-9，采用虚拟温度法进行问题表格法的计算。

表 3-9 ［例 3-4］物流数据

物流标号	热容流率/(kW/℃)	初始温度 T_s/℃	目标温度 T_t/℃	传热温差贡献值/℃
H_1	2	150	60	10
H_2	8	90	60	5
C_1	2.5	20	125	10
C_2	3	25	100	10

解：（1）根据表 3-9 中的数据确定出各物流的虚拟温度，见表 3-10。

表 3-10 ［例 3-4］物流的虚拟温度

物流标号	虚拟初始温度/℃	虚拟目标温度/℃
H_1	150－10＝140	60－10＝50
H_2	90－5＝85	60－5＝55
C_1	20＋10＝30	125＋10＝135
C_2	25＋10＝35	100＋10＝110

（2）按物流的虚拟温度列出问题表格（1）见表 3-11。

表 3-11 问题表格（1）

子网络	冷物流 C_1	冷物流 C_2	温度/℃	热物流 H_1	热物流 H_2
			140		
SN_1				↓	
			135		
SN_2	↑			↓	
			110		
SN_3	↑	↑		↓	
			85		
SN_4	↑	↑		↓	↓
			55		
SN_5	↑	↑		↓	
			50		
SN_6	↑	↑			
			35		
SN_7	↑				
			30		

(3) 按式(3-2) 逐个对子网络 SN_1，SN_2，…，SN_7 作热量衡算，得出结果列于问题表格 (2)，见表 3-12。从中得出夹点位于 SN_3 与 SN_4 的界面上，虚拟温度为 85℃；最小公用工程加热负荷 $Q_{H,min}=90$kW，最小公用工程冷却负荷为 $Q_{C,min}=22.5$kW。

表 3-12 问题表格 (2)

子网络	赤字 D_k/kW	热流量/kW 无外界输入热量		热流量/kW 外界输入最小热量	
		I_k	O_k	I_k	O_k
SN_1	−10	0	10	90	100
SN_2	12.5	10	−2.5	100	87.5
SN_3	87.5	−2.5	−90	87.5	0
SN_4	−135	−90	45	0	135
SN_5	17.5	45	27.5	135	117.5
SN_6	82.5	27.5	−55	117.5	35
SN_7	12.5	−55	−67.5	35	22.5

(4) 根据问题表格 (1) 及问题表格 (2)，摘录出子网络 SN_1，SN_2，…，SN_7 各界面的温度及热流量数据，列于问题表格 (3)，见表 3-13。

表 3-13 问题表格 (3)

子网络	界面温度/℃(虚拟温度)		界面热负荷/kW	
			下界面	上界面
	上界面	下界面	输入	输出
SN_1	140	135	90	100
SN_2	135	110	100	87.5
SN_3	110	85	87.5	0
SN_4	85	55	0	135
SN_5	55	50	135	117.5
SN_6	50	35	117.5	35
SN_7	35	30	35	22.5

(5) 按问题表格 (3) 各子网络界面处的温度与热负荷，在 T-H 图上标绘出总组合曲线，如图 3-17 所示。

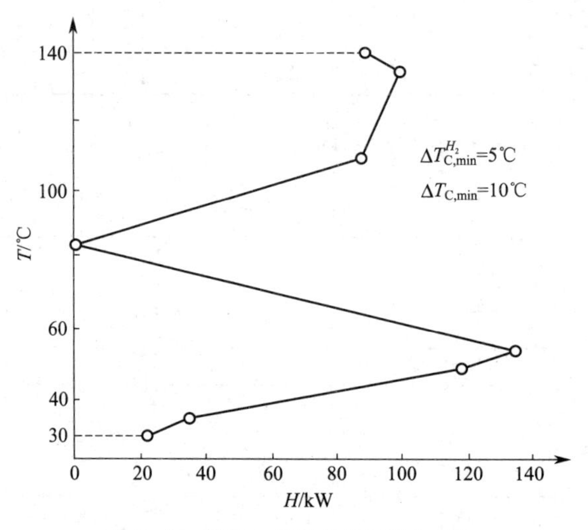

图 3-17 按表 3-13 标绘的总组合曲线

3.4.3 图解法绘制总组合曲线

【例 3-5】 例题数据同［例 3-4］，见表 3-10，图解法绘制总组合曲线的具体步骤如下。

解：（1）按物流的虚拟温度分别作出热物流组合曲线及冷物流组合曲线，并水平移动至两曲线在点 C 处接触（点 C 即为夹点），如图 3-18 中的 $ABCD$ 与 $EFGH$ 所示。

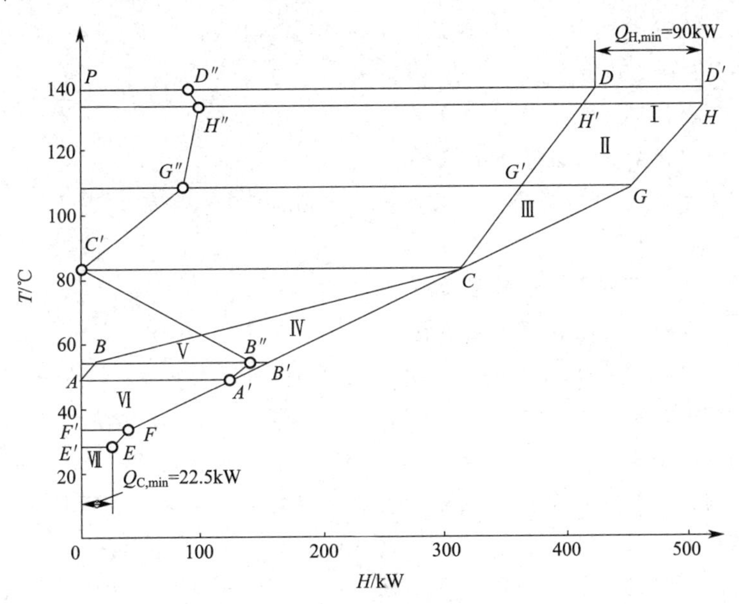

图 3-18 用作图法绘制总组合曲线

动画

总组合曲线的绘制

（2）过热、冷组合曲线的端点或折点引水平线，划分出 7 个温度间隔，即相当于问题表格算法中的子网络。

（3）在图上逐一读出各温度间隔界面处的热流量，具体读数如下：

间隔Ⅰ，上界面为 DD'=90kW，即加入的公用工程加热负荷，下界面为（DD'+$H'D$）的热负荷，即为 HH'=100kW

间隔Ⅱ，上界面为间隔Ⅰ的下界面，HH'=100kW，下界面为（HH'+$G'H'$−GH）的热负荷，即为 GG'=87.5kW

其中 HH'——由间隔Ⅰ输入来的热负荷；

$G'H'$——间隔Ⅱ内热物流的热负荷；

GH——间隔Ⅱ内冷物流的热负荷。

间隔Ⅲ，上界面为间隔Ⅱ的下界面，GG'=87.5kW，下界面为（GG'+CG'−CG）的热负荷，刚好为零，即夹点 C

其中 GG'——由间隔Ⅱ输入来的热负荷；

CG'——间隔Ⅲ内热物流的热负荷；

CG——间隔Ⅲ内冷物流的热负荷。

间隔Ⅳ，上界面为夹点 C，热负荷为零。下界面为（BC−$B'C$）的热负荷，即为 BB'=135kW

其中 BC——间隔Ⅳ内热物流的热负荷；

$B'C$——间隔Ⅳ内冷物流的热负荷。

间隔Ⅴ，上界面为间隔Ⅳ的下界面，$BB'=135\text{kW}$，下界面为（$BB'+AB-A'B'$）的热负荷，即为 $AA'=117.5\text{kW}$

其中 BB'——由间隔Ⅳ输入来的热负荷；

AB——间隔Ⅴ内热物流的热负荷；

$A'B'$——间隔Ⅴ内冷物流的热负荷。

间隔Ⅵ，上界面为间隔Ⅴ的下界面，$AA'=117.5\text{kW}$，下界面为（$AA'-FA'$）的热负荷，即为 $FF'=35\text{kW}$

其中 AA'——由间隔Ⅴ输入来的热负荷；

FA'——间隔Ⅵ内冷物流的热负荷。

间隔Ⅶ，上界面为间隔Ⅵ的下界面，$FF'=35\text{kW}$，下界面为（$FF'-EF$）的热负荷，即为 $EE'=22.5\text{kW}$

其中 FF'——由间隔Ⅵ输入来的热负荷；

EF——间隔Ⅶ内冷物流的热负荷。

(4) 按上一步骤得出的各个界面温度下的热负荷值，作出总组合曲线，即把线段 DD'、HH'、GG'、BB'、AA'、FF'、EE'水平移动，使其左端达到垂直轴，此时把各线段的右端点相连就构成了总组合曲线，如图 3-18 所示的折线 $EFA'B''C'G''H''D''$。由于每一间隔内热、冷物流的热容流率不变，所以折点之间皆为直线相连，即在各间隔内热流量与温度为线性关系。

上述介绍的绘制总组合曲线的问题表格法以及图解法都已有专用软件在计算机上实施，如 Aspen Energy Analyzer 等。图解法具有更直观的特点。

3.4.4 总组合曲线的意义

总组合曲线表达了温位与热流量的关系。如图 3-19 所示，夹点处热流量为零，从能量流角度来讲，夹点将其分为两个部分，即夹点以上的“热阱”和夹点以下的“热源”。“热阱”表示过程系统的赤字，需公用工程补充热量，其端点的焓值为最小热公用工程用量；“热源”表示了为达到工艺要求，过程系统多余的热量，需要被公用工程取走，其端点的焓值为最小冷公用工程用量。图中所示的阴影部分（称为“热袋”）意味着过程流股间的热交换就可以达到工艺要求，不需外加冷、热公用工程［图 3-20(a)］。但有时过程设计人员用“热袋”中的高温位的过程物流产生高品位的中压蒸汽，用低品位的低压蒸汽加热“热袋”中的低温位的过程物流，从而达到降低操作费用的目的［图 3-20(b)］。

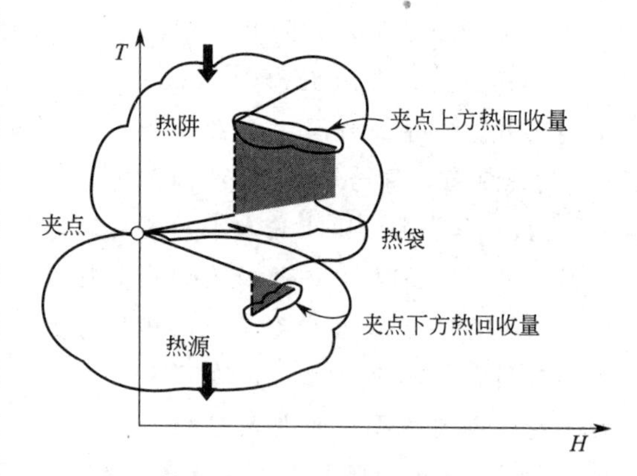

图 3-19 过程流股的总组合曲线

在冷、热流股的组合曲线中，可以得到最小的冷、热公用工程用量的大小，但假设只有一种热公用工程和一种冷公用工程，即只能得到量的大小，并没有给出具体公用工

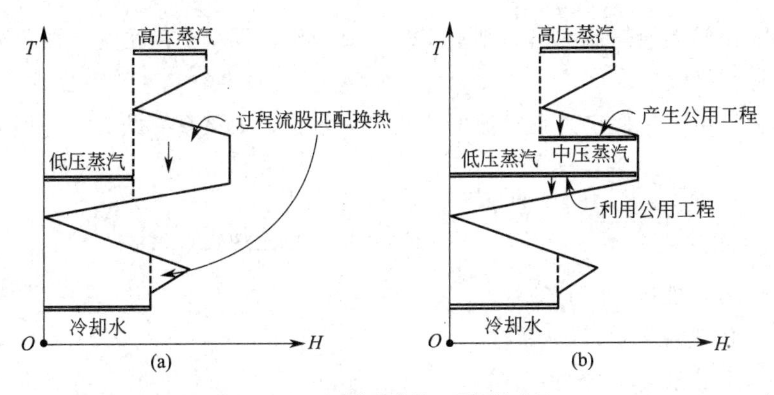

图3-20　对“热袋”的不同设计方法

程的品位（温位）。不同品位的公用工程，其价格是不同的，因此，正确地选用恰当的公用工程可以降低操作费用。如图3-21所示，所用总组合曲线可以直接确定不同品位的公用工程的量的大小（高压蒸汽、中压蒸汽）。需要着重指出的是，虽然表示中压蒸汽的线段和总组合曲线相交，但由总组合曲线的绘制要求可知，其实际温度为$170+1/2\Delta T_{\min}=180$℃，过程物流在交点的温度为$170-1/2\Delta T_{\min}=160$℃，即中压蒸汽与过程物流换热的温差不低于$\Delta T_{\min}$。上述分段加热的处理，实际上就是用温位较低的蒸汽加热夹点以上温位较低的物流。更多采用低温位的加热公用工程提供低温位热量，则高温位的加热公用工程用量较少，可减少运行费用，但增加了换热网络的复杂性和投资费用，所以要结合工程实际全面考虑。

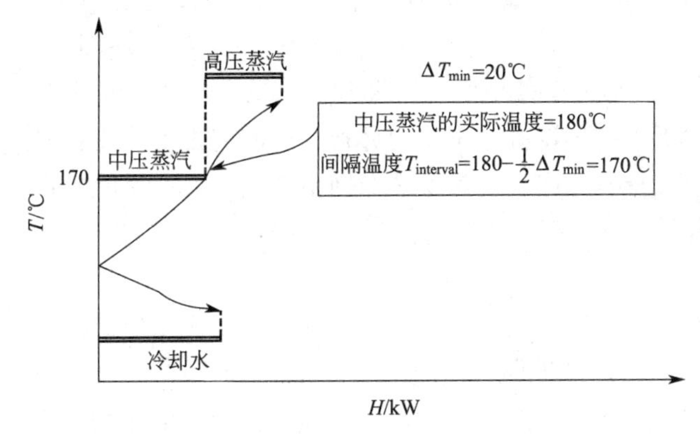

图3-21　利用过程的总组合曲线确定不同品位公用工程用量的大小

综上所述，总组合曲线的实质是在T-H图上描述过程系统中热流量沿温度的分布，即从宏观上形象地描述了过程系统中不同温位处的能量流，提供出在什么温位可以回收能量的定量信息，从而最大限度地达到热量回收的目的。

3.5　根据温-焓图综合换热器网络

3.5.1　热力学最小传热面积网络的分析

借助T-H图可以实现流股间的合理匹配换热，有效地利用温位，合理地分配传热温差和热负荷，使得换热器网络原则上实现逆流操作，即得到满足规定热负荷前提下热力学最小面积网络[55]。

对于热交换系统，假定过程物流的比热容为常数，则该系统的有效能损失可用下式计算

$$\sum_{j}\sum_{k}\Delta\varepsilon_{jk}=T_{0}\left(\sum_{j}w_{j}c_{j}\ln\frac{T_{je}}{T_{ji}}+\sum_{k}w_{k}c_{k}\ln\frac{T_{ke}}{T_{ki}}\right) \tag{3-10}$$

式中　$\Delta\varepsilon$——有效能损失，J/s；

c_k，c_j——比热容，J/(kg·K)；

w_k，w_j——质量流量，kg/s；

T_0——环境温度，K；

T_{ki}，T_{ji}——输入温度，K；

T_{ke}，T_{je}——输出温度，K；

j——第 j 个热阱；

k——第 k 个热源。

对式(3-10) 进行分析可得到下面的结论：

① 换热系统物流的质量流量及输入、输出温度一定时，有效能损失不随热交换网络的变化而变化。

② 应合理分配每个换热器的有效能损失，使热交换面积的总和最小。

③ 逆流热交换器有效能的损失比并流热交换器小，因为并流热交换是一个固有的不可逆过程。

Umeda 等[56]定义热力学最小面积网络如下：当换热器系统的进出口温度确定，在所有的传热系数和所有换热设备单位费用分别相等的前提下，能够得到热力学最小面积网络。从热力学角度分析，即可以说换热器网络原则上实现逆流操作。尽管在实际中这个假设通常并不能被满足，但是在全过程换热设备系统分析方面，逆流原则是十分重要的。

在所有的传热系数相同的条件下，只要全系统真正实现逆流操作，则必定可以得到系统换热的最小总面积。而借助 T-H 图，构造组合曲线，分隔焓间隔进行垂直匹配，可以实现流股间的合理匹配换热，有效地利用温位，合理地分配传热温差和热负荷，使得换热网络原则上实现逆流操作，即得到满足规定热负荷前提下热力学最小面积网络。

在 T-H 图上根据热、冷组合曲线的端点和折点画垂直线，划分焓间隔区间，最小总面积由 T-H 图上的所有焓间隔内的所有匹配的换热面积加和得到。焓间隔 i 的面积计算如下

$$A_{i}=\frac{\Delta H_{i}}{U\Delta T_{\mathrm{LM},i}} \tag{3-11}$$

式中，ΔH_i 是焓间隔 i 的焓差（热负荷）；$\Delta T_{\mathrm{LM},i}$ 是焓间隔 i 的对数平均温差；U 是总传热系数。

所以，设网络有 M 个焓间隔，则网络总最小面积可由下式得到

$$A_{\min}=\sum_{i}^{M}\frac{1}{U}\times\frac{\Delta H_{i}}{\Delta T_{\mathrm{LM},i}} \tag{3-12}$$

由于热流股1和冷流股2之间的传热系数$U_{1,2}$由下式得到

$$\frac{1}{U_{1,2}}=\frac{1}{h_1}+\frac{1}{h_2} \tag{3-13}$$

式中，h_1、h_2分别为热流股1和冷流股2的传热膜系数。

因此，方程式(3-12)可以转换为

$$A_{\min}=\sum_{i}^{M}\frac{1}{\Delta T_{\mathrm{LM},i}}\left[\sum_{k}^{N_i}\frac{q_k}{h_k}\right]_i \tag{3-14}$$

式中，q_k指焓间隔i内流股k的热负荷；N_i指焓间隔i内的热流股和冷流股数之和。

上式是由Townsend和Linnhoff[57]提出来的。如果所有流股的传热膜系数相同，由式(3-14)得到的面积是一个严格意义上的最小面积。

3.5.2 热力学最小传热面积网络的综合

基于上述对传热系统所作的热力学分析，在T-H图上可以实现物流间的合理匹配，即有效地利用温位，合理地分配传热温差和传热负荷，使得换热器网络原则上实现逆流操作，此时即得到满足规定热负荷前提下热力学最小传热面积网络。最小传热面积网络的综合的具体步骤如下：

① 给定条件，如过程流股的质量流量，起始、目标温度，比热容，传热膜系数等。

② 在T-H图上标绘各流股，然后根据热流股的起始和目标温度画水平线，得到温度间隔，把每一个温度间隔内的各个流股热负荷加起来，就可以得到热组合曲线；同样的步骤可以得到冷组合曲线。

③ 在T-H图上水平移动组合曲线，使热、冷流股的组合曲线间传热温差的最小值不小于指定的最小允许传热温差$\Delta T_{\min}$。由此可以确定出过程系统的最大热交换量和公用工程用量。

④ 对于上述步骤确定的最大热交换量，在T-H图上根据热、冷组合曲线的端点和折点画垂直线，划分焓间隔区间，然后按照作组合曲线相反的过程，得出在每一个焓间隔内热、冷流股之间的匹配关系，以实现垂直换热，由此得到热力学最小传热面积网络的结构。

例如，一换热器系统包含2个热物流H_1、H_2和1个冷物流C_1，经上述步骤①、②、③后，在T-H图上得到的结果如图3-22(a)所示。线段AE、FD、GH分别表示物流H_2、H_1、C_1。热物流的组合曲线为$ABCD$。物流间最大的热交换量为Q_{R}，所需的最小公用工程冷却负荷为$Q_{\mathrm{C,min}}$，所需的最小公用工程加热负荷为$Q_{\mathrm{H,min}}$。组合曲线间的焓分隔可参见图3-22(b)。由热物流组合曲线的折点B和C分别引垂线交冷物流线段GH于点I和点P，则表明冷物流C_1的IP线段要同热物流H_1的CF线段及热物流H_2的BE线段匹配换热，为此要把冷物流IP部分分解为两股物流，IR及PQ（即IR和PQ两者的组合曲线为IP），使得BE同IR匹配，CF同PQ匹配。现分别通过点A、G、B、E、C、D和H作垂线，在图上分隔出Ⅰ、Ⅱ、Ⅲ、Ⅳ、Ⅴ和Ⅵ，每一区间内热、冷物流都满足热平衡关系，也就表明了物流间的匹配关系。

区间Ⅰ，热物流H_2的低温段AS部分同公用工程冷却物流匹配。

区间Ⅱ，热物流H_2的SB部分同冷物流C_1的GI部分匹配。

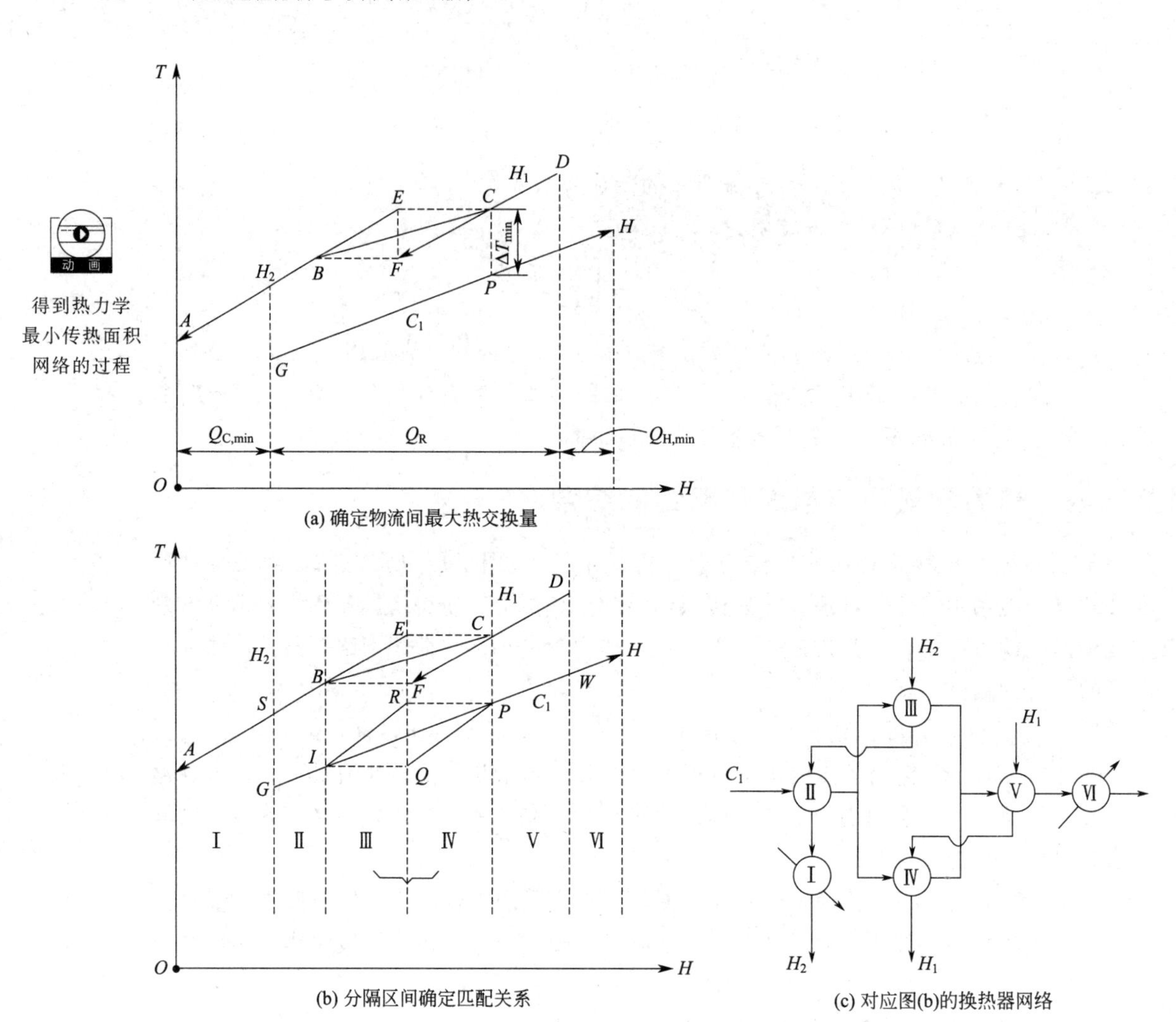

(a) 确定物流间最大热交换量

(b) 分隔区间确定匹配关系

(c) 对应图(b)的换热器网络

图 3-22　得到热力学最小传热面积网络的过程

区间Ⅲ，热物流 H_2的 BE 部分同冷物流 C_1的分支 IR 匹配。

区间Ⅳ，热物流 H_1的 FC 部分同冷物流 C_1的分支 QP 匹配。

区间Ⅴ，热物流 H_1的 CD 部分同冷物流 C_1的 PW 部分匹配。

区间Ⅵ，冷物流 C_1的高温段 WH 部分同公用工程加热物流匹配。

由此，按照图 3-22(b) 可画出该换热器网络的流程结构，如图 3-22(c) 所示。

3.5.3　热力学最小传热面积网络的改进

上述讨论构造出最小传热面积网络的过程中，并没有考虑各换热器传热系数 U 以及单位传热面积费用 a 的区别。在实际的换热器网络中，考虑换热物流的流量、温度、压力以及物性等因素的区别，需要选择不同型式、不同材质的换热器，对不同的换热器，U、a 相差几倍是很常见的。另外，综合最小传热面积网络的过程中，在 T-H 图上分隔区间，不可避免地产生过程物流的分支、混合，以及出现一些区间的热负荷很小的现象，这就使得换热器网络的结构复杂化，给操作、控制和安全方面带来麻烦，并且由于换热器数目过多，增加了设备投资费。为此，要对最小传热面积网络进行改进。

(1) $\sqrt{U/a}\,\Delta T$ 值相近

对于不同的传热系数和不同的单位传热面积费用，应使各换热器的$\sqrt{U/a}\,\Delta T$ 值相近。对于具有一个热阱（或热源）和多个热源（或热阱）的情况，Nishimura 等[53] 用 Pontryagin 极大值原理证明了满足上述条件时，单位热负荷所需的传热面积最小。对于多个热源和多个热阱的情况，上述条件也可作为一个近似规则使用。各个换热器的传热系数 U 和传热温差 ΔT 的数值可通过对换热器网络的模拟计算获得。换热器网络模拟系统计算机软件在综合换热器网络过程中是非常重要的。

(2) 总费用最小

换热网络综合大多以总费用最小为目标，而影响总费用的因素主要有以下几个方面：

① 换热面积。同样型式、材质的换热器，传热温差越小或总传热系数越小，则同样的热流量所需换热面积越大，从而使设备费用增加。

② 换热器数量。为了计算网络的投资费用，下式被提出用来计算换热器的投资费用（$COST$）：$COST=a+bA^c$，其中 A 是换热器面积，a 是换热器的安装固定费用，b、c 是费用系数，它们与换热器的材质、类型、压降有关，通常费用系数 $c<1$。因此，同样的换热面积，换热器台数越多，设备费越高。例如，一台 $100m^2$ 换热器的价格要低于 2 台同样型式和材质的 $50m^2$ 的换热器。

③ 单位换热面积费用 a。不同型式材质的换热器，单位换热面积价格相差几倍是常见的。例如同样面积和材质的浮头式换热器价格通常要比固定管板式换热器价格高出 30%～50%。影响单位换热面积价格的因素主要有材质、换热器型式、使用年限和维护费用。

④ 传热过程的总传热系数 U。换热器型式和结构影响总传热系数，总传热系数又影响传热面积，从而影响设备费用。

⑤ 公用工程消耗。公用工程消耗影响系统的操作成本，公用工程品位高，其单价相应高，使操作费用增加。但增加传热温差可减少传热面积，从而降低设备费用。

⑥ 操作性和可控性。换热器网络复杂，使相应控制系统投入增加，同时操作复杂也会增加操作费用。

鉴于以上因素，对于出现多次物流的分支、混合，以及存在小热负荷换热器的情况，可在 T-H 图上把原来垂直分隔的焓区间给以适当的合并，即可减少物流的分支与混合，并把小负荷换热器合并到相邻的换热器上。图 3-22 获得的热力学最小传热面积网络需要进行改进，如图 3-23 及图 3-24 所示。

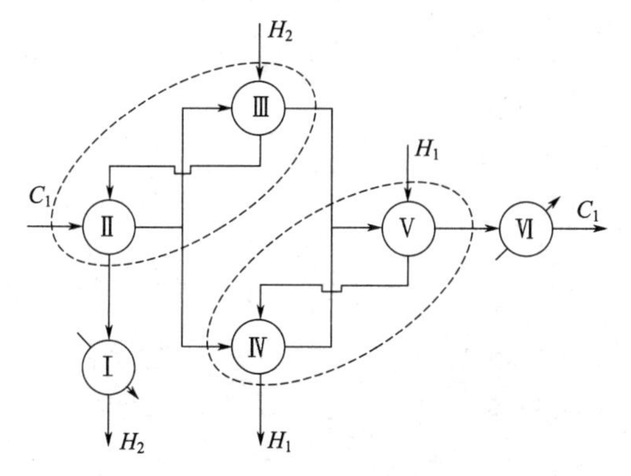

图 3-23 待改进的换热器网络

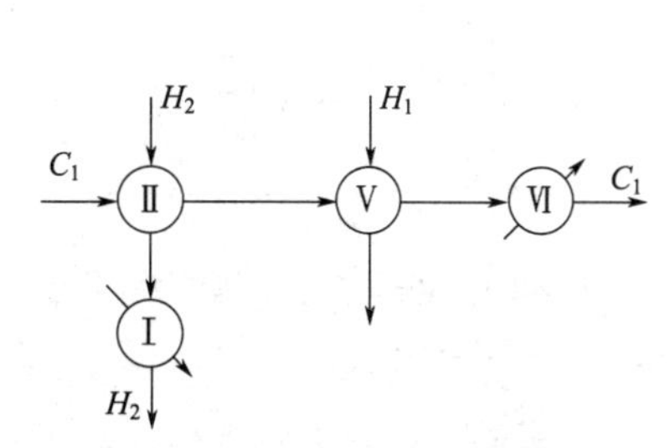

图 3-24 改进后的换热器网络

注意，由于在 T-H 图上把原来的区间给以合并，简化了匹配换热关系，但却改变了最小传热面积网络的温度分布，因而需要增加传热面积才能完成原规定的热负荷，所以应当尽可能接近最小传热面积网络时的温度关系，故所需增加的传热面积不致太多。

3.6 夹点设计法综合换热器网络

利用夹点规则，综合换热器网络仅需要最小的公用工程加热及冷却负荷，即达到最大的热回收。

夹点设计的核心是遵循以下三条基本原则：

① 避免有热流量通过夹点；

② 夹点上方避免引入公用工程冷却物流；

③ 夹点下方避免引入公用工程加热物流。

违背以上三条，就会增大公用工程负荷及相应的设备投资。

由前述知，夹点处热、冷物流之间的传热温差最小，而且为了达到最大的热回收（或需用最小的公用工程加热及冷却负荷），必须保证没有热量通过夹点，这表明夹点处是设计工作中约束最多的地方，所以先从夹点进行物流间匹配换热的设计。离开夹点后，约束条件减少了，允许设计者更灵活地选择换热方案，但要遵循尽可能地减少换热设备个数的设计原则，以减少设备投资费。

3.6.1 夹点处物流匹配换热的可行性规则

如果匹配的冷、热物流分别同时与夹点相通，称为夹点匹配（pinch matches 或 pinch exchangers）。如图 3-25(a) 所示的换热器 1 为夹点匹配，其热物流 H_1 与冷物流 C_1 直接与夹点相通，即换热器 1 的右端传热温差已达到 $\Delta T_{\min}$，不能再小了。但换热器 2 不是夹点匹配，因为其中热物流 H_1 与夹点间隔着换热器 1。如图 3-25(b) 所示的换热器 1 和换热器 2 皆为夹点匹配，但换热器 3 不是夹点匹配。下面讨论物流夹点匹配换热的可行性规则（feasibility criteria at the pinch）。

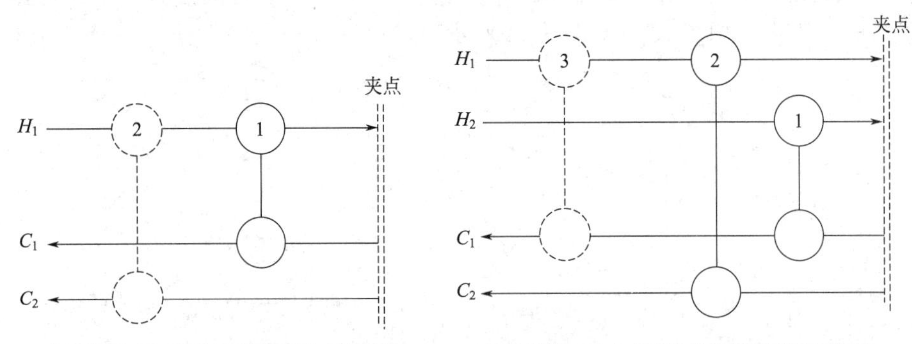

(a) 换热器1为夹点匹配,换热器2不是夹点匹配　　(b) 换热器1,2为夹点匹配,换热器3不是夹点匹配

图 3-25　夹点匹配

(1) 夹点匹配换热的可行性规则 1

对于夹点上方，每一夹点匹配的热物流（包括其分支物流）数目 N_H 要小于等于冷

物流（包括其分支物流）数目 N_C，即

$$N_H \leqslant N_C$$

对于夹点下方，则上面不等式变向

$$N_H \geqslant N_C$$

如图 3-26 所示，即每一夹点匹配中进入夹点的物流的数目 N_{IN} 要小于或等于穿出夹点的物流的数目 N_{OUT}。

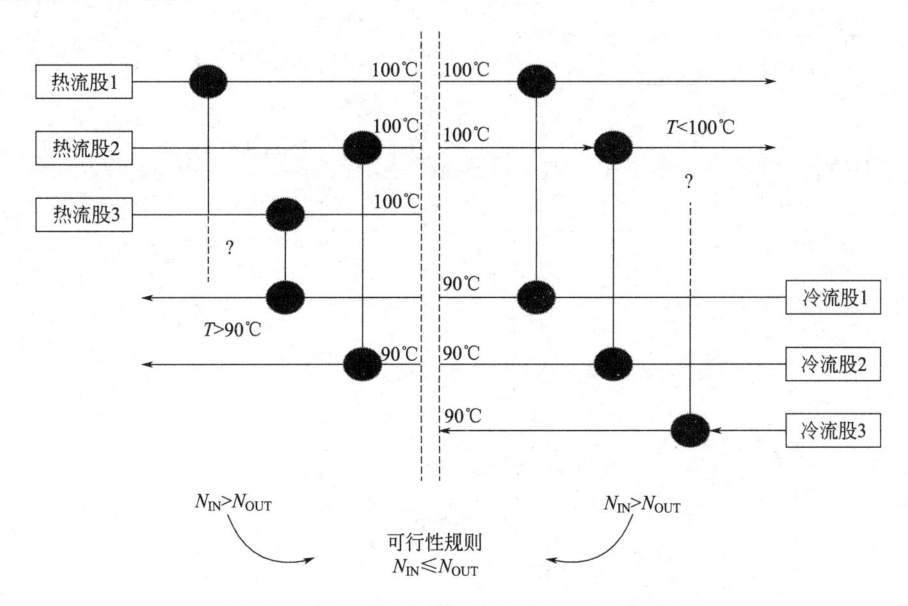

图 3-26　夹点匹配换热的可行性规则 1：物流数目规则

$$N_{IN} \leqslant N_{OUT}$$

这一规则是为了保证夹点上方（热阱）不能外加公用工程冷却负荷；夹点下方（热源）不能外加公用工程加热负荷。

该规则可解释如下。如图 3-27(a) 所示，对于夹点上方，其中热物流号为 1、2、3，冷物流号为 4、5。热物流 2 同冷物流 4（换热器 1）及热物流 3 同冷物流 5（换热器 2）为夹点匹配，此时热物流 1 不能与冷物流构成夹点匹配。若热物流 1 同冷物流 4 或 5 进行夹点匹配则必定违反 ΔT_{min} 的要求，这是因为冷物流 4 经换热器 1 后温度上升为 $(80+dT_4)$，冷物流 5 经换热器 2 后温度上升为 $(80+dT_5)$，而热物流 1 在夹点处的温度为 90℃，显然 $[90-(80+dT_4)]$ 或 $[90-(80+dT_5)]$ 都小于规定的 $\Delta T_{min}=10$℃。所以，为了使热物流 1 冷却到夹点温度 90℃，只好采用公用工程冷却物流，但这违反了前面叙述过的基本原则之二（见 3.2.5 节），即在夹点上方引入公用工程冷却物流，必然增加了公用工程加热负荷，造成双倍的消耗，达不到最大的热回收。为此，夹点上方一定要保证用夹点处的冷物流把热物流冷却到夹点温度，即保证热物流为夹点匹配。对于如图 3-27(a) 所示的情况，考虑用冷物流 5（或冷物流 4）的分支同热物流 1 进行匹配换热，如图 3-27(b) 所示，则满足了 ΔT_{min} 的传热温差要求，而且不必引入公用工程冷却物流，这是可以做到的，因为从问题表格的计算或 T-H 图上可明显地看出，夹点上方所有冷物流的热负荷比所有热物流的热负荷大（其值为 $Q_{H,min}$）。

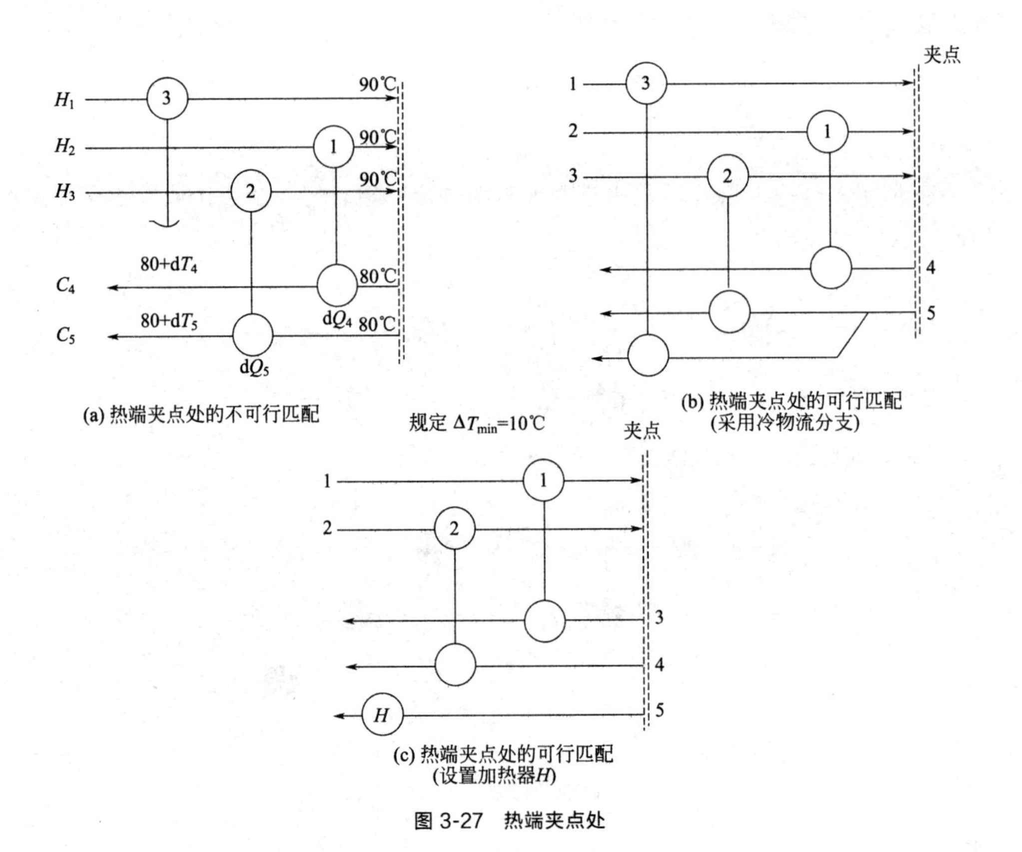

图 3-27 热端夹点处

当夹点上方的冷物流数多于热物流数时，如图 3-27(c) 所示，若冷物流找不到热物流同其匹配，则可引入公用工程加热物流把其加热到目标温度，即设置加热器 H，这是允许的，并不违背前述的夹点设计基本原则。

夹点下方的夹点匹配换热的可行性规则 1 的具体说明同夹点上方，如图 3-28 所示。当热物流数多于冷物流数，如图 3-28(c) 所示。若热物流找不到冷物流与其匹配时，则可引入公用工程冷却物流把其冷却到目标温度，即设置冷却器 C。

(2) 夹点匹配换热的可行性规则 2

对于夹点上方，每一夹点匹配的热物流的热容流率 CP_{H} 要小于等于冷物流的热容流率 CP_{C}，即

$$CP_{\mathrm{H}} \leqslant CP_{\mathrm{C}}$$

对于夹点下方，则上面不等式变向

$$CP_{\mathrm{H}} \geqslant CP_{\mathrm{C}}$$

如图 3-29 所示，即每一夹点匹配中进入夹点的物流的热容流率 CP_{IN} 要小于或等于穿出夹点的物流的热容流率 CP_{OUT}：

$$CP_{\mathrm{IN}} \leqslant CP_{\mathrm{OUT}}$$

这一规则是为了保证在同样的热负荷条件下，进入夹点的物流的温降要大于穿出夹点的物流的温升，即保证夹点匹配时换热器两端的传热温差都不小于 $\Delta T_{\min}$。离开夹点后，由于物流间的传热温差都增大了，所以不必一定遵循该规则。

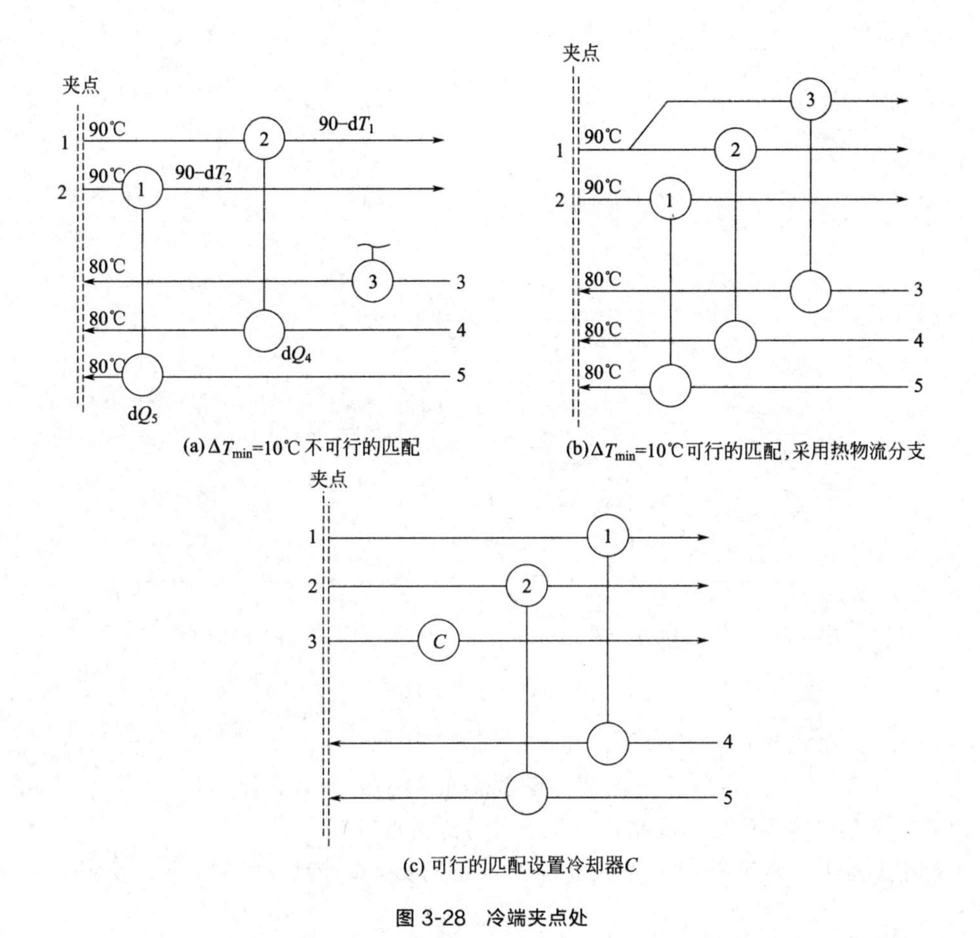

图 3-28　冷端夹点处

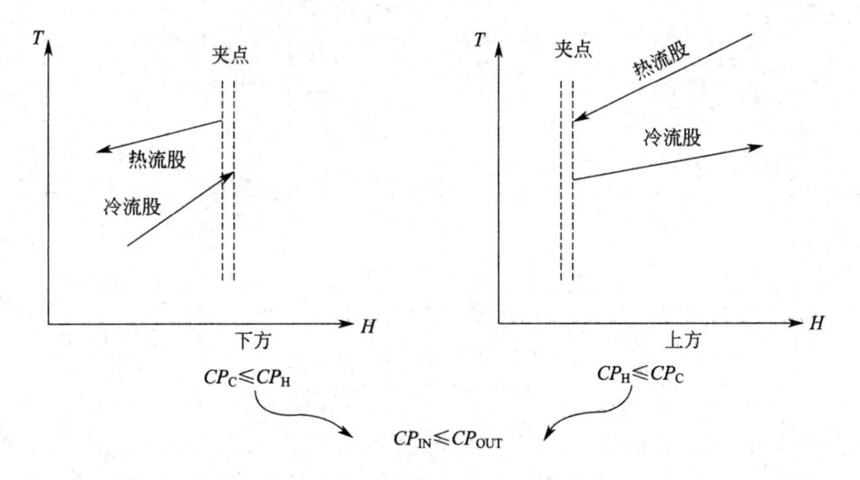

图 3-29　夹点匹配换热的可行性规则 2：CP 规则

夹点匹配换热可行性规则 2 的说明如图 3-30 所示。如图 3-30(a) 所示表示可行的夹点匹配。这是因为 ΔT_2 值已规定为 $\Delta T_{\min}$，当 $CP_H \leqslant CP_C$ 时，在同样热负荷条件下，热流体的温降要大于冷流体的温升，即在 T-H 图上热物流斜率比冷物流的斜率大，所以 $\Delta T_1 > \Delta T_2$，即该匹配中任意位置的传热温差都保证不小于 $\Delta T_{\min}$。假如

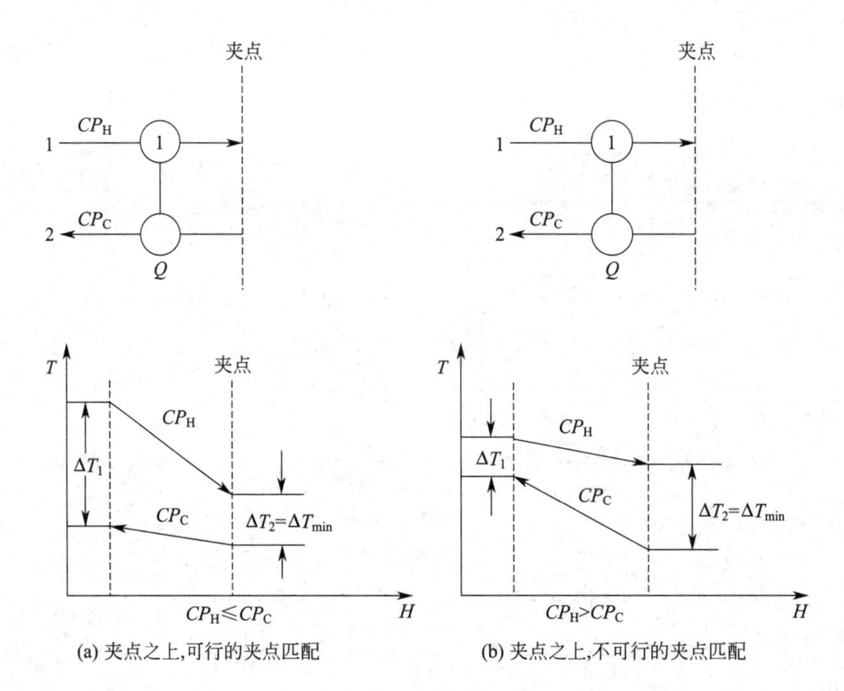

(a) 夹点之上,可行的夹点匹配
(b) 夹点之上,不可行的夹点匹配

图 3-30 夹点上方匹配

$CP_H > CP_C$，如图 3-30(b) 所示，同样已固定 $\Delta T_2 = \Delta T_{min}$，此时冷物流的热容流率小，所以在 T-H 图上冷物流的斜率比热物流的斜率大，势必使 $\Delta T_1 < \Delta T_2$，则 ΔT_1 违背了最小允许传热温差的限制，这是不可行的夹点匹配。

对于夹点下方，可行的夹点匹配与不可行的夹点匹配如图 3-31(a) 及图 3-31(b) 所示。

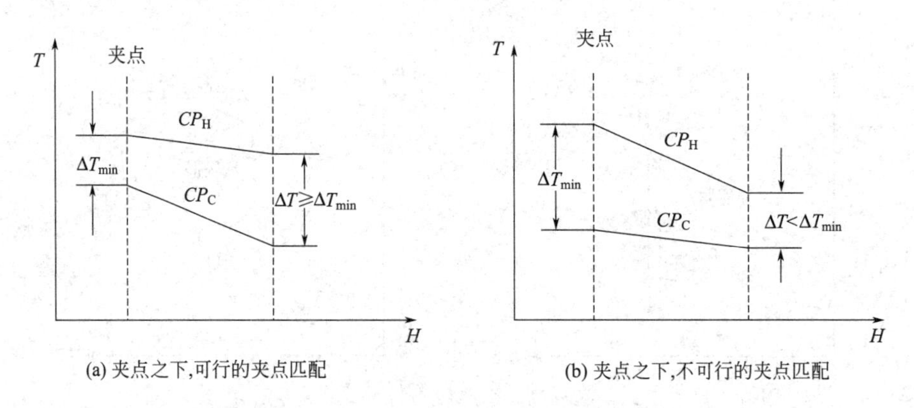

(a) 夹点之下,可行的夹点匹配
(b) 夹点之下,不可行的夹点匹配

图 3-31 夹点下方匹配

为了满足可行性规则 2，有时需要把物流分支，如图 3-32 所示，尽管 $N_{IN} \leqslant N_{OUT}$，但 $CP_{IN} \geqslant CP_{OUT}$，将热物流 2 分流，使其满足夹点匹配换热的可行性规则 2。

3.6.2 物流匹配的经验规则

上面讨论的两个可行性规则对夹点匹配来说是必须遵循的，但在满足该两个规则约束前提下还存在多种匹配的选择。基于热力学和传热学原理，以及从减少设备投资费出发，提出冷、热物流间匹配换热的两条经验规则。

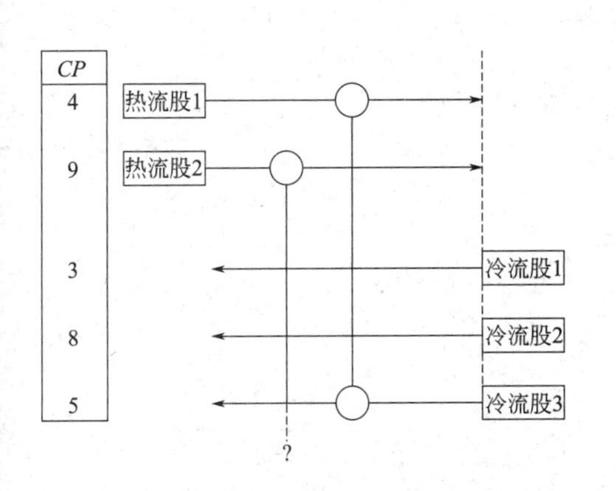

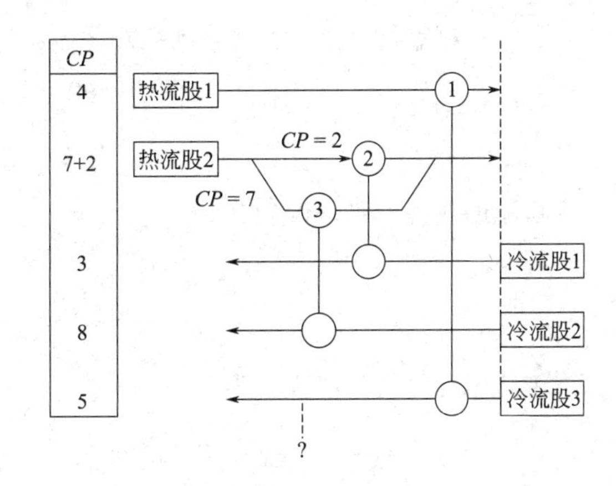

图 3-32 尽管 $N_{IN} \leqslant N_{OUT}$，但 $CP_{IN} \geqslant CP_{OUT}$，将热物流 2 分流，使其满足夹点匹配换热的可行性规则 2

(1) 物流间匹配换热的经验规则 1

选择每个匹配的热负荷等于该匹配的冷、热物流热负荷较小者，使之一次匹配换热可以使一个物流（即热负荷较小者）由初始温度达到终了温度，这样的匹配，系统所需的换热设备数目最小，减少了投资费，如图 3-33 所示。

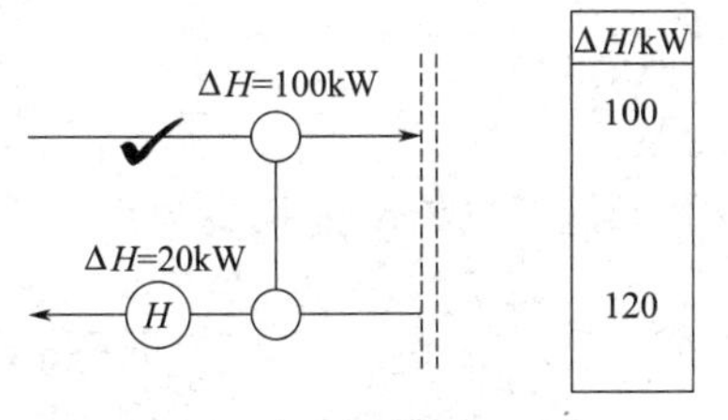

图 3-33 物流间匹配换热经验规则 1

(2) 物流间匹配换热的经验规则 2

在考虑经验规则 1 的前提下，如有可能，应尽量选择热容流率值相近的冷、热物流进行匹配换热，使得换热器在结构上相对合理。同时，由于冷、热物流热容流率接近，换热器两端传热温差也接近，所以在满足最小传热温差 ΔT_{min} 的约束条件下，传热过程的不可逆性最小，对相同热负荷情况下传热过程的有效能损失最小，或在相同的热负荷及相同的有效能损失下，其传热温差最大。

举例说明，夹点之下的两种匹配换热，如图 3-34 所示，要把热物流从 90℃冷却到 70℃，两种情况的热负荷相同，以 Q 表示。如果固定热物流热容流率 CP_H 不变，对如图 3-34(a) 所示的情况，令 $CP_H = 2CP_C$，根据图中的温度数据，计算该传热过程的有效能损失如下。

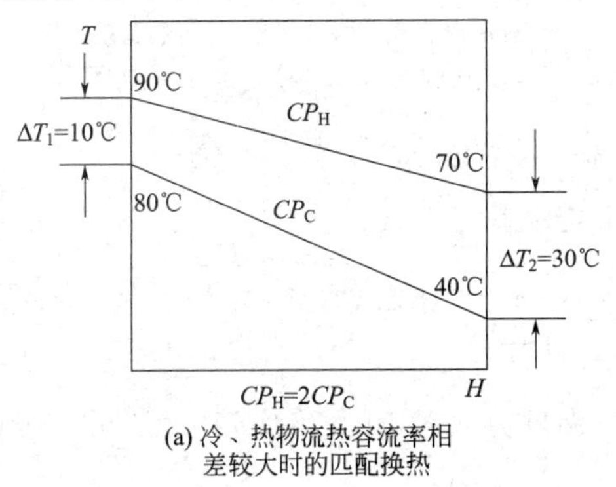

(a) 冷、热物流热容流率相差较大时的匹配换热

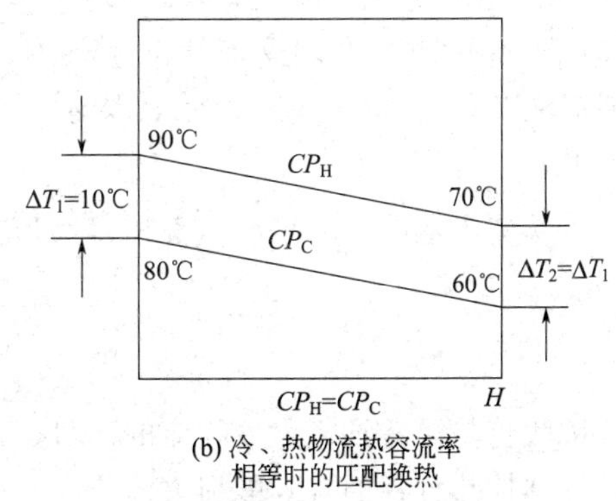

(b) 冷、热物流热容流率相等时的匹配换热

图 3-34 在 T-H 图上示意物流匹配

设环境温度 $T_0=293\text{K}$，则热物流的热力学平均温度为

$$T_{\text{H}}=\frac{(273+90)-(273+70)}{\ln\dfrac{273+90}{273+70}}=352.9\text{K}$$

冷物流的热力学平均温度为

$$T_{\text{L}}=\frac{(273+80)-(273+40)}{\ln\dfrac{273+80}{273+40}}=332.6\text{K}$$

该传热过程的有效能损失为

$$L_{\text{W}}=\frac{T_0}{T_{\text{H}}T_{\text{L}}}(T_{\text{H}}-T_{\text{L}})Q=\frac{293}{352.9\times332.6}(352.9-332.6)Q=0.0507Q$$

对图 3-34(b) 所示的情况，令 $CP_{\text{H}}=CP_{\text{C}}$，根据图中的温度数据，计算该传热过程的有效能损失如下。

热物流的热力学平均温度仍为 $T_{\text{H}}=352.9\text{K}$。

冷物流的热力学平均温度为

$$T_{\text{L}}=\frac{(273+80)-(273+60)}{\ln\dfrac{273+80}{273+60}}=342.9\text{K}$$

该传热过程的有效能损失为

$$L_{\text{W(b1)}}=\frac{293}{352.9\times342.9}(352.9-342.9)Q=0.0242Q$$

由上述计算结果可见，如图 3-34(a) 所示的有效能损失比图 3-34(b) 所示的有效能损失大了一倍还多。

读者会说，虽然如图 3-34(a) 所示的有效能损失大于图 3-34(b) 所示的有效能损失，但图 3-34(a) 所示的传热温差大，故需用的传热面积小，设备费可减小，所以还不能说明图 3-34(a) 所示情况就是不如图 3-34(b) 所示情况。现进一步来分析这一问题，假如把如图 3-34(b) 所示的传热温差增大到与图 3-34(a) 所示相同，再计算该情况下的有效能损失。数据如图 3-35 所示，具体计算如下。

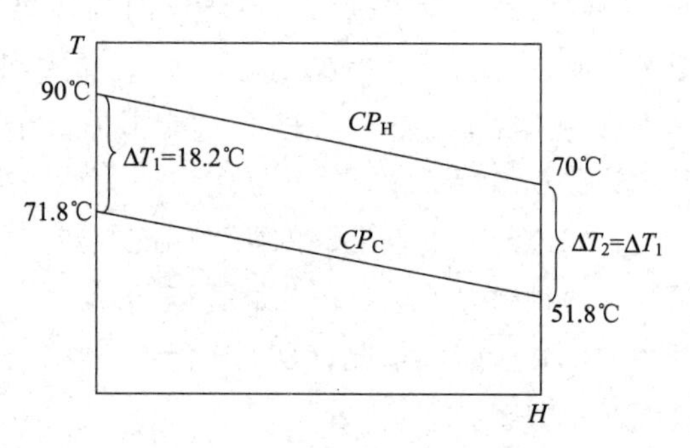

图 3-35　当图 3-34（b）的传热温差增大到图 3-34（a）时的 T-H 图

首先求出如图 3-34(a) 所示情况的传热平均温差

$$\Delta T_{\text{m}}=\frac{\Delta T_2-\Delta T_1}{\ln\dfrac{\Delta T_2}{\Delta T_1}}=\frac{30-10}{\ln\dfrac{30}{10}}=18.2℃$$

按此传热温差推算出冷物流的入口、出口温度分别为 51.8℃ 及 71.8℃（图 3-35）。现计算其传热过程的有效能损失。

热物流的热力学平均温度仍为 $T_{\text{H}}=352.9\text{K}$，则冷物流的热力学平均温度为

$$T_L=\frac{(273+71.8)-(273+51.8)}{\ln\frac{273+71.8}{273+51.8}}=334.7\text{K}$$

该传热过程的有效能损失为

$$L_{W(b2)}=\frac{293}{352.9\times334.7}(352.9-334.7)Q=0.0451Q$$

此时有效能损失比如图 3-34(a) 所示的有效能损失小 10%还多，这就说明在完成相同传热负荷条件下，又保持相同传热温差，冷、热物流热容流率相等情况下比不等情况下有效能损失要小。或从另一角度来说，相同传热负荷和相同有效能损失，冷、热物流热容流率相等情况下比冷、热物流热容流率不等情况下的传热推动力大，则可以用较小的传热面积，节省了设备费。上述计算证明了经验规则 2 符合传热学及热力学原理。

注意，采用经验规则时规则 1 优先于规则 2，并且还要兼顾换热系统的操作性、安全性等因素，根据设计者的经验和对工作对象的深入了解来灵活运用。另外，上述经验规则不仅用于夹点匹配，对离开夹点的其他物流匹配换热的选择也是适用的。

现将夹点设计法的要点归纳如下：

① 在夹点处，把换热网络分隔开，形成的独立子问题热端和冷端可分别处理。

② 热端和冷端都先从夹点开始设计，采用夹点匹配可行性规则及经验规则，决定物流间匹配换热的选择以及物流是否需要分支。

③ 离开夹点后，确定物流间匹配换热的选择有较多的自由度，可采用前述的经验规则，但在传热温差的约束仍比较紧张的场合（即某处传热温差比允许的 ΔT_{min} 大不太多的情况），夹点匹配的可行性规则还是需要遵循的。

④ 考虑换热系统的操作性、安全性，以及生产工艺上特殊规定等要求，如具体的物流间不允许相互匹配换热，或规定其间一定要匹配换热等。

【例 3-6】 一换热系统，包含的工艺流股为两个热物流和两个冷物流，给定的数据见表 3-14。指定热、冷物流间允许的最小传热温差 ΔT_{min} 为 20℃。现在设计一个换热器网络，其具有最大的热回收。

表 3-14 ［例 3-6］物流数据

物流标号	热容流率 CP /(kW/℃)	初始温度 T_s /℃	终了温度 T_t /℃	热负荷 Q /kW
H_1	2.0	150	60	180.0
H_2	8.0	90	60	240.0
C_1	2.5	20	125	262.5
C_2	3.0	25	100	225.0

解： 采用“问题表格”算法，确定出系统所需的最小热、冷公用工程负荷分别为 $Q_{H,min}=107.5$kW，$Q_{C,min}=40$kW；夹点处热物流温度为 90℃，冷物流温度为 70℃。具体计算参见［例 3-3］。

(1) 热端的设计

见表 3-5，热端由子网络 SN_1、SN_2、SN_3 组成，其中包含热物流 H_1 和冷物流 C_1、C_2。热端各物流的数据整理如下：

物流标号	热容流率 CP /(kW/℃)	夹点端的温度 /℃	另一端温度 /℃	热负荷 Q /kW
H_1	2.0	90	150	120.0
C_1	2.5	70	125	137.5
C_2	3.0	70	100	90.0

夹点上方物流间匹配换热的可行性规则为

$$N_H \leqslant N_C$$

$$CP_H \leqslant CP_C$$

此时，$N_H=1$，$N_C=2$，$CP_H=2.0$，$CP_{C_1}=2.5$，$CP_{C_2}=3.0$，所以满足了上面两个不等式。又按经验规则，能够经过一次匹配换热即可完成其中热负荷较小的物流的传热量，并且尽量取热容流率相近的冷、热物流进行匹配换热，则得到如图 3-36 所示的热端设计方案。该设计中，H_1 同 C_1 一次匹配换热即可把热物流 H_1 由初温 150℃冷却到夹点温度 90℃，且该两物流的热容流率相近。由该两物流的热衡算可知，冷物流 C_1 由夹点温度被加热到 118℃，剩下再用加热器加热到终温 125℃。冷物流 C_2 已无热物流同其匹配，所以设置加热器使其由夹点温度 70℃加热到终温 100℃。

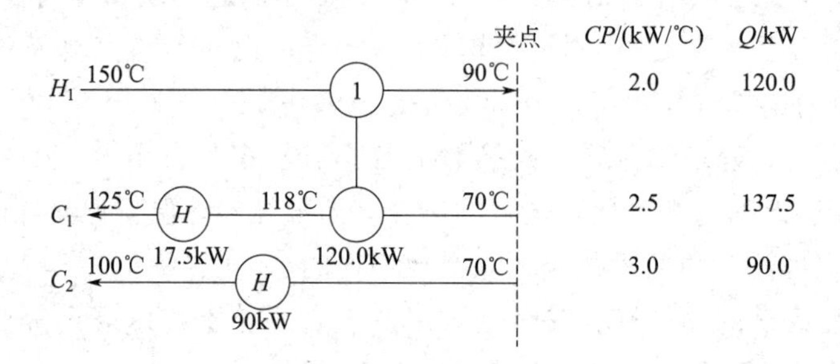

图 3-36 ［例 3-6］的热端设计

(2) 冷端的设计

见表 3-5，冷端由子网络 SN_4、SN_5、SN_6 组成，其中包含热物流 H_1、H_2 和冷物流 C_1、C_2。冷端各物流的数据整理如下：

物流标号	热容流率 CP /(kW/℃)	夹点端的温度 /℃	另一端温度 /℃	热负荷 Q /kW
H_1	2.0	90	60	60.0
H_2	8.0	90	60	240.0
C_1	2.5	70	20	125.0
C_2	3.0	70	25	135.0

夹点下方物流间匹配换热的可行性规则为

$$N_H \geqslant N_C$$

$$CP_H \geqslant CP_C$$

此时，$N_H=2$，$N_C=2$，$CP_{H_1}=2.0$，$CP_{H_2}=8.0$，$CP_{C_1}=2.5$，$CP_{C_2}=3.0$。关于物流数约束的第一个不等式满足，但 CP_{H_1} 小于 CP_{C_1} 和 CP_{C_2}，所以关于热容流率的约束不满足，即热物流 H_1 不能同冷物流 C_1 或 C_2 实现夹点匹配。因此，仅 H_2 与冷

物流 C_1、C_2进行夹点匹配，导致 $N_H<N_C$，即第一个不等式也不满足。为了同时满足夹点下方匹配的两个可行性规则不等式，需把热物流 H_2分支，以保证与冷物流 C_1、C_2实现夹点匹配。分支匹配的方案可以有几种。如图 3-37 所示，其中如图 3-37(a) 所示的设计方案是把热物流 H_2进行分支，分支热容流率的分配原则是通过一次匹配便完成冷物流 C_2的热负荷，则通过换热器 1 的热物流分支的热容流率为 135/(90－60)＝4.5，通过换热器 2 的热物流分支的热容流率为 8.0－4.5＝3.5，该分支同冷物流 C_1匹配。换热器 1 和换热器 2 皆为夹点匹配，并满足夹点下方匹配换热的可行性规则，$CP_H \geqslant CP_C$。剩下的换热器 3 不是夹点匹配，已不必遵循夹点匹配的可行性规则，热物流 H_1与冷物流 C_1匹配换热，完成冷物流 C_1剩下的热负荷 20kW，热物流 H_1的温度由 90℃降到 80℃，H_1剩下的热负荷已无冷物流同其匹配，所以设置冷却器 C，把其冷却到目标温度 60℃。

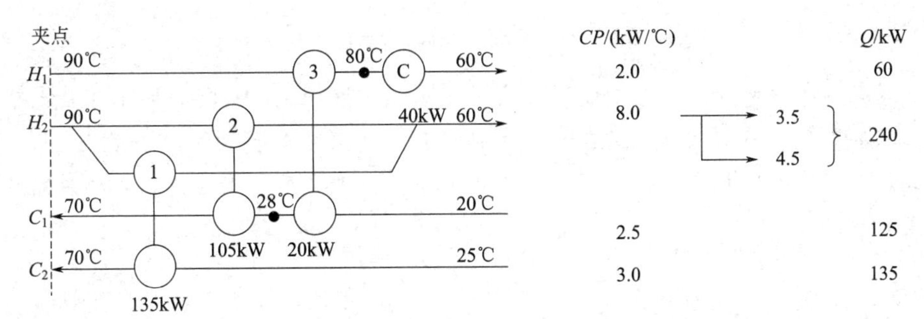

(a) 把热物流H_2进行分支，并一次匹配完成冷物流C_2的热负荷

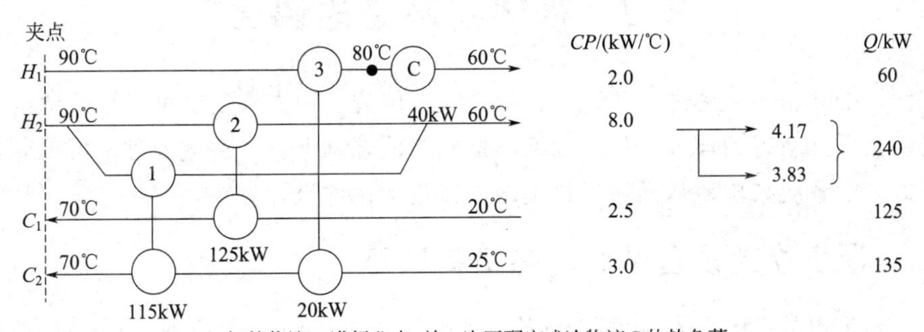

(b) 把热物流H_2进行分支，并一次匹配完成冷物流C_1的热负荷

图 3-37 夹点下方的匹配

如图 3-37(b) 所示的设计方案，是把热物流 H_2进行分支，分支热容流率的分配原则是通过一次匹配便完成冷物流 C_1的热负荷，则通过换热器 2 的热物流分支的热容流率为 125/(90－60)＝4.17，通过换热器 1 的热物流分支的热容流率为 8.0－4.17＝3.83，该分支同冷物流 C_2匹配。换热器 1 和换热器 2 皆为夹点匹配，并满足夹点下方匹配换热的可行性规则，$CP_H \geqslant CP_C$。

如图 3-37 所示的方案（a）和（b）都只需 4 个换热设备，两者并没有明显的优劣，皆可选用。当然，还有其他的设计方案，但都是分支过多，流程比较复杂。

(3) 需用最小公用工程加热与冷却负荷的换热网络整体设计

把上面的热端设计和冷端设计结合起来，就可得出需用最小公用工程加热与冷却负荷的整体设计。把如图 3-36 所示热端设计与如图 3-37(a) 所示的冷端设计结合起来，得到的整体设计方案如图 3-38 所示。该设计需用公用工程加热负荷为 17.5＋90＝107.5kW，需公用工程冷却负荷 40kW，分别与问题表格算法确定的 $Q_{H,min}$ 及 $Q_{C,min}$ 一致。该方案需 2 个加热器、4 个换热器、1 个冷却器，共 7 台换热设备。

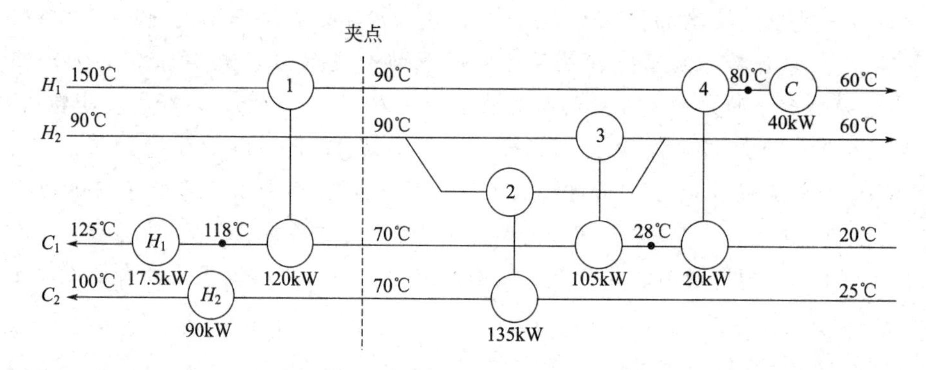

图 3-38　需用最小公用工程加热与冷却负荷的整体设计方案

上述得到的只是初始的设计方案，下面还需要做的工作是进一步简化上述整体设计，使之尽量减少所用的换热设备数，同时尽量维持最小的公用工程加热与冷却负荷，即把这两个目标兼顾起来，使系统的总费用最小，也就是要对上述得到的换热器网络进行调优处理。

3.7　换热器网络的调优

调优（evolution）是过程系统综合中比较常用的一种方法。这里介绍的调优方法是在采用夹点设计法得到最大能量回收换热器网络的基础上，经调优处理，可得到换热设备个数最少的系统结构，从而得到最优的或接近最优的设计方案。

3.7.1　最少换热设备个数与热负荷回路

根据图论中的“欧拉通用网络定理”（Euler's general network theorem），换热器网络所包含的换热设备（包括换热器、加热器和冷却器）个数 U 可用下式描述

$$U=N+L-S \tag{3-15}$$

式中　N——网络中存在的独立流股数（热工艺流股、冷工艺流股、公用工程冷流股、公用工程热流股，不包括物流分支）；

L——网络中存在的独立热负荷回路数；

S——网络中分离为独立的子网络数。

当网络系统中某一热物流的热负荷同某一冷物流的热负荷相等，且其间传热温差大于或等于规定的最小传热温差 ΔT_{min} 时，则该两物流一次匹配换热就完成了所要求的换热负荷。此时，这两物流可以分离出作为独立的子系统，连同原系统中剩下的物流，该系统内共含有两个独立的子系统，即 $S=2$。

一般情况下，当系统中不能分离出独立的子系统时，即 $S=1$，所以若要使 U 最小，必定使 $L=0$，即需要把系统中所存在的热负荷回路断开，此时有

$$U=U_{\min}=N-1$$

为了从系统中识别出热负荷回路，现作出如下定义：一热负荷回路中包含 n 个源物流（即热工艺物流和公用工程加热物流）和 n 个阱物流（即冷工艺物流和公用工程冷却物流），则称为第 n 级回路。根据该定义，第 1 级回路包含一个源物流和一个阱物流，第 2 级回路包含两个源物流和两个阱物流。如图 3-39 所示，该网络中可识别出的回路如下。

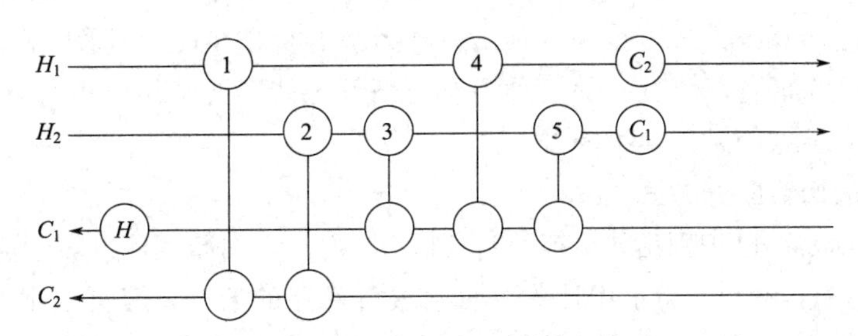

图 3-39 热负荷回路的定义

第 1 级回路 (3,5)

第 2 级回路 (1,2,3,4)，(1,2,5,4)，(C_1,3,4,C_2)，(C_1,2,1,C_2)，(C_1,5,4,C_2)

该 6 个回路并非都是独立的，根据图论，如果两个环（即热负荷回路）有共用线（即换热设备），消去共用线可构成第三个环，第三个环取决于前两个环，即为不独立的环。例如，回路 (3,5) 和 (1,2,3,4) 有一个共用换热设备 3，消去换热设备 3，而后连接该两个环，就构成了另一个回路 (1,2,5,4)，是不独立的［独立回路的选择是人为的，如 (1,2,5,4) 和 (1,2,3,4) 取做独立的回路，则 (3,5) 就成为不独立的回路，如图 3-40(a) 所示］。若再指定 (C_1,3,4,C_2) 为独立的回路，则 (C_1,5,4,C_2) 和 (C_1,2,1,C_2) 成为不独立的回路，如图 3-40(b) 和图 3-40(c) 所示。所以前面的 6 个回路中存在 3 个独立的热负荷回路，即 (3,5)、(1,2,3,4) 及 (C_1,3,4,C_2)。

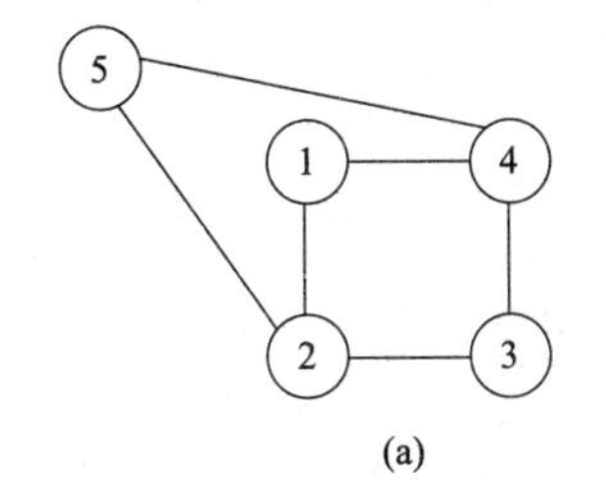

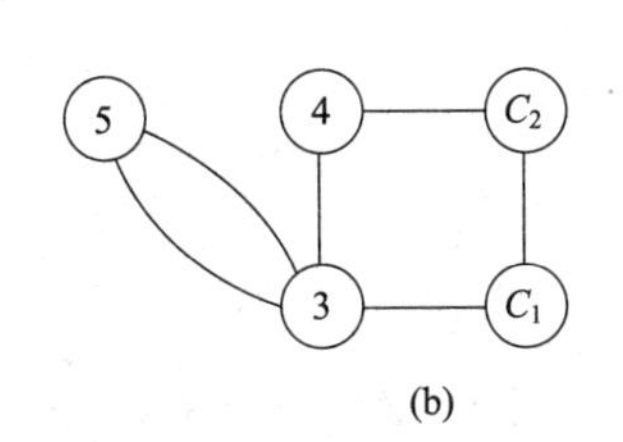

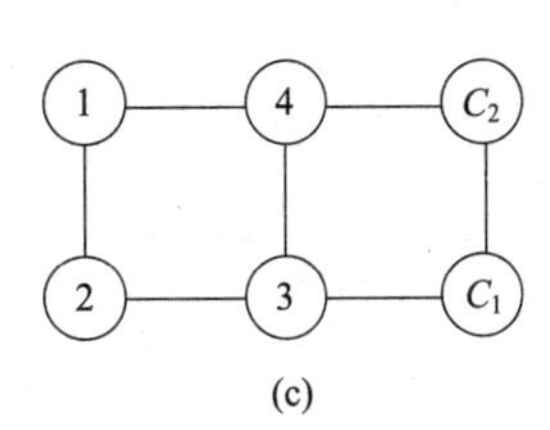

图 3-40 独立的与不独立的回路

总的换热设备单元数

$$U=3(\text{源物流})+3(\text{阱物流})+3(\text{独立的回路})-1(\text{子系统})=8$$

与如图 3-39 所示的设备单元数［1(加热器)+5(换热器)+2(冷却器)=8］相一致。

当物流较多时，回路的识别以及独立回路的选择变得很复杂，可借助计算机来完成。

回路的级别反映了回路的大小或复杂程度。在一个热负荷回路中，各单元设备的热负荷可以按一定规则改变而不影响全系统的热平衡。调优处理的目的就是通过重新分配回路中各单元设备的热负荷来减少该回路中的单元设备数（如果某一设备重新分配的热负荷为零，则相当于删去了该设备)。同时，该回路也就被断开了。调优过程是先识别低级回路，并断开回路，然后再处理高级回路。在某些场合，当低级回路断开后，某高级回路可能随之消失，所以一旦某级回路被断开后，全部调优过程仍从识别和断开低级回路开始。

3.7.2 热负荷回路的断开

热负荷回路的断开方式可分为两种：一种为基本断开方式，不采取物流分支的措施来断开回路以减少设备单元数；另一种为补充断开方式，要采用物流分支来断开回路。下面分别具体介绍这两种回路的断开方式。

(1) 基本的回路断开方式

如图 3-41 所示，已识别出热负荷回路（1,2,4,3)，该回路也可以表示成（2,4,3,1)、(4,3,1,2）或（3,1,2,4)。为了用计算机自动进行回路的断开，习惯上把回路中第一个单元设备的热负荷分配到回路其他单元设备上，也可以说把第一个单元设备合并到回路其他单元设备上。所以，对上面的同一回路，若表示成（1,2,4,3)，则单元设备 1 为合并对象，而对于其他表示，如（2,4,3,1)，则合并对象为单元设备 2。

基本回路断开方式

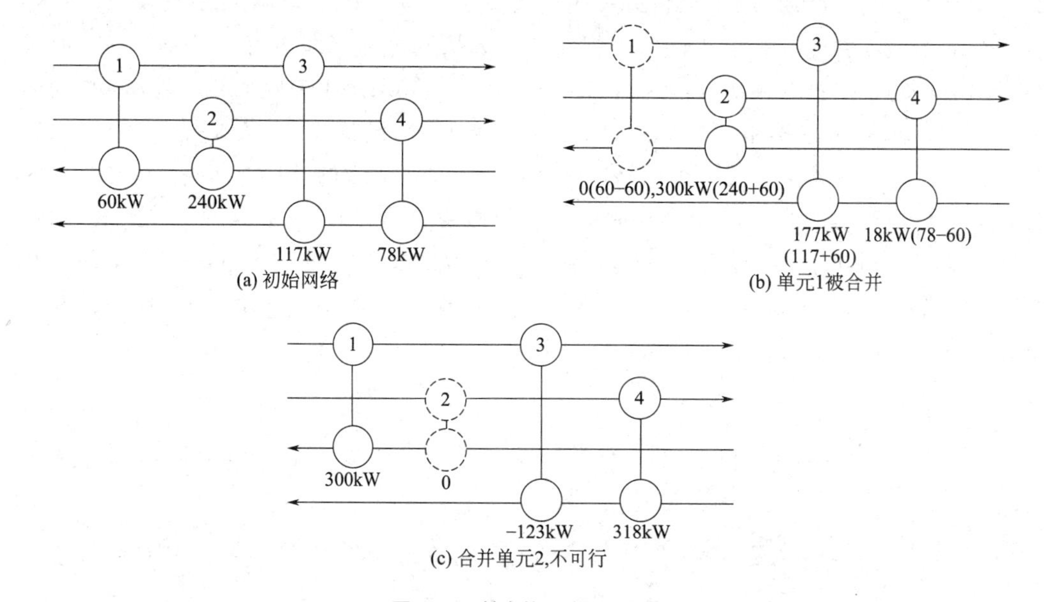

图 3-41 基本的回路断开方式

合并过程摘要如下：从热负荷回路串中奇数位置的单元设备减去所要合并的单元设备的热负荷；对热负荷回路串中偶数位置的单元设备，则要加上所要合并的单元设备的热负荷。

如图 3-41(a) 所示为一初始网络，识别出热负荷回路（1,2,4,3)，按上述合并过程，得到如图 3-41(b) 所示结构，设备单元数减少 1 个，原回路已被断开，但全系统的热平衡并不改变。若该热负荷回路（1,2,4,3）被识别为回路串（2,4,3,1)，则合并对象为单元设备 2，按照合并程序，得到如图 3-41(c) 所示的情况，此时单元设备 3 出现了热负荷为负值，所以这是不可行的合并方案，应该放弃。所以通常选择热负荷最小的换热单元设备作为合并对象，即将其作为热负荷回路起始设备点。

合并后的结构除了需保证每个单元设备热负荷为非负外，还要检验每个单元设备的传热温差是否大于或等于最小的允许传热温差 $\Delta T_{\min}$。若不符合传热温差的要求，该合并方案也是不可行的，需要选择原回路中另外的合并目标。

（2）补充的回路断开方式

对某些热负荷回路，如采用上述基本断开方式得到不可行的结果，则可采用补充的回路断开方式。如图 3-42(a) 所示，回路的断开总要从低级回路开始，(2,5) 为第一级回路，但由于单元设备 2 与 5 之间有单元设备 4 的阻挡（单元设备 4 不属于该回路），所以不宜采用基本的回路断开方式，需要采用补充的回路断开方式才能把单元设备 2 与 5 合并起来。补充的回路断开方式的具体工作步骤如下。

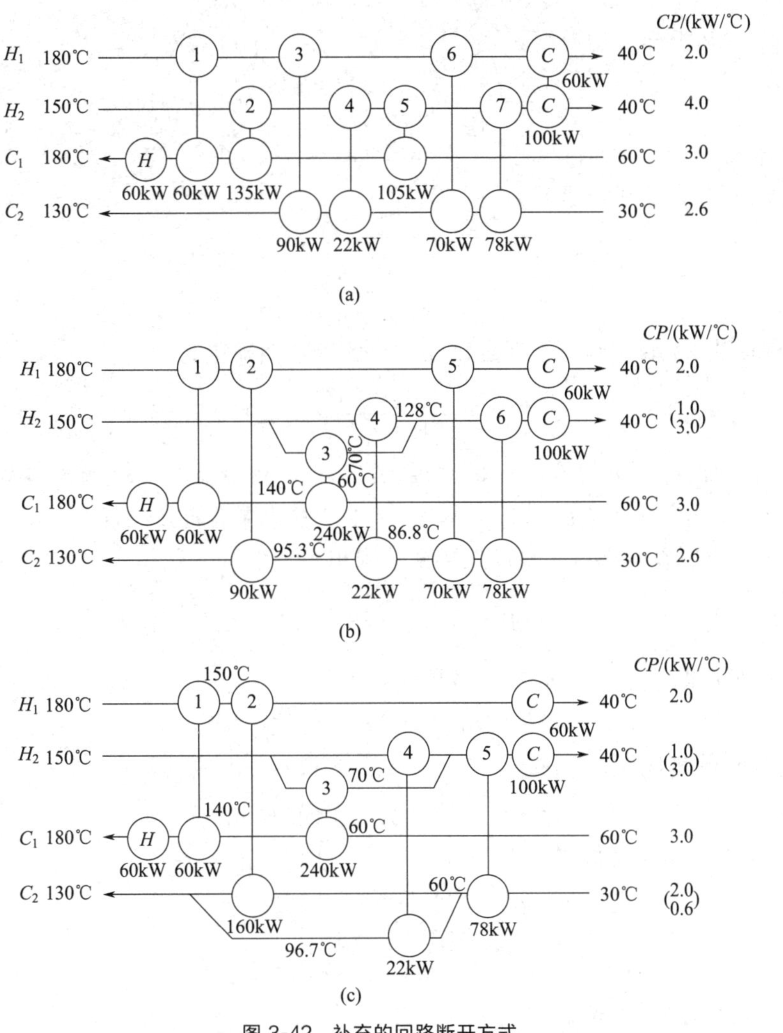

图 3-42 补充的回路断开方式

补充回路断开方式

① 识别出热负荷回路，确定合并目标。在合并热负荷过程中如遇到该回路之外单元设备的阻挡，需要采用物流分支，以便越过阻挡的设备。如图 3-42(b) 所示，把物流 H_2 分支（因为阻挡的换热器 4 在 H_2 上），使得单元设备 2 和 5 合并为单元设备 3。

② 确定物流分支热容流率的分配。物流分支后，经过换热往往还要再混合为原物流。按热力学原则，将温度接近的物流相混合所造成的有效能损失小，而物流温度相差

很大时混合在一起会造成较大的有效能损失。这可以用下面的简单计算来证明。

情况1：假设有2个物流，S_1的温度为300℃，热容流率$CP_1=1.0\text{kW/℃}$；S_2的温度为100℃，热容流率$CP_2=1.0\text{kW/℃}$。求两物流混合传热过程的有效能损失？

显然，该两物流混合后的温度经热衡算求出为

$$T_{\text{mix}}=\frac{300+100}{2}=200℃$$

混合中的传热负荷为物流S_1放出的热量

$$Q=(300-200)\times1.0=100\text{kW}$$

或物流S_2吸收的热量

$$Q=(200-100)\times1.0=100\text{kW}$$

物流S_1的热力学平均温度为

$$T_{\text{H}}=\frac{(300+273)-(200+273)}{\ln\dfrac{(300+273)}{(200+273)}}=521.4\text{K}$$

物流S_2的热力学平均温度为

$$T_{\text{C}}=\frac{(200+273)-(100+273)}{\ln\dfrac{(200+273)}{(100+273)}}=421.0\text{K}$$

若环境温度取为293K，则直接混合传热过程的有效能损失为

$$L_{\text{W1}}=\frac{QT_0}{T_{\text{H}}T_{\text{C}}}(T_{\text{H}}-T_{\text{C}})=\frac{100\times293}{521.4\times421.0}(521.4-421.0)=13.4\text{kW}$$

情况2：假设有2个物流，S_3的温度为250℃，热容流率$CP_3=2.0\text{kW/℃}$；S_4的温度为150℃，热容流率$CP_4=2.0\text{kW/℃}$。求两物流混合传热过程的有效能损失？

同样，该两物流混合后的温度经热衡算求出为

$$T_{\text{mix}}=\frac{250+150}{2}=200℃$$

混合中的传热负荷为物流S_3放出的热量

$$Q=(250-200)\times2.0=100\text{kW}$$

或物流S_4吸收的热量

$$Q=(200-150)\times2.0=100\text{kW}$$

物流S_3的热力学平均温度为

$$T_{\text{H}}=\frac{(250+273)-(200+273)}{\ln\dfrac{(250+273)}{(200+273)}}=497.6\text{K}$$

物流S_4的热力学平均温度为

$$T_{\text{C}}=\frac{(200+273)-(150+273)}{\ln\dfrac{(200+273)}{(150+273)}}=447.5\text{K}$$

若环境温度取为293K，则直接混合传热过程的有效能损失为

$$L_{\text{W2}}=\frac{QT_0}{T_{\text{H}}T_{\text{C}}}(T_{\text{H}}-T_{\text{C}})=\frac{100\times293}{497.6\times447.5}(497.6-447.5)=6.6\text{kW}$$

从上面的计算结果可知，情况1为温度为300℃的热物流 S_1，和温度为100℃的冷物流 S_2 混合直接换热，相比于情况2温度为250℃的热物流 S_3，和温度为150℃的冷物流 S_4 混合直接换热，在换热量均为100kW的条件下，物流温度相差很大时的冷、热物流混合（情况1）的有效能损失 L_{W1} 大于物流温度接近时的冷、热物流混合（情况2）的有效能损失 L_{W2}。因此，在进行物流分支时，要尽可能使两分支流股的出口温度接近，以减少传热过程有效能损失。

如图3-42(b)所示，按照物流各分支换热后的温度相等来分配热物流 H_2 两个分支的热容流率，可计算如下：

设通过换热器4的热容流率为 CP，则通过换热器3的热容流率为（$4-CP$），按两分支换热后的温度皆为 x，可写出下列热量衡算方程。

对换热器4：
$$CP(150-x)=22 \tag{3-16}$$

对换热器3：
$$(4-CP)(150-x)=240 \tag{3-17}$$

式(3-16)、式(3-17)联立得

$$(4-CP)\frac{22}{CP}=240$$

求出
$$CP=0.34\text{kW/℃}$$

则
$$x\approx 85.3\text{℃}$$

此时应检验一下换热器3和4传热温差的可行性。换热器4右端传热温差为 $85.3-86.8=-1.5$℃，小于规定的最小允许传热温差 $\Delta T_{min}=10$℃，所以此时应当增大通过换热器4的分支的热容流率 CP，以提高换热器4中热流体的出口温度，即应使 x 升高到 $86.8+10=96.8$℃，则由方程式(3-16)可求出 $CP=0.414$kW/℃。按3.6.2节中的经验规则2，为使换热器4中匹配的冷、热物流的热容流率接近，CP 应继续增大，但也存在一个限度，其最大限度就是分配给换热器3的热容流率最小。也就是说，使该分支物流通过换热器3的温度降最大，该温度降的最大值与 ΔT_{min} 有关。此外，最大温度降为 $150-(60+\Delta T_{min})=150-(60+10)=80$℃，所以分配给换热器3的最小热容流率为 $240/80=3.0$kW/℃，则分配给换热器4的热容流率为 $CP=4.0-3.0=1.0$kW/℃。由此，分配给换热器4的热容流率 CP 取值在0.414～1.0kW/℃之间都是可行的，根据经验规则及具体过程的要求，可从中选择。这样，换热器3和4的传热温差都符合要求了，系统中其他单元设备都没有变化，所以如图3-42(b)所示为一新的可行流程结构。

上述即为补充的回路断开方式，采用该方式可继续对如图3-42(b)所示的结构进行调优。例如，在该结构中识别出第一级回路（2,5），经过对物流 C_2 分支，把换热单元5合并到换热单元2，得到如图3-42(c)所示的结构，从而把换热器个数从7个减少到5个。

3.7.3 热负荷路径及能量松弛

现在对［例3-6］利用夹点技术法设计得到的具有最大热回收（或需要最小公用工程加热与冷却负荷）的系统网络结构［见图3-43(a)］进行分析和调优，并探讨如何通过热负荷路径上的能量松弛来调整不满足最小传热温差 ΔT_{min} 约束的换热器，使其恢复到 ΔT_{min}。

对如图 3-43(a) 所示的换热网络进行最少换热设备个数分析。对夹点左端（即夹点

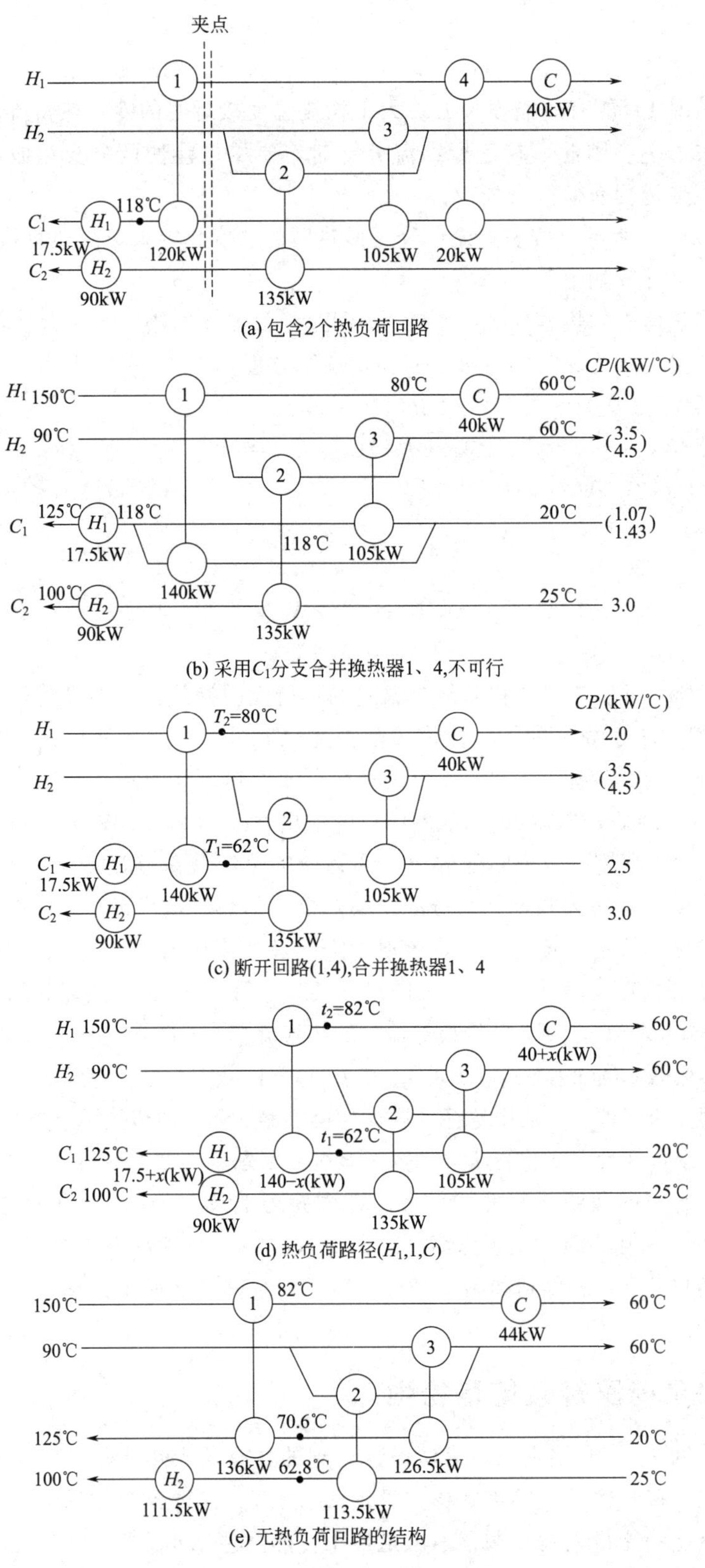

(a) 包含2个热负荷回路

(b) 采用C_1分支合并换热器1、4,不可行

(c) 断开回路(1,4),合并换热器1、4

(d) 热负荷路径(H_1,1,C)

(e) 无热负荷回路的结构

图 3-43　采用能量松弛法进行调优

上方，热端)，包含的物流数 $N=1$(热物流数)+2(冷物流数)+1(公用工程加热物流数)=4，热负荷回路数 $L=0$，独立的子系统数 $S=1$。则夹点左端最少设备数为

$$U_{\min,左}=N-1=4-1=3$$

对夹点右端（即夹点下方，冷端)，包括的物流数为 $N=2$(热物流数)+2(冷物流数)+1(公用工程冷却物流数)=5，热负荷回路数 $L=0$，独立的子系统数 $S=1$。则夹点右端最少设备数为

$$U_{\min,右}=N-1=5-1=4$$

该系统总的设备单元数为

$$U=U_{\min,左}+U_{\min,右}=3+4=7$$

但若将夹点两边合起来作为一个系统来考虑，则包含的物流数为 $N=2$(热物流数)+2(冷物流数)+1(公用工程加热物流数)+1(公用工程冷却物流数)=6，独立的子系统数$S=1$。则该系统的最少单元应为

$$U_{\min}=N-1=6-1=5$$

但如图3-43(a) 所示结构中实际的设备单元数为 $U=7$，固其中一定存在2个热负荷回路。经识别可知，热负荷回路有 (1,4) 及 (H_1,3,2,H_2)。首先断开级数低的一级回路 (1,4)，采用补充的回路断开方式。

冷物流 C_1分支，然后合并换热器1、4，C_1通过换热器1的分支热容流率=(120+20)/(118−20)=1.43kW/℃，如图3-43(b) 所示。但换热器3左端的热、冷物流传热温差变为90−118=−28℃，与允许的 $\Delta T_{\min}$相矛盾，所以不能采用该补充的回路断开方式。由于如图3-43(a) 中的换热器4的热负荷较小，仅为20kW，远小于换热器1的热负荷120kW，因此，可以尝试采用基本的回路断开方式。

采用基本的回路断开方式断开回路 (1,4)，直接合并换热器1及换热器4，如图3-43(c) 所示的结构。换热器1右端的传热温差为 $T_2-T_1=18$，小于规定的 $\Delta T_{\min}=20$℃。这是因为热负荷回路 (1,4) 跨过了夹点，当断开回路后，必然有一定的热负荷通过夹点，此时若不增加公用工程加热及冷却负荷，会产生违背允许传热温差 $\Delta T_{\min}$的匹配。这里应当想办法使换热器1的传热温差满足 $\Delta T_{\min}$，为此引出“热负荷路径”的概念。

“热负荷路径”是在加热器和冷却器间由物流和换热器连接而成的，如图3-43(c) 所示，加热器 H_1、物流 C_1、换热器1、物流 H_1和冷却器 C 构成了一个热负荷路径(H_1,1,C)。热负荷可以这样在热负荷路径中转移：例如，在加热器 H_1上增加热负荷 x，在换热器1上减少热负荷 x，在冷却器 C 上增加热负荷 x，热负荷沿该路径转移后，与该路径有关的物流的总热负荷不变，但换热设备的热负荷及其传热温差是变化的，因此可以计算出转移热负荷 x，以使换热器1的传热温差达到最小的传热温差 $\Delta T_{\min}$。如图3-43(d) 所示，计算过程如下。

换热器3的热负荷为105kW，该值没变，所以 $T_1=62$℃也不会改变，为此，要确定热负荷 x，以使 t_2由80℃升至 $62+\Delta T_{\min}=82$℃。对换热器1，可列出热衡算式

$$140-x=2\times(150-t_2)$$

式中，数值2为热物流 H_1的热容流率 CP(kW/℃)。

又知 $t_2=82$，则

$$x=140-2\times(150-82)=4\text{kW}$$

即加热器 H_1 及冷却器 C 分别增加 $x=4\text{kW}$ 的热负荷，使换热器1的热、冷物流间的传热温差恢复到 $\Delta T_{\min}=20$℃，这称为能量松弛。以此为代价，减少了1个设备单元(换热器4)，而且不违背最小允许传热温差的规定。

图3-43(d)中仍然存在热负荷回路(H_1,3,2,H_2)，若断开该回路，合并掉加热器 H_1，得到如图3-43(e)所示的结构。但换热器1右端传热温差为82−70.6=11.4℃，换热器3左端温差为90−70.6=19.4℃，皆不满足 $\Delta T_{\min}$ 的要求，虽然此时达到了该系统的最少设备单元数 $U_{\min}=5$。所以热负荷回路(H_1,3,2,H_2)不能断开，由上可以看出，$\Delta T_{\min}$ 的选择对换热器网络影响很大，而且存在一个最优的 $\Delta T_{\min}$，选择该值，换热网络的投资费与操作费总和会最小。

【例3-7】 设计一换热器网络，该系统包含的工艺物流为3个热物流和3个冷物流，物流数据见表3-15。规定最小的允许传热温差 $\Delta T_{\min}=20$℃。

表3-15 [例3-7]物流数据

物流标号	热容流率 CP /(kW/℃)	初始温度 T_s /℃	终了温度 T_t /℃	热负荷 Q /kW
H_1	12.56	271	149	1532
H_2	10.55	249	138	1171
H_3	14.77	227	66	2378
C_1	6.08	116	222	645
C_2	8.44	38	221	1545
C_3	13.90	93	205	1557

解：由题中给出的数据，列出问题表格(1)见表3-16。

现对该问题表格中的11个子网络作热衡算。

SN_1：$D_1=I_1-O_1=(0-12.56)(271-249)=-276.32\text{kW}$

$I_1=0$

$O_1=I_1-D_1=276.32\text{kW}$

SN_2：$D_2=I_2-O_2=(0-12.56-10.55)(249-242)=-161.77\text{kW}$

$I_2=O_1=276.32\text{kW}$

$O_2=I_2-D_2=438.09\text{kW}$

SN_3：$D_3=I_3-O_3=(6.08-12.56-10.55)(242-241)=-17.03\text{kW}$

$I_3=O_2=438.09\text{kW}$

$O_3=I_3-D_3=455.15\text{kW}$

SN_4：$D_4=I_4-O_4=(6.08+8.44-12.56-10.55)(241-227)=-120.26\text{kW}$

$I_4=O_3=455.15\text{kW}$

$O_4=I_4-D_4=575.41\text{kW}$

SN_5：$D_5=I_5-O_5=(6.08+8.44-12.56-10.55-14.77)(227-225)=-46.72\text{kW}$

$I_5=O_4=575.41\text{kW}$

$O_5=I_5-D_5=575.41+46.72=622.13\text{kW}$

SN_6：$D_6=I_6-O_6=(6.08+8.44+13.90-10.55-14.77)(225-149)$

$=-718.96\text{kW}$

$I_6=O_5=622.13\text{kW}$

$O_6=I_6-D_6=622.13+718.96=1341.09\text{kW}$

SN_7：$D_7=I_7-O_7=(6.08+8.44+13.90-10.55-14.77)(149-138)=34.1\text{kW}$

$I_7=O_6=1341.09\text{kW}$

$O_7=I_7-D_7=1341.09-34.1=1306.99\text{kW}$

SN_8：$D_8=I_8-O_8=(6.08+8.44+13.90-14.77)(138-136)=27.3\text{kW}$

$I_8=O_7=1306.99\text{kW}$

$O_8=I_8-D_8=1306.99-27.3=1279.69\text{kW}$

SN_9：$D_9=I_9-O_9=(8.44+13.90-14.77)(136-113)=174.11\text{kW}$

$I_9=O_8=1209.69\text{kW}$

$O_9=I_9-D_9=1206.69-174.11=1105.58\text{kW}$

SN_{10}：$D_{10}=I_{10}-O_{10}=(8.44-14.77)(113-66)=-297.51\text{kW}$

$I_{10}=O_9=1105.58\text{kW}$

$O_{10}=I_{10}-D_{10}=1105.58+297.51=1403.09\text{kW}$

SN_{11}：$D_{11}=I_{11}-O_{11}=(8.44-0)(66-58)=67.52\text{kW}$

$I_{11}=O_{10}=1403.09\text{kW}$

$O_{11}=I_{11}-D_{11}=1403.09-67.52=1335.57\text{kW}$

表 3-16 问题表格（1）（$\Delta T_{min}=20℃$）

子网络	冷物流	温度/℃		热物流
			271	
SN_1				
			249	
SN_2				
		222	242	
SN_3				
		221	241	
SN_4				H_1
			227	
SN_5				H_2
		205	225	
SN_6	C_1			
			149	
SN_7				
			138	
SN_8	C_2　C_3			H_3
		116	136	
SN_9				
		93	113	
SN_{10}				
			66	
SN_{11}				
		38	58	

计算结束，结果见表 3-17，由表中数字可见，各子网络间的输入、输出热量 I_k、O_k 皆为正值，且没有为零的，这就说明该系统不存在夹点，该系统不需要公用工程加热物流，只需要公用工程冷却物流，冷却负荷是 1335.57kW。

表 3-17 问题表格（2）（$\Delta T_{min}=20℃$）

子网络	赤字 D_k /kW	热流量/kW	
		输入 I_k	输出 O_k
SN_1	−276.32	0.00	276.32
SN_2	−161.77	276.32	438.09
SN_3	−17.06	438.09	455.15
SN_4	−120.26	455.15	575.41

续表

子网络	赤字 D_k /kW	热流量/kW	
		输入 I_k	输出 O_k
SN_5	−46.72	575.41	622.13
SN_6	−718.96	622.13	1341.09
SN_7	34.1	1341.09	1306.99
SN_8	27.3	1306.99	1279.69
SN_9	174.11	1279.69	1105.58
SN_{10}	−297.51	1105.58	1403.09
SN_{11}	67.52	1403.09	1335.57

如图 3-44 所示，在 T-H 图上标绘出热物流的组合曲线 a 和冷物流的组合曲线 e，当最小允许传热温差为 $\Delta T_{\min}=20℃$ 时，冷物流的组合曲线位于 b 线，b 线完全在 a 线之下，所以不需要公用工程加热物流。当 b 线右移至 c 线时，a 线与 c 线的右端在同一垂线上，此时 c 线仍完全在 a 线之下，所需公用工程冷却负荷不变，仍为 1335.57kW。由图中可测出此时热、冷物流间的最小传热温差为 41℃，该 41℃ 称做门槛温度差 ΔT_{Th}。

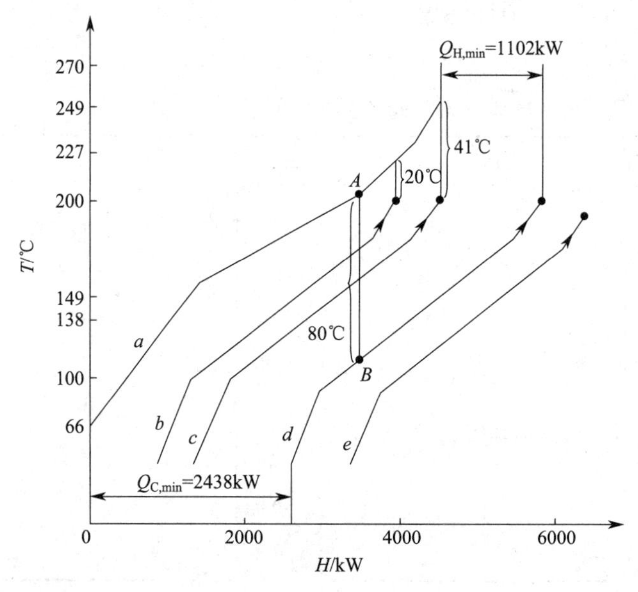

图 3-44 ［例 3-7］的 T-H 图

现在分析一下选择 $\Delta T_{\min}=20℃$ 合适还是 $\Delta T_{\min}=\Delta T_{\text{Th}}=41℃$ 合适？当选择 $\Delta T_{\min}=20℃$ 时，如图 3-44 所示，为曲线 a 与 b 之间的匹配，可见有一部分高温位的热流体没有用于热回收传热，白白地为公用工程冷却物流带走热量。当选择 $\Delta T_{\min}=41℃$ 时，为如图 3-44 所示的曲线 a 与 c 之间的匹配，此时传热温差比前者大一倍多，热回收负荷与前者相同（曲线 b 或曲线 c 皆在曲线 a 下方），所以需用传热面积要小得多。由上面的简单分析可知，取 $\Delta T_{\min}=\Delta T_{\text{Th}}=41℃$ 合适。

当选择 $\Delta T_{\min}=80℃$ 时，如图中的曲线 d 所示。此时需公用工程加热负荷 $Q_{\text{H,min}}=1102\text{kW}$；需公用工程冷却负荷 $Q_{\text{C,min}}=2438\text{kW}$，$AB$ 处即为夹点。

通过上面的讨论，可以得出这样的结论：①并不是所有的换热网络都存在夹点。

②换热器网络中存在一个门槛传热温度差ΔT_{Th}，当选择的最小允许传热温差$\Delta T_{min} \leqslant \Delta T_{Th}$时，不会出现夹点，此时只需要公用工程加热负荷或者公用工程冷却负荷。只有当$\Delta T_{min} > \Delta T_{Th}$时，才会出现夹点，此时，同时需要公用工程加热与冷却负荷，而且随着ΔT_{min}的增大，公用工程负荷也增加。

为了使该例系统中出现夹点，现选择$\Delta T_{min}=80℃$，进行换热器网络的综合。

(1) 根据已知的物流数据及选择的最小允许传热温差$\Delta T_{min}=80℃$，用问题表格法确定夹点位置及所需的最小公用工程加热负荷$Q_{H,min}$和最小公用工程冷却负荷$Q_{C,min}$，结果见表3-18、表3-19。由表3-19右边两列数据可知，夹点位于SN_5和SN_6之间，所需的最小公用工程加热负荷$Q_{H,min}=1102kW$；需公用工程冷却负荷$Q_{C,min}=2438kW$，由表3-18可知，夹点处热物流温度为227℃，冷物流温度为147℃。

表 3-18 问题表格 (1)($\Delta T_{min}=80℃$)

子网络	冷物流	温度/℃		热物流
		222	302	
SN_1		221	301	
SN_2		205	285	
SN_3	C_1 6.08	191	271	
SN_4		169	249	
SN_5	C_2 8.44；C_3 13.90	147	227	
SN_6		116	196	H_1 12.56
SN_7		93	173	H_2 10.55
SN_8		69	149	H_3 14.77
SN_9		58	138	
SN_{10}		38	118	
SN_{11}			66	

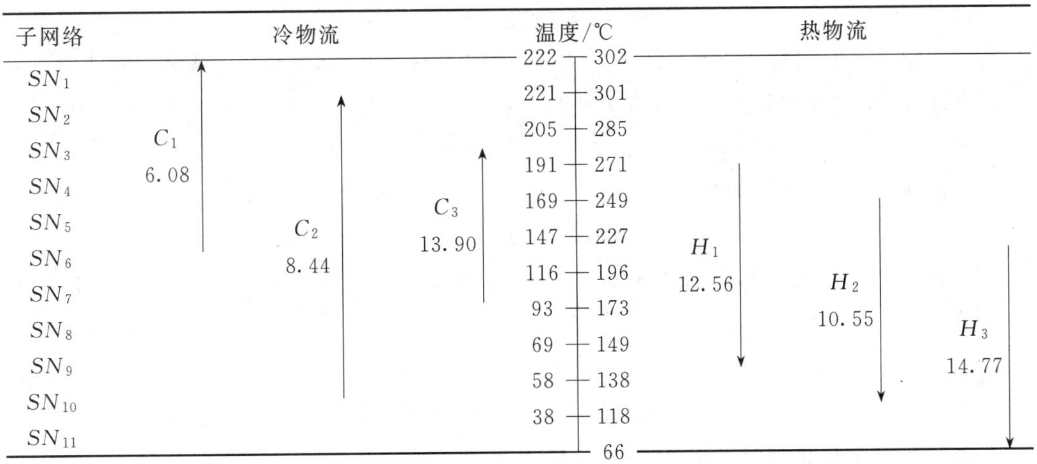

表 3-19 问题表格 (2)($\Delta T_{min}=80℃$)

子网络	赤字 D_k /kW	热流量/kW			
		无外界输入热量		有外界输入热量	
		I_k	O_k	I_k	O_k
SN_1	6.08	0.0	−6.08	1102	1096
SN_2	232	−6.08	−238	1096	864
SN_3	398	−238	−636	864	466
SN_4	349	−636	−985	466	117
SN_5	117	−985	−1102	117	0
SN_6	−293	−1102	−809	0	293
SN_7	−357	−809	−452	293	650
SN_8	−707	−452	255	650	1357
SN_9	−186	255	441	1357	1543
SN_{10}	−127	441	568	1543	1670
SN_{11}	−768	568	1336	1670	2438

(2) 按夹点设计法可行性规则及经验规则，选择物流间的匹配、换热方案及设置加热器和冷却器。

对 SN_1，见表 3-18，该区间只有冷物流 C_1，没有热物流，所以设置加热器，加热负荷为

$$H_1=6.08\times(222-221)=6.08\text{kW}$$

对 SN_2，该区间有冷物流 C_1 和 C_2，没有热物流，所以需设置 2 个加热器，加热负荷为

$$H_2=6.08\times(221-205)=97\text{kW}$$

$$H_3=8.44\times(221-205)=135\text{kW}$$

对 SN_3，该区间有冷物流 C_1、C_2 和 C_3，没有热物流，所以需设置 3 个加热器，加热负荷为

$$H_4=6.08\times(205-191)=85\text{kW}$$

$$H_5=8.44\times(205-191)=118\text{kW}$$

$$H_6=13.90\times(205-191)=195\text{kW}$$

对 SN_4，该区间有 3 个冷物流 C_1、C_2 和 C_3 及热物流 H_1，该处不是夹点，所以只按经验规则选择热容流率相近的热、冷物流匹配。则 H_1 与 C_3 匹配，设置换热器 1，热负荷为

$$E_1=12.56\times(271-249)=276\text{kW}$$

而冷物流 C_3 在该子网络中剩下的热负荷，需设置加热器 H_9 来完成，热负荷为

$$H_9=13.90\times(271-249)-276=30\text{kW}$$

在该间隔中已无热物流同冷物流 C_1、C_2 匹配，只能设置两个加热器 H_7 和 H_8，加热负荷为

$$H_7=6.08\times(191-169)=134\text{kW}$$

$$H_8=8.44\times(191-169)=186\text{kW}$$

上述 4 个子网络的结构如图 3-45(a) 所示。

对 SN_5，该子网络紧挨着夹点，要按夹点上方的匹配规则选择物流间的匹配换热。其中有冷物流 C_1、C_2 和 C_3 及热物流 H_1、H_2，符合夹点匹配可行性规则 1，即 $N_{in}=N_H=2$，$N_{out}=N_C=3$，满足 $N_H\leqslant N_C$，按夹点匹配可行性规则 2，要求满足不等式 $CP_H\leqslant CP_C$，物流 H_1 同 C_3 匹配换热是可行的，由换热器 2 完成，冷物流 C_3 余下的热负荷由加热器 H_{10} 完成。热物流 H_2 需要分支才能符合匹配规则，因其热容流率比冷物流 C_1、C_2 的热容流率都大。H_2 的分支热容流率这样确定：1 个分支的热容流率取为 6.08kW/℃，与冷物流 C_1 相同，设置换热器 3，可一次完成 C_1 所需的热负荷，否则就要设置加热器，增加了设备单元数。热物流 H_2 另一分支的热容流率为 10.55－6.08＝4.47kW/℃，再同 C_2 匹配，设置换热器 4。冷物流 C_2 余下的热负荷由设置的加热器 H_{11} 来完成。该子网络的匹配结构如图 3-45(b) 所示。

读者会想到，若 H_2 的一个分支热容流率取为 8.44kW/℃，与冷物流 C_2 相同，这可一次完成 C_2 所需的热负荷；H_2 另一个分支的热容流率为 10.55－8.44＝2.11kW/℃，再同 C_1 匹配；冷物流 C_1 剩下的热负荷由设置加热器来完成。这也是一个可行的方案，但该方案中 H_2 同 C_1 匹配的热容流率比是 2.11/6.08＝0.347，即匹配换热的热、冷流体热容流率相差较大，将近 3 倍，会带来一些不利，而前一方案中 H_2 与 C_2 匹配换热的热容流率比是 4.47/8.44＝0.53，相差不到 1 倍。

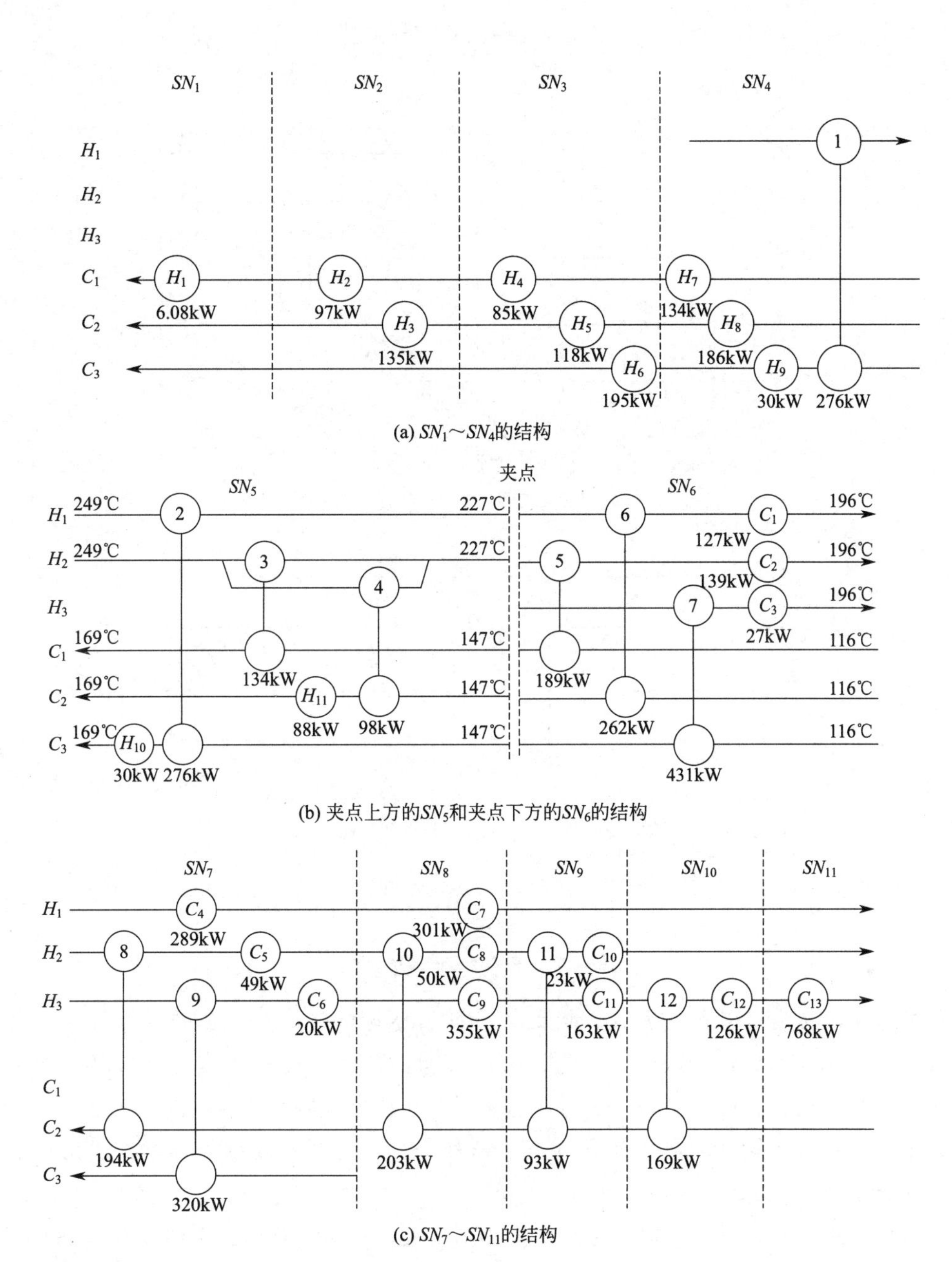

(a) $SN_1 \sim SN_4$的结构

(b) 夹点上方的SN_5和夹点下方的SN_6的结构

(c) $SN_7 \sim SN_{11}$的结构

图 3-45　网络结构

对SN_6，该子网络紧挨着夹点，要按夹点下方的匹配规则选择物流间的匹配换热。其中有冷物流C_1、C_2和C_3及热物流H_1、H_2、H_3，所以物流不必分支就可以符合夹点匹配可行性规则 1 和 2，即满足$N_H \geqslant N_C$以及$CP_H \geqslant CP_C$。按热、冷物流热容流率相近的经验规则匹配换热，得到换热器 5、6、7，再设置 3 个冷却器C_1、C_2、C_3去完成 3 个热流剩下的热负荷，匹配流程结构如图 3-45(b) 所示。

对$SN_7 \sim SN_{11}$，其已离开夹点，按热容流率相近的热、冷物流相匹配的经验规则，得到的匹配结构如图 3-45(c) 所示。

(3) 夹点上方的调优处理。为减少设备单元数，把同一冷物流上的所有加热器合并为一个加热器，得到如图 3-46(a) 所示的结构。

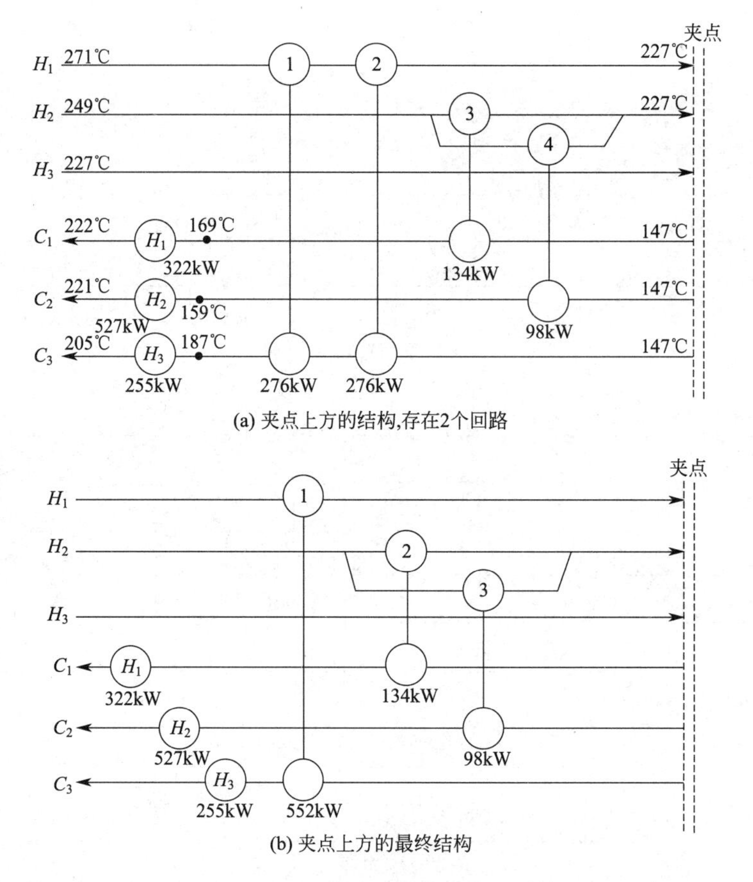

(a) 夹点上方的结构,存在2个回路

(b) 夹点上方的最终结构

图 3-46　夹点上方的调优处理

经识别，换热器 1 和换热器 2 构成第一级热负荷回路，可以合并。传热温差大于 $\Delta T_{min}=80℃$，所以该回路可断开。又（H_1,3,4,H_2）也是一个热负荷回路，但不能断开。例如，把具有热负荷 98kW 的换热器 4 合并掉，检验传热温差则小于 ΔT_{min}。所以最终得到如图 3-46(b) 所示的夹点上方的结构，具有 6 个换热设备单元，比最少设备单元数多 1，因为还存在一个热负荷回路。

(4) 夹点下方的调优处理。为减少设备单元数，把同一热物流上的冷却器合并成一个冷却器，得到如图 3-47(a) 所示的结构。由图可见，换热器 8、10 和 11 都为物流 H_2 同 C_2 间的匹配，可合并成一个换热器，换热器 7 和 9 也可合并，不会影响传热温差，则简化成如图 3-47(b) 所示的网络结构。从该图中可识别出热负荷回路，首先断开远离夹点的热负荷回路（C_2,8,9,C_3），合并掉换热器 9，经校验传热温差为可行。再断开回路（C_1,6,8,C_2），合并掉冷却器 C_2，经校验传热温差为可行。得到如图 3-47(c) 所示的网络结构，已经达到最少的传热设备单元数

$$U_{min}=3(\text{热物流数})+3(\text{冷物流数})+1(\text{公用工程冷却物流数})-1=6$$

(5) 整个网络的调优处理，如图 3-48 所示。

① 把上述第 (3)、(4) 步得出的夹点上方与下方调优后的结构合并起来，得到如

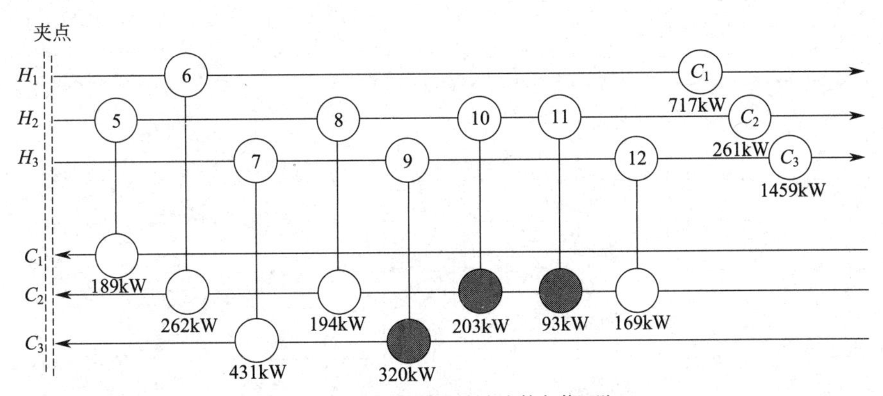

(a) 夹点下方的结构,存在多个热负荷回路

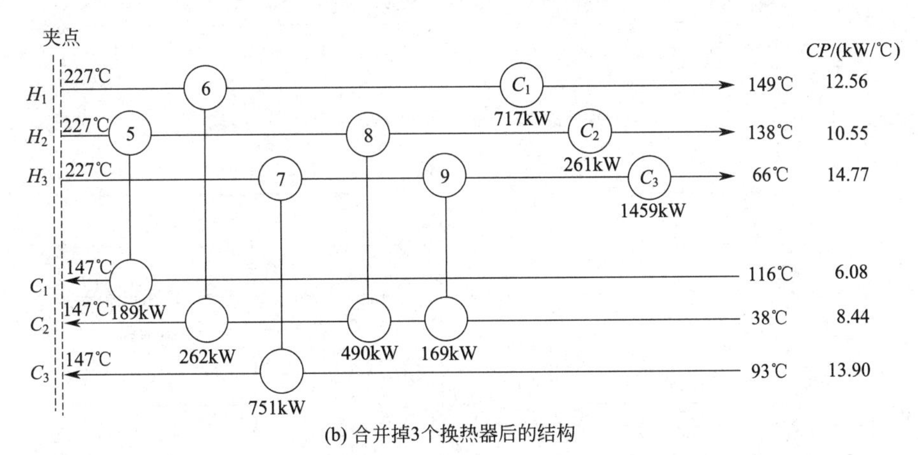

(b) 合并掉3个换热器后的结构

夹点

H_1　213℃　149℃

H_2　209℃　138℃

H_3　176℃　66℃

811kW　1628kW

C_1　189kW　116℃

C_2　127℃　170kW　751kW　38℃

C_3　751kW　93℃

(c) 夹点下方的最终结构

图 3-47　夹点下方的调优处理

图 3-48(a) 所示的整个网络结构，该网络具有最大能量回收的特征，而且满足最小传热温差 ΔT_{min}的要求。

② 夹点上方与下方已合并为一个整体换热器网络，如图 3-48(a) 所示。则该系统的最小换热设备数应为

U_{min}=3(热物流数)+3(冷物流数)+1(公用工程冷却物流数)+1(公用工程加热物流数)−1=7

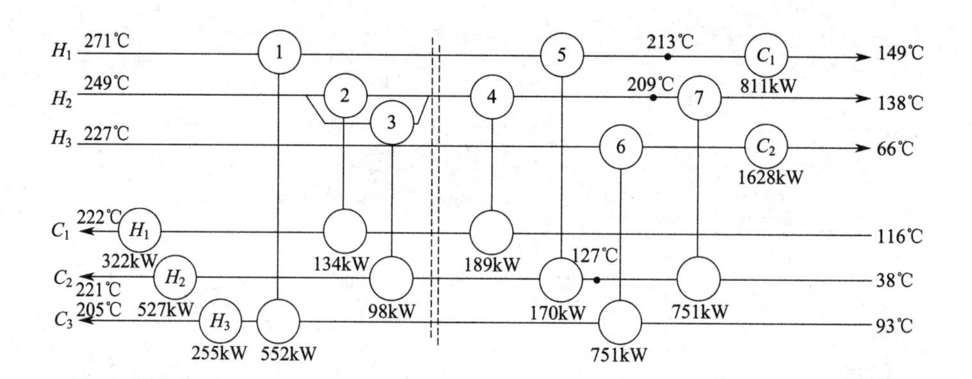

(a) 具有最大能量回收的结构

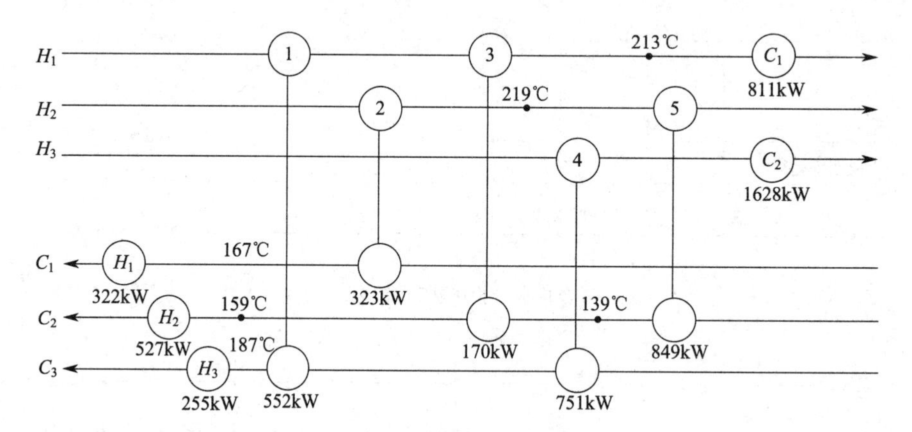

(b) 断开回路(2,4)、(3,7)后的网络

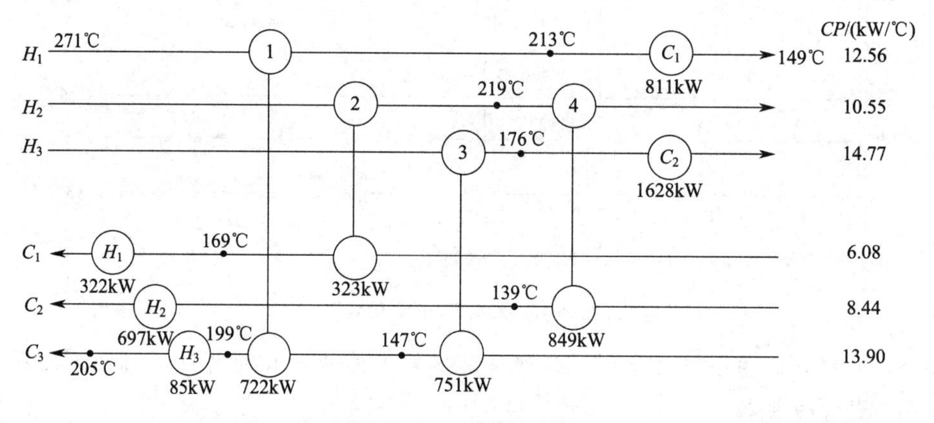

(c) 再断开回路(H_3,1,3,H_2)后的结构

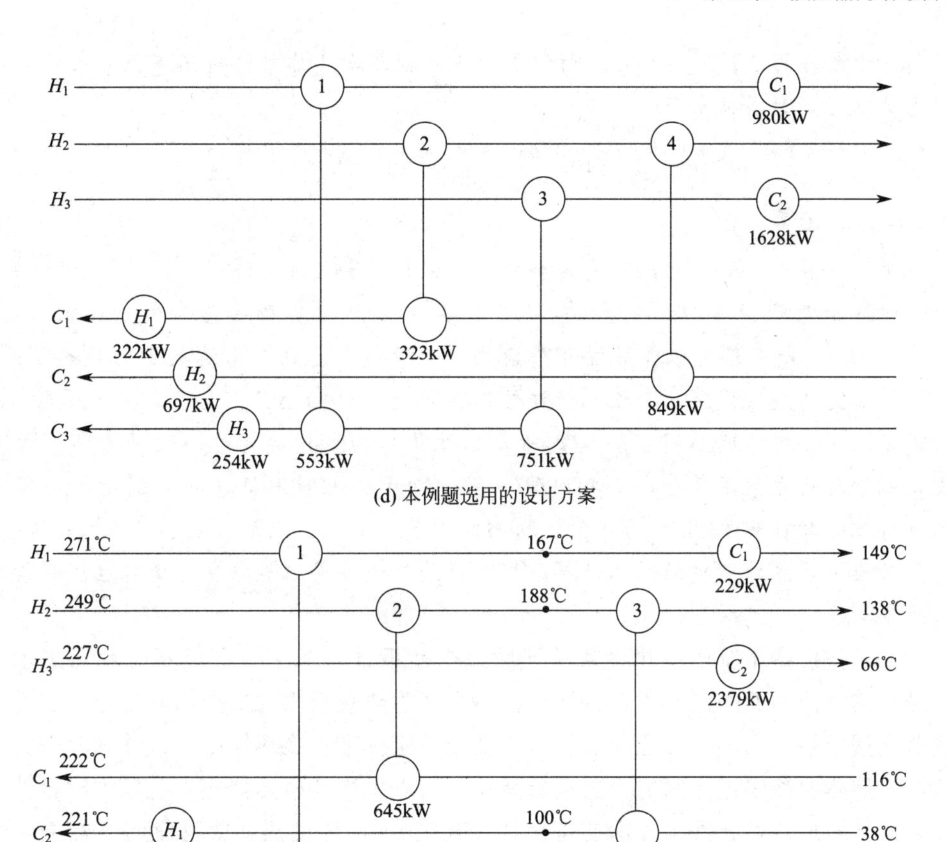

(d) 本例题选用的设计方案

(e)换热设备数达到最少时的方案;但传热温差小于允许值ΔT_{min}太多

图 3-48 调优结果

但该系统现有换热设备单元数为 12 个，说明系统中存在 12－7＝5 个热负荷回路，所以仍需断开回路，减少换热设备。首先识别出第一级热负荷回路（2,4）和（3,7）并断开，得到如图 3-48(b) 所示的网络结构。通常是将热负荷小的换热器合并到热负荷大的换热器上。作传热温差检验，换热器 3 右端传热温差为 213－139＝74℃，小于允许值ΔT_{min}＝80℃，但差值较小，暂且放下，以后再处理。又识别出热负荷回路（H_3,1,3,H_2），合并掉换热器 3，得到如图 3-48(c) 所示的结构。作温差校验，换热器 1 的两侧传热温差分别为 271－199＝72℃及 213－147＝66℃，都小于允许值 ΔT_{min}＝80℃。

③ 采用能量松弛，使换热器 1 的传热温差恢复到允许的 ΔT_{min}。如图 3-48(c) 所示，首先找出热负荷路径（H_3,1,C_1）。下面确定松弛能量的数值。对换热器 1 的左端，设加热器 H_3 需增加负荷 xkW，则可列出传热温差的方程式

$$271-\left(205-\frac{85+x}{13.90}\right)=80$$

解出 $x=110\text{kW}$。

当然，冷却器 C_1 的热负荷也要增加，则换热器 1 右端的传热温差变为

$$271-\frac{722-x}{12.56}-147=\left(271-\frac{722-110}{12.56}\right)-147=75℃$$

仍小于允许的 $\Delta T_{min}=80℃$，所以应以满足换热器 1 右端的传热温差为条件来确定松弛能量 y 值，计算式如下

$$\left(149+\frac{811+y}{12.56}\right)-147=80$$

解出 $y=169kW$。

此时换热器 1 左端传热温差肯定会满足，经计算为 271－187＝84℃。能量松弛后，得到的网络示意于图 3-48(d)。该网络中仍存在 2 个热负荷回路（$H_1,2,4,H_2$）和（$C_1,1,3,C_2$），断开后可以合并掉 2 个换热单元设备，达到全系统最少的换热单元数，为 7 个，如图 3-48(e) 所示。但此时传热温差偏离允许的 ΔT_{min} 太多，如换热器 2，流程已明显地不合理。故如图 3-48(d) 所示的结构作为本例题的选用设计方案，该方案与最大能量回收方案图 3-48(a) 相比较，是以能量松弛 169kW，即分别增加公用工程加热负荷及冷却负荷 169kW 为代价，从而减少了 3 个换热单元。至于经济上是否合理，还需要对换热系统作严格的模拟计算，得到详细的设备面积等信息，进行经济评价才能得出结论。

注意，使换热系统中换热设备单元数最少是设计目标之一，但不能片面追求。通常，经过热负荷回路的断开，合并换热器后会产生热负荷很大的换热器。但工程设计中换热器是按规格选用的，可能该换热器需几个一定标准的换热器串联或并联起来完成其热负荷，使热、冷物流之间的传热温差减小。所以，当某换热器热负荷较大时，就不一定需要同其他换热器合并了（即使符合合并规则），而要使热、冷物流间传热温差的分配比较合理，系统所需的传热面积也尽可能小。

3.8 分步综合换热器网络的数学规划法——转运模型法

上述基于 T-H 图法和夹点技术进行的换热器网络综合可以在给定 ΔT_{min} 的前提下，达到最小公用工程消耗的设计目标，即网络系统具有最大的热回收和最小的操作费用，同时尽可能小的换热面积。然后再通过回路断开、热负荷回路及能量松弛的调优方式，尽可能地减少换热设备单元数。但是以上的换热器网络的综合方法属于分步计算方法，难以同时考虑公用工程用量、换热面积和换热单元数三个子目标之间的权衡优化，而且，最小传热温差 ΔT_{min} 通常是根据生产经验给定的，不能在网络综合过程中同步考虑换热器网络结构和面积分配对投资费用的影响，因而往往很难获得最优的换热器网络系统。

随着计算机技术的发展，换热器网络的研究出现了一个新的分支——数学规划法。数学规划法的基本做法是将所研究的问题整理成由目标函数和约束条件表示的数学模型（包括线性规划 LP，非线性规划 NLP，混合整数线性规划 MILP 和混合整数非线性规划 MINLP 模型），并根据数学模型的类型选择适宜的优化方法进行求解，求得满足上述约束条件并使目标函数最小（或最大）的解。

根据对换热器网络优化设计三个不同费用目标（公用工程用量、换热面积和换热设备台数）的权衡步骤不同，数学规划法综合换热器网络可分为分步综合和同步综合两类方法。其中分步综合方法具有代表性的是转运模型方法[58]。

Papoulias 和 Grossmann[58]采用结构参数法（structural parameter approach）综合换热器网络，所提出的转运模型算法的主要步骤为：第一步，首先在给定的最小传热温差 HRAT 的条件下，使用 LP 转运模型来确定夹点位置与最小公用工程消耗，通过夹点划分子网络；第二步，求解各子网络的 MILP 模型，确定网络的最少单元数、流股的匹配及其热负荷；第三步，在热负荷和匹配固定的条件下，再通过求解 NLP 得到最小的换热面积，以确定最优的网络结果。

具有最小公用工程费用以及最小换热设备数的换热器网络可以认为是接近最优的了。用该模型还可以处理包含物流分支及物流间的匹配有约束的问题，并能把热回收网络与整个化工生产系统的综合统在一起，用混合整数规划求解，所以该方法是一个值得发展的方法。

用数学规划法求解换热器网络的最优综合问题，首先需要对换热器网络进行恰当的数学描述，在此基础上建立数学模型。通常对换热器网络最优综合问题的描述如下：

在一个生产过程系统中，热工艺流股有 N_H 股，需要由初始温度 T_s 冷却到目标温度 T_t，以集合的形式表示为 $H=\{i|i=1,2,\cdots,N_H\}$；冷工艺流股有 N_C 股，需要由初始温度 t_s 加热到目标温度 t_t，以集合的形式表示为 $C=\{j \mid j=1, 2, \cdots, N_C\}$。由于热流股的总热含量与冷流股的总热含量通常不相等，加上热力学对传热过程所需温差推动力的约束，通常需采用一组热公用工程物流（如燃料、加热蒸汽等），有 N_S 个，以集合的形式表示为 $S=\{m|m=1,2,\cdots,N_S\}$；以及一组冷公用工程物流（如冷却水、冷冻剂等），有 N_W 个，以集合的形式表示为 $W=\{n|n=1,2,\cdots,N_W\}$。换热器网络综合的目的是要确定热流股和冷流股的匹配顺序与换热量，使每个流股由初始温度达到目标温度，目标函数为网络的最小年度费用，其中包括公用工程费用、换热单元设备的固定费用、换热面积的费用。同时要满足每个冷、热流股的热平衡，每个换热器的热平衡，冷、热流股匹配的冷、热端的温差限制，每个冷、热流股经换热器换热后的温度限制等约束条件，从而在约束的可行区域中得到优化的换热网络结构。

3.8.1 转运模型

运输模型（transportation model）是确定把产品由生产厂直接运送到目的地的最佳网络，而转运模型（transshipment model）是确定把产品由生产厂经中间仓库再运送到目的地的最优网络的模型。对于换热器网络问题来说，可以建立如图 3-49 所示的转运

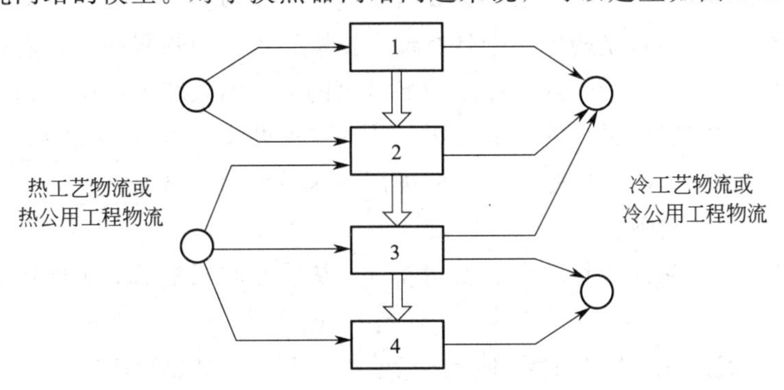

图 3-49　换热器网络的转运模型

温度间隔；——→ 热量流动方向；⇨ 剩余热量

模型。热量可以看作产品，“温度间隔”可以看成是中间仓库，目的地是冷源。热量通过中间的“温度间隔”送到冷物流，在每一个温度间隔内应该满足传热温差不小于允许的最小传热温差 $\Delta T_{\min}$。

在每一温度间隔，热量流动情况参见图 3-50，具体说明如下：

① 热量从包含在某一温度间隔中所有热工艺物流和热公用工程物流流入该温度间隔。

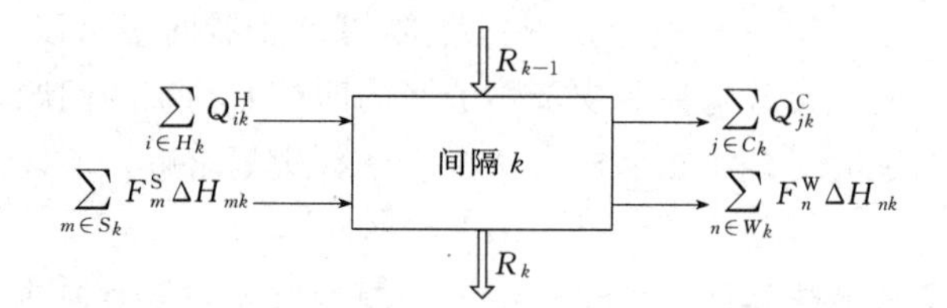

图 3-50 在每一个温度间隔热流示意图

② 热量从该温度间隔流出，进入到包含在该温度间隔中所有冷工艺物流和冷公用工程物流。

③ 该温度间隔中剩余的热量流到下一个较低温位的温度间隔中去。

④ 从温度较高的温度间隔进入该温度间隔的热量，不能再用于更高的温度间隔，这是因为热量不能自动地由低温流向高温。

该转运网络中包括的变量：从一个温度间隔流到下一个较低温度间隔的剩余热量，以及公用工程冷却、加热物流的流量。

把该转运网络模型数学公式化，就可用于推算最小公用工程费用，进而获得具有最少换热设备数目的网络。

根据上面的说明，可以建立相应的约束条件，但建立数学模型还需要解决如下两个问题：目标函数的确定和温度间隔的划分。

（1）目标函数的确定

由于可能满足要求的换热器网络数目极大以及由于约束条件相互制约而导致问题的非线性，对换热器网络综合能达到严格最优是非常困难的，所以需要对问题简化来缩小数学模型的求解维数，从而得到相当于最优或接近最优的结构，此时得到的结构虽然不一定是最优的网络，但为最终网络提供了一种较好的初始网络。问题的简化包括两方面：首先，消除问题的非线性因素，比如假定热容流率与温度无关等；其次，目标的简化，综合问题的目标不再是构造一个具有最小投资费用的换热器网络，而是分解为三步完成。①最少公用工程用量，这意味着网络最大的能量回收和最少的操作费用；②最少的换热设备数，这相当于最少的投资费用；③完成前两步，可以形成初始网络。对初始网络利用断开热回路和能量松弛的方法调优，形成最终的网络。

（2）温度间隔的划分

温度间隔的划分保证了每一个温度间隔冷、热物流间匹配的最小传热温差满足热力学要求。

设冷、热物流间允许匹配的最小传热温差为 $\Delta T_{\min}$。将热物流的初始目标温度减去 $\Delta T_{\min}$，形成的温度与冷物流的初始、目标温度由高温到低温排序，划分温度间隔，并给予标号 $k=1,2,\cdots,K$。利用这种方法划分温度间隔，可以保证在每个温度间隔内冷、热物流匹配可以满足最小的传热温差的要求。下面结合一例题说明温度间隔的划分。

【例 3-8】 一换热器网络的物流数据如表 3-20 所示，假定最小传热温差 $\Delta T_{min}=$ 20℃。试进行温度间隔的划分。

表 3-20　[例 3-8] 中换热器网络的物流数据（$\Delta T_{min}=20$℃）

物流序号	初始温度/℃	目标温度/℃
H_1	150	60
H_2	90	60
C_1	20	125
C_2	25	100

解： 该网络划分成 6 个温度间隔，把冷、热物流按照上述温度间隔标绘在表 3-21中。

表 3-21　[例 3-8] 中温度间隔的划分

子网络序号 k	冷物流及其温度 C_1	冷物流及其温度 C_2	冷物流温度/℃	热物流温度/℃	热物流及其温度 H_1	热物流及其温度 H_2
SN_1			—125	150—145	↓	
SN_2	↑		125—100	145—120	↓	
SN_3	↑	↑	100—70	120—90	↓	
SN_4	↑	↑	70—40	90—60	↓	↓
SN_5	↑	↑	40—25	60—		
SN_6	↑		25—20			

其中：H_1 包含在间隔 1，2，3，4 中；H_2 包含在间隔 4 中；

C_1 包含在间隔 2，3，4，5，6 中；C_2 包含在间隔 3，4，5 中。

根据目标函数，可以把换热器网络综合的转运模型分解为：求解最小公用工程费用的子模型和最少换热器数的子模型。

3.8.2　最小公用工程费用问题

由于目标函数简化和消除问题中的非线性因素，该问题建立的目标函数、约束条件均为线性模型，利用线性规划（LP）求解。下面分两种情况讨论：

（1）物流之间匹配换热没有限制的情况

这是换热器网络最优综合中比较简单的一种情况，它可以作为求解其他模型的基础。根据上面的模型，建立温度间隔和目标函数。目标函数为最小公用工程物流费用。

首先把包含所有物流的整个温度区间划分为 K 个温度间隔，由高温到低温给以标号$k=1,2,\cdots,K$，每一个温度间隔的温度变化以 ΔT_k 表示。为了识别出所有物流相对于这些温度间隔的位置，定义下面的集合。

$H_k=\{i \mid$ 在温度间隔 k 中出现的热物流 $i\}$

$C_k=\{j \mid$ 在温度间隔 k 中出现的冷物流 $j\}$

$S_k=\{m \mid$ 在温度间隔 k 中出现的公用工程加热物流 $m\}$

$W_k=\{n \mid$ 在温度间隔 k 中出现的公用工程加热物流 $n\}$

如图 3-50 所示，令 Q_{ik}^{H} 为进入间隔 k 的热物流 i 的热负荷，可由下式计算

$$Q_{ik}^{H}=F_{i}\times C_{pik}\times\Delta T_{ik} \tag{3-18}$$

式中　F_i——热物流 i 的质量流率；

C_{pik}——热物流 i 在温度间隔 k 的比热容；

ΔT_{ik}——热物流 i 在温度间隔 k 的温度变化。

类似的，由温度间隔 k 流到冷物流 j 的热负荷为：

$$Q_{jk}^{C}=F_{j}\times C_{pjk}\times\Delta T_{jk} \tag{3-19}$$

对于公用工程物流，要根据它们的入口和出口温度，放在相应的温度间隔。进入间隔 k 的公用工程加热物流 m 的热负荷由下式给出

$$Q_{mk}^{S}=F_{m}^{S}\times\Delta H_{mk} \tag{3-20}$$

式中　F_m^S——公用工程加热物流 m 的质量流量；

ΔH_{mk}——温度间隔 k 中，公用工程加热物流 m 的焓降。

类似的，在温度间隔 k 中，公用工程冷却物流 n 的热负荷为

$$Q_{nk}^{W}=F_{n}^{W}\times\Delta H_{nk} \tag{3-21}$$

式中　F_n^W——公用工程冷却物流 n 的质量流量；

ΔH_{nk}——温度间隔 k 中，公用工程冷却物流 n 的焓增。

现参见图 3-50，对温度间隔 k 可以写出热量衡算式

$$R_{k}-R_{k-1}-\sum_{m\in S_{k}}F_{m}^{S}\times\Delta H_{mk}+\sum_{n\in W_{k}}F_{n}^{W}\times\Delta H_{nk}=\sum_{i\in H_{k}}Q_{ik}^{H}-\sum_{j\in C_{k}}Q_{jk}^{C}\quad(k=1,2,\cdots,K) \tag{3-22}$$

式中　R_k——流出间隔 k 的剩余热量；

R_{k-1}——流出间隔（$k-1$）的剩余热量，并流入间隔 k。

公用工程物流的费用表示为

$$Z=\sum_{m\in S}S_{m}\times F_{m}^{S}+\sum_{n\in W}W_{n}\times F_{n}^{W} \tag{3-23}$$

式中　S_m——公用工程加热物流单位价格；

W_n——公用工程冷却物流单位价格。

由上得出最少公用工程费用的转运模型，以线性规划问题写出如下

$$\text{Minimize } Z=\sum_{m\in S}S_{m}\times F_{m}^{S}+\sum_{n\in W}W_{n}\times F_{n}^{W} \tag{3-24}$$

s. t.（约束条件）

$$R_{k}-R_{k-1}-\sum_{m\in S_{k}}F_{m}^{S}\times\Delta H_{mk}+\sum_{n\in W_{k}}F_{n}^{W}\times\Delta H_{nk}=\sum_{i\in H_{k}}Q_{ik}^{H}-\sum_{j\in C_{k}}Q_{jk}^{C}\quad(k=1,2,\cdots,K)$$

$$R_{0}=R_{K}=0\quad R_{k}\geqslant 0\qquad(k=1,2,\cdots,K-1)$$

$$F_{m}^{S}\geqslant 0\qquad(m\in S)$$

$$F_{n}^{W}\geqslant 0\qquad(n\in W)$$

式中　F_m^S，F_n^W——公用工程的质量流率，其值为非负；

R_k——每个温度间隔的剩余热量，其值为非负；$R_0=0$ 表示第一个间隔没有剩余热量流入；$R_K=0$ 表示最后一个温度间隔没有剩余热量流出。

当公用工程物流的单位价格 S_m、W_n 都取 1 时，求解上述转运问题即得到最小的公用工程用量；如果只采用一种公用工程加热物流和一种公用工程冷却物流，则最小公用

工程物流用量就相当于最小公用工程物流费用的解答。

因为上述模型中，求解变量均为非负，目标函数和约束条件均为线性，因此可以利用线性规划（LP）求解上述模型。

求解上述线性规划问题，即可得到公用工程加热、冷却物流的最优用量（F_m^S、F_n^W）以及每一温度间隔的剩余热量 R_k，当 $R_k=0$ 时，说明间隔 k 与间隔 $(k+1)$ 之间存在夹点。

(2) 物流之间匹配换热有限制的情况

与上述物流之间匹配换热没有限制的情况相区别，就是规定某一些工艺物流之间禁止匹配换热的情况，这可能出自对安全、控制、换热器的材料以及物流间相距太远等原因的考虑。对于禁止匹配换热的物流集合可表示为

$$P=\{(i,j)\mid i\in H, j\in C, \text{热物流 } i \text{ 与冷物流 } j \text{ 禁止匹配}\}$$

用集合 $H_P=\{i\mid i\in P\}$ 表示有限制匹配换热的热物流；用集合 $C_P=\{j\mid j\in P\}$ 表示有限制匹配换热的冷物流。

应当注意，若物流 i 同 j 之间为禁止匹配换热，但热物流 i 可以同冷物流 j 以外的冷物流及公用工程冷却物流（以 C 表示的虚拟合并冷物流）匹配换热；同样，冷物流 j 也可以同 i 以外的热物流及公用工程加热物流（以 H 表示的虚拟合并物流）匹配换热。则所讨论的热物流，包括公用工程加热物流，可以集合表示为

$$H'=\{i\mid i=H, i\in H_P\}$$

式中 $i=H$——没有限制匹配换热的热物流，包括公用工程加热物流；

$i\in H_P$——有限制匹配换热的热物流。

类似的，对所讨论的冷物流，包括公用工程冷却物流，以集合表示为

$$C'=\{j\mid j=C, j\in C_P\}$$

式中 $j=C$——没有限制匹配换热的冷物流，包括公用工程冷却物流；

$j\in C_P$——有限制匹配换热的冷物流。

再定义下面的物流集合，在间隔 k 中有可能匹配换热的热流股 H'_k 及冷流股 C'_k 为

$H'_k=$ {i | 出现在温度间隔 $\bar{k}\leqslant k$ 中的热物流及公用工程加热物流 i}

$C'_k=$ {j | 出现在温度间隔 k 中的冷物流及公用工程冷却物流 j}

其中 $\bar{k}\leqslant k$ 表示温度间隔 k 以及比间隔 k 温位更高的温度间隔（温度间隔的序号是由高温向低温排序的），说明出现在温度间隔 $\bar{k}$ 中的所有热物流同间隔 k 中的所有冷物流匹配都会满足传热温差不小于 $\Delta T_{\min}$。

每一个温度间隔热流情况如图 3-51 所示。

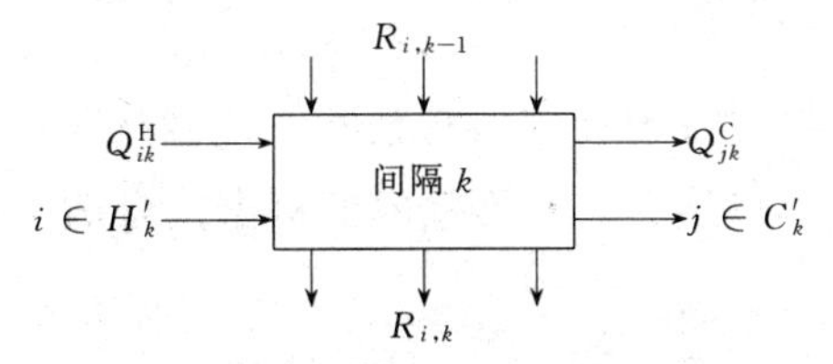

图 3-51 物流匹配有限制时在每一个温度间隔热流示意图

在每一个温度间隔 k 中对热物流，包括公用工程加热物流，做热量衡算，写出

下式：

$$R_{i,k}-R_{i,k-1}+\sum_{j\in C'_k}Q_{ijk}=Q_{ik}^{\mathrm{H}} \qquad (i\in H'_k;k=1,2,\cdots,K) \tag{3-25}$$

式中 Q_{ijk}——间隔 k 中热物流 i 同冷物流 j 之间的热交换量；

Q_{ik}^{H}——在温度间隔 k 中热物流 i 的总换热量；

$R_{i,k-1}$——上一个温度间隔的剩余热量；

$R_{i,k}$——由该温度间隔流向下一个间隔的剩余热量。

对冷物流，包括公用工程冷却物流，做热量衡算

$$\sum_{i\in H'_k}Q_{ijk}=Q_{jk}^{\mathrm{C}} \qquad (j\in C'_k;k=1,2,\cdots,K) \tag{3-26}$$

对于没有限制匹配换热的虚拟合并热物流的热含量可用下式计算

$$Q_{hk}^{\mathrm{H}}=\sum_{\substack{i\in H\\ i\notin H_P}}Q_{ik}^{\mathrm{H}}+\sum_{m\in S_k}F_m^{\mathrm{S}}\times\Delta H_{mk} \tag{3-27}$$

对于没有限制匹配换热的虚拟合并冷物流的热量可用下式计算

$$Q_{ck}^{\mathrm{C}}=\sum_{\substack{j\in C\\ j\notin C_P}}Q_{jk}^{\mathrm{C}}+\sum_{n\in W_k}F_n^{\mathrm{W}}\times\Delta H_{nk} \tag{3-28}$$

由此，对于物流间匹配换热有限制的情况，确定最小公用工程费用的转运模型为

$$\text{Minimize } Z=\sum_{m\in S}S_m\times F_m^{\mathrm{S}}+\sum_{n\in W}W_n\times F_n^{\mathrm{W}} \tag{3-29}$$

s. t.（约束条件）

$$R_{i,k}-R_{i,k-1}+\sum_{j\in C'_k}Q_{ijk}=Q_{ik}^{\mathrm{H}} \qquad (i\in H'_k;k=1,2,\cdots,K)$$

$$\sum_{i\in H'_k}Q_{ijk}=Q_{jk}^{\mathrm{C}} \qquad (j\in C'_k;k=1,2,\cdots,K)$$

$$Q_{hk}^{\mathrm{H}}=\sum_{\substack{i\in H\\ i\notin H_P}}Q_{ik}^{\mathrm{H}}+\sum_{m\in S_k}F_m^{\mathrm{S}}\times\Delta H_{mk}$$

$$Q_{ck}^{\mathrm{C}}=\sum_{\substack{j\in C\\ j\notin C_P}}Q_{jk}^{\mathrm{C}}+\sum_{n\in W_k}F_n^{\mathrm{W}}\times\Delta H_{nk}$$

$$Q_{ijk}\geqslant 0 \qquad (i\in H'_k;j\in C'_k;k=1,2,\cdots,K)$$

$$Q_{ijk}=0 \qquad [(i,j)\in P;k=1,2,\cdots,K]$$

$$F_m^{\mathrm{S}}\geqslant 0 \qquad (m\in S)$$

$$F_n^{\mathrm{W}}\geqslant 0 \qquad (n\in W)$$

$$R_{i,0}=R_{i,K}=0$$

$$R_{i,k}\geqslant 0 \qquad (i\in H'_k;k=1,2,\cdots,K-1)$$

利用上面数学模型，可以求得公用工程加热与冷却物流的最优用量 F_m^{S}、F_n^{W}，即具有最少操作费用的网络；以及每一温度间隔的剩余热量 $R_{i,k}$，由 $R_{i,k}$ 可计算出每一间隔 k 的总剩余热负荷

$$R_k=\sum_{i\in H'_k}R_{i,k} \tag{3-30}$$

当 $R_k=0$ 时，说明间隔 k 与间隔（$k+1$）之间为夹点。

3.8.3　最少换热设备个数问题

网络的总费用包括操作费用和设备投资费用。操作费用取决于公用工程用量，而设备投资费用除了和换热面积有关外，还取决于网络的换热器数。也就是说，对于一个换热器网络来说，在具有最少的公用工程用量和换热面积的同时，也要具有最少的换热器数，才能使网络总费用最少。

下面模型求解的是在保证网络具有最少公用工程用量的同时，具有最少的换热设备数，因此该数学模型的目标函数是换热器网络所需换热器的个数。把上一节已确定出的最小公用工程物流量作为已知条件，现把它加到工艺物流集合中，所以定义扩充的集合 $\hat{H}=\{H,S\}$ 为热物流，$\hat{C}=\{C,W\}$ 为冷物流。根据夹点分析法，如果确定系统中存在 (N_L-1) 个夹点（剩余热量为零），则可把原来的 K 个温度间隔分隔成 N_L 个子网络，对应每一子网络 l 中的温度间隔子集表示为 $SN_l(l=1,2,\cdots,N_L)$。显然，物流间的匹配换热要局限在每一个子网络内部，否则会有热流量通过夹点的情况，增大了公用工程物流用量。用 $H_l\subseteq\hat{H}$ 和 $C_l\subseteq\hat{C}$ 表示在子网络 l 中出现的热物流（集合）和冷物流（集合），$R_{i,k}$ 表示热物流 $i\in H_l$ 的剩余热量，$k\in SN_l(l=1,2,\cdots,N_L)$。在子网络的温度间隔 k 中，物流间的换热量表示为 $Q_{ijk}(i\in H_{lk}, j\in C_{lk}, k\in SN_l)$，其中

$H_{lk}=\{i\mid i\in H_l$，热物流 i 出现在温度间隔 $\bar{k}\leqslant k$，$\bar{k}$，$k\in SN_l\}$

同样，$\bar{k}\leqslant k$ 表示 $\bar{k}$ 为包括间隔 k 以及比间隔 k 温位高的间隔（在 SN_l 子网络中）。

$C_{lk}=\{j\mid j\in C_l$，热物流 j 出现在温度间隔，$k\in SN_l\}$

现引入 0-1 二元变量 Y_{ijl} 表示在子网络 l 中热物流 $i\in H_l$ 和冷物流 $j\in C_l$ 之间的匹配换热存在与否。每个匹配对应一个换热器（根据 Y_{ijl} 的下标 $i\ jl$，说明在一个子网络 l 中物流 i 和 j 只匹配一次）。在子网络 l 中物流匹配的总热交换量 $\sum Q_{ijl}$ 与二元变量 Y_{ijl} 可用下面的不等式相关联

$$\sum_{k\in SN_l} Q_{ijk}-U_{ijl}\cdot Y_{ijl}\leqslant 0 \qquad (i\in H_l, j\in C_l, l=1,2,\cdots,N_L) \tag{3-31}$$

式中，$U_{ijl}=\min\left\{\sum_{k\in SN_l} Q_{ik}^{\mathrm{H}},\ \sum_{k\in SN_l} Q_{jk}^{\mathrm{C}}\right\}$，相当于可能进行的热交换量的上界。

参见图 3-52，可构造下面的混合-整数转运模型，确定具有最少换热设备数的网络结构。

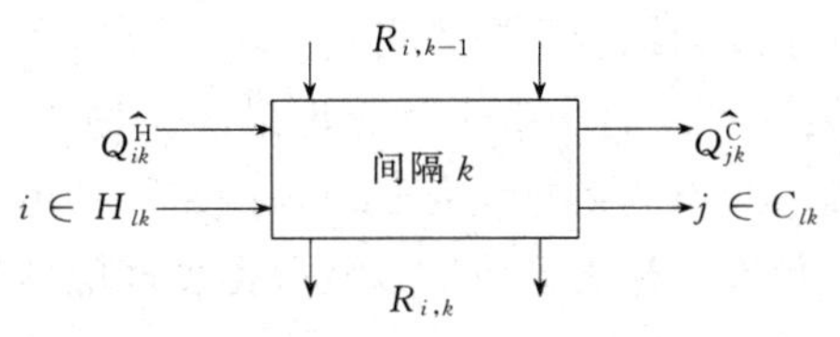

图 3-52　温度间隔中各个热物流情况

$$\text{Minimize } Z=\sum_{l=1}^{N_l}\sum_{i\in H_i}\sum_{j\in C_i} e_{ijl}Y_{ijl} \tag{3-32}$$

s. t.（约束条件）

$$R_{i,k}-R_{i,k-1}+\sum_{j\in C_{lk}}Q_{ijk}=Q_{ik}^{\hat{H}}\quad(i\in H_{lk})$$

$$\sum_{i\in H_{lk}}Q_{ijk}=Q_{jk}^{\hat{C}}\qquad(j\in C_{lk};k\in SN_l;\ l=1,2\cdots,N_L)$$

$$\sum_{k\in SN_l}Q_{ijk}-U_{ijl}Y_{ijl}\leqslant 0\qquad(i\in H_l;j\in C_l;l=1,2,\cdots,N_L)$$

$$R_{ik}\geqslant 0\qquad(i\in H_{lk};k\in SN_l;l=1,2,\cdots,N_L)$$

$$Q_{ijk}\geqslant 0\qquad(i\in H_{lk};j\in C_{lk};k\in SN_l;l=1,2,\cdots,N_L)$$

$$Y_{ijl}=0,1\qquad(i\in H_{lk};j\in C_{lk};l=1,2,\cdots,N_L)$$

式中 Y_{ijl}——整型变量，当 $Y=1$ 时，冷、热物流匹配；当 $Y=0$ 时，冷、热物流不匹配，i 表示热物流；j 表示冷物流；l 表示子网络；

R——热物流每一个温度间隔的剩余热量，其值为非负；$R_{i,k}$ 为流向下一个温度间隔的剩余热量；$R_{i,k-1}$ 为上一个温度间隔流向该温度间隔的剩余热量；

Q_{ijk}——冷、热物流在温度间隔 k 的换热量，为非负的连续变量。

目标函数中 e_{ijl} 为权因子，反映物流间匹配换热的优先程度，若对物流间匹配换热无特殊要求，则取 e_{ijl} 皆为 1，对禁止匹配换热的，取 $Y_{ijl}=0,(i,j)\in P;l=1,2,\cdots,N_L$。

此模型比无限制换热的转运模型增加了整型变量，因此求解该模型时要利用混合整数规划（MIP）求解。上述问题可以分解成 N_L 个子问题进行求解，然后将每个网络合并，形成一个初始网络，即具有最少公用工程用量的同时，具有最小的换热器个数，但这个网络并不是最终的网络，需要对该网络调优。

3.8.4 利用转运模型综合的步骤

采用转运模型进行换热器网络综合的步骤如下：

① 确定出温度间隔。把所有物流的整个温度区间分割为一些温度间隔，可采用 3.8.1 节介绍的方法。

② 计算最小公用工程费用。采用 3.8.2 节介绍的模型，可分别处理物流间匹配换热无限制和有限制的情况。这一步骤并没有给出物流间匹配换热的结构关系，但确定出最优的公用工程加热与冷却物流的用量。

③ 改善网络的热集成性能，这一步骤所做的工作是修改或消去换热网络中的夹点，以便进一步减少公用工程物流的费用，但这需要改变工艺物流的流量或温度，所以该步骤要与整个化工生产过程系统的综合同时求解。

④ 选择具有最小换热设备数的网络。计算出最小公用工程物流费用之后，即可采用 3.8.3 节介绍的模型确定最小的换热设备数以及网络中物流匹配换热结构，并提供出每一匹配所包含的热、冷物流，热交换量，以及各温度间隔的热流量。

3.9 同步综合换热器网络的数学规划法——超结构法

上述转运模型法综合换热器网络是一种分步优化法，其不能同时考虑换热网络设计的三个不同费用目标权衡优化，而且 HRAT 选择以及是否将问题划分为子网络，对下一步优化目标的决策及网络结构所需面积的确定都有很大影响。同时由于各子问题的相互影响，即使每步中的各子问题均达到最优，也难以保证整体问题达到最优。

因此，同时权衡三个费用目标的换热网络同步最优综合的研究引起了人们的重视。其中，经典的同步优化综合方法是 Yee 和 Grossmann[23] 提出了基于换热器网络分级超结构，同时考虑公用工程费用和换热设备费用的网络综合的混合整数非线性规划模型(MINLP)，并采用 Gundersen 和 Grossmann[38] 提出的惩罚函数法和 Outer-Approximation 法复合算法进行求解。

3.9.1　基于分级超结构的混合整数非线性规划模型

换热器网络的分级超结构能描述冷热流股匹配的各种可能性。包含两个冷、热流股和一个冷、热公用工程的换热器网络的超结构如图 3-53 所示。

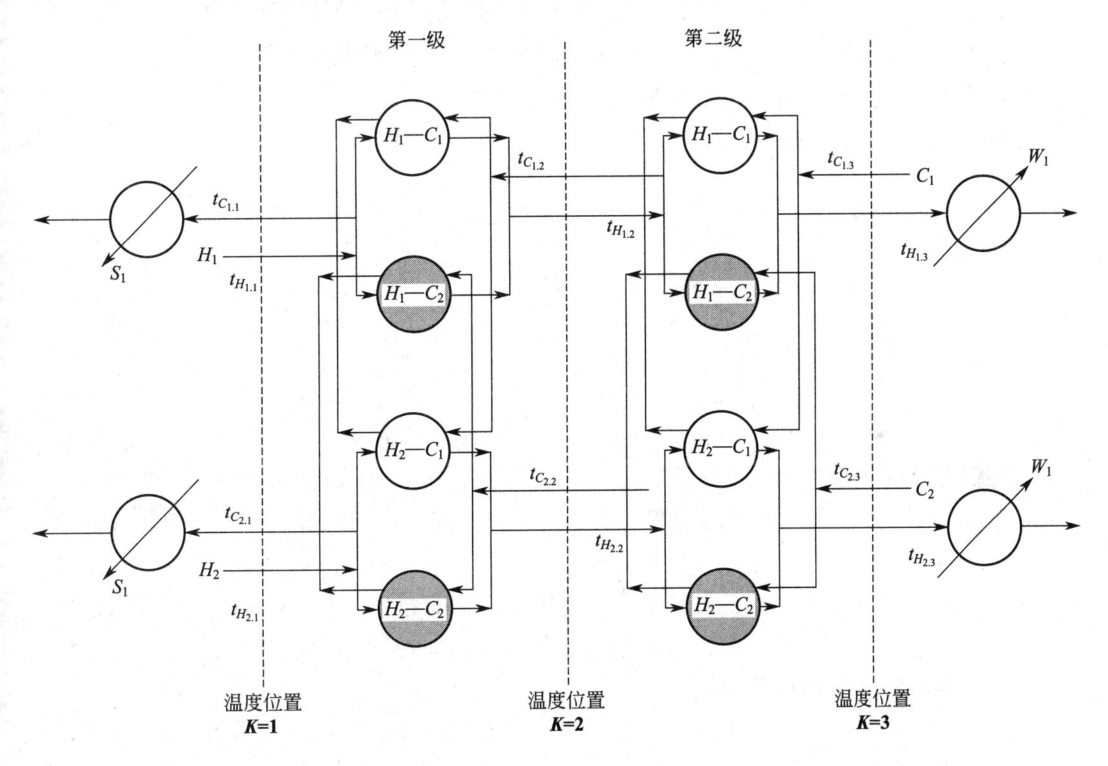

图 3-53　换热器网络超结构

在图 3-53 中，所有的热流股流动方向是从左向右；所有冷流股流动方向是从右向左；冷、热公用工程分别放在热、冷流股的末端。对于有 N_H 个热流股、N_C 个冷流股的系统，超结构的级数 N_K 为 $\max\{N_H, N_C\}$。

流股的混合假设为等温混合。如图 3-54 所示，对于流股 H_1，在每级中经过换热器 $H_1—C_1$ 和 $H_1—C_2$ 的出口温度是相同的，因此流股混合的热量平衡非线性约束可以忽略，这将简化模型的复杂性。

基于上述超结构的混合整数非线性规划模型表示如下：

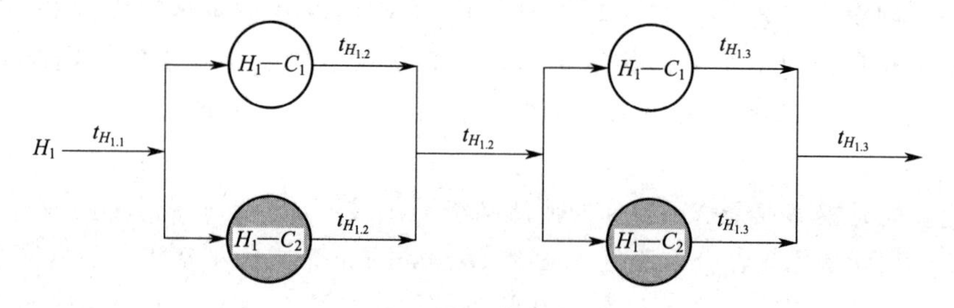

图 3-54 流股的等温混合约束

(1) 约束方程

每个流股的热平衡：

$$CP_i \times (T_{\mathrm{IN},i} - T_{\mathrm{OUT},i}) = \sum_{j}^{N_\mathrm{C}} \sum_{k}^{N_\mathrm{K}} q_{ijk} + q_{CUi} \tag{3-33}$$

$$CP_j \times (T_{\mathrm{OUT},j} - T_{\mathrm{IN},j}) = \sum_{i}^{N_\mathrm{H}} \sum_{k}^{N_\mathrm{K}} q_{ijk} + q_{HUi} \tag{3-34}$$

式中，CU 表示冷公用工程；HU 表示热公用工程；IN 表示流股的进口；OUT 表示流股的出口；k 表示超结构的级数。

超结构每级 k 的热平衡

$$CP_i \times (T_{i,k} - T_{i,k+1}) = \sum_{j}^{N_\mathrm{C}} q_{ijk} \qquad (i \in N_\mathrm{H}, k \in N_K) \tag{3-35}$$

$$CP_j \times (T_{j,k} - T_{j,k+1}) = \sum_{i}^{N_\mathrm{H}} q_{ijk} \qquad (j \in N_\mathrm{C}, k \in N_K) \tag{3-36}$$

超结构中温度初值设为

$$T_{\mathrm{IN},i} = T_{i,1} \qquad (i \in N_\mathrm{H}) \tag{3-37}$$

$$T_{\mathrm{IN},j} = T_{j,N_K+1} \qquad (j \in N_\mathrm{C}) \tag{3-38}$$

温度可行性约束

$$T_{i,k} \geqslant T_{i,k+1} \qquad (i \in N_\mathrm{H}, k \in N_K) \tag{3-39}$$

$$T_{j,k} \geqslant T_{j,k+1} \qquad (j \in N_\mathrm{C}, k \in N_K) \tag{3-40}$$

$$T_{\mathrm{OUT},i} \leqslant T_{i,N_K+1} \qquad (i \in N_\mathrm{H}) \tag{3-41}$$

$$T_{\mathrm{OUT},j} \geqslant T_{j,1} \qquad (j \in N_\mathrm{C}) \tag{3-42}$$

每个换热器的传热温差约束

$$T_{i,k} - T_{j,k} \geqslant 0 \qquad (i \in N_\mathrm{H}, j \in N_\mathrm{C}, k \in N_K) \tag{3-43}$$

(2) 目标函数

为使换热器网络的能耗和换热面积等目标同步优化和费用权衡，取网络的年度费用最小为目标函数。其中包括公用工程的费用（$COST_1$），换热器固定费用（$COST_2$）和换热单元面积费用（$COST_3$）。

$$COST_1 = \sum_i C_{CU} \times q_{CUi} + \sum_j C_{HU} \times q_{HUj} \tag{3-44}$$

$$COST_2 = \sum_i \sum_j \sum_k CF_{ij} \times W_{ijk} + \sum_i CF_{CUi} \times W_{CUi} + \sum_j CF_{HUj} \times W_{HUj} \tag{3-45}$$

$$COST_3 = \sum_i \sum_j \sum_k C_{ij} \times A_{ijk}^{B_{ij}} + \sum_i C_{CUi} \times A_{CUi}^{B_{CUi}} + \sum_j C_{HUj} \times A_{HUj}^{B_{HUj}} \tag{3-46}$$

式中，W 为 0、1 整数变量，用来表示换热器是否存在，其约束如下

$$\sum_{i} W_{ijk} \leqslant 1 \qquad (i \in N_{\mathrm{H}}, k \in N_{k}) \tag{3-47}$$

$$\sum_{j} W_{ijk} \leqslant 1 \qquad (j \in N_{\mathrm{C}}, k \in N_{k}) \tag{3-48}$$

CF 为换热器固定费用；C 为面积费用系数；B 为面积费用指数；A 为换热面积，由下式求出

$$A_{ijk} = q_{ijk} / (U_{ij} \mathrm{d}T_{ijk}) \tag{3-49}$$

$$A_{CUi} = q_{HUi} / (U_{HUi} \mathrm{d}T_{HUi}) \tag{3-50}$$

$$A_{HUj} = q_{HUj} / (U_{HUj} \mathrm{d}T_{HUj}) \tag{3-51}$$

式中，U 为总传热系数；$\mathrm{d}T$ 为换热器传热温差。

传热平均温度差近似计算如下[24]

$$\mathrm{d}T_{ijk}^{0.3275} = \frac{1}{2}[(T_{i,k} - T_{j,k})^{0.3275} + (T_{i,k+1} - T_{j,k+1})^{0.3275}] \tag{3-52}$$

3.9.2 基于分级超结构的混合整数非线性规划模型的求解

分析上述模型，约束条件为线性的。非线性目标函数来自计算换热单元面积费用（$COST_3$）的式中，如果将计算传热温差的公式线性化，则上述模型变为松弛的混合整数线性模型（MILP）。整数约束由计算换热器固定费用（$COST_2$）的 0、1 整数变量 W 导致。如果定义 W 为 0 和 1 之间的实数变量，则将上述模型变为松弛的非线性模型（NLP）。根据上述分析，并采用 Gundersen 和 Grossmann[38] 提出的惩罚函数法和 Outer-Approximation 法复合算法求解此 MINLP 模型，其具体步骤如下：

① 定义迭代次数 $N_{\mathrm{iteration}}=0$；定义 W 为 0 和 1 之间的实数变量，将 MINLP 模型变为松弛的 NLP 模型。

② 求解松弛的 NLP 模型，得出优化结果为 R（$N_{\mathrm{iteration}}$）。

③ 如果 R（$N_{\mathrm{iteration}}$）中 W 的优化结果为 0、1 整数，则计算结束；否则，进入下一步。

④ 将 MINLP 模型中的非线性约束线性化，变为松弛的混合整数线性模型（MILP）；$N_{\mathrm{iteration}}=N_{\mathrm{iteration}}+1$。

⑤ 求解松弛的混合整数线性模型（MILP），得出 W 为 0、1 整数的优化结果。

⑥ 将步骤④的 W 为 0、1 整数的优化结果代入到 MINLP 模型中，将 MINLP 模型变为松弛的 NLP 模型。

⑦ 求解松弛的 NLP 模型，得出优化结果为 R（$N_{\mathrm{iteration}}+1$）。

⑧ 对比 R（$N_{\mathrm{iteration}}$）和 R（$N_{\mathrm{iteration}}+1$），如果结果没有明显改进，则计算结束，否则回到步骤④。

上述数学规划法综合换热器网络的方法中，虽然可以同时考虑操作费用和设备投资费用，但由于线性化分解算法的限制，模型在等温混合假设下实现线性约束，影响计算结果的实际应用价值；同时由于超结构的定义，使换热器网络匹配问题成为组合爆炸问题，而数学规划法很难对大规模换热器网络进行综合。针对上述局限性，大连理工大学过程系统工程研究所等提出利用遗传算法进行换热器网络综合，并成功地应用在实际的大规模无分流和可分流的换热器网络综合中，具体可参考相关文献[59-64]。

用数学规划的方法去综合换热器网络面临的一个难题是问题的解空间太大、严重非凸，导致目前的各种求解算法失效或者导致优化结果往往是局部最优解。在数学模型中，对数传热温差的计算、分割器和混合器的能量平衡、传热方程以及换热器的费用计算公式都增加了模型的非凸性。虽然有研究者将经验规则引入模型，试图减轻这个缺陷，但目前的 MINLP 模型求解技术仍然无法保证全局最优解的获得[65]。目前，解决这类问题的优化算法主要有两个分支，以数学规划为代表的确定性算法和以遗传算法、模拟退火算法为代表的随机进化算法[59-64]。

从理论上说，数学规划法是最完美的方法，只要是问题的有关影响因素都可在数学模型中予以考虑。然而，即使是全部由换热器构成的网络，其有关的影响因素也非常多，而且关系十分复杂。比如，具有不同物性的流股，在不同型式的几何参数的管程或壳程中的传热膜系数和压力降的大小和关联式差别很大；在不同的压力条件下操作，或对于腐蚀性不同的流股，换热器的壁厚和材质也不同。这些对网络优化有很大影响的因素如果全部都包括，网络模型就极难建立，更不用说求解了。所以各种网络优化的数学规划方法都不可避免地对模型作出各种假设，假设越多所得结果偏离工程实际也必然越大。但是最重要的是抓住问题系统的本质特性，特别是对于大规模复杂系统，以尽可能地减少问题的误差。

数学规划方法将流股匹配过程看作是数学中的组合优化问题，用最优化理论来求解最佳的网络结构。它的优点是可以由计算机完成匹配的自动搜索。缺点是解题过程不透明，物理意义不清晰，专家被置于决策过程之外。由于数学模型无法描述某些过程知识，因此不能依靠基于知识的启发式方法缩小问题的搜索空间，对于能够由规则推理得到的结果往往需要耗费大量的计算量；当系统流股增加时，计算的复杂性呈指数形式增长。因此，数学规划法目前还未能在工程设计中广泛应用。

本章重点

1. 基本概念

① 夹点技术（pinch technology）是以热力学为基础，从宏观的角度分析过程系统中能量流沿温度的分布，从中发现系统用能的“瓶颈”（bottleneck）所在，并给以“解瓶颈”（debottleneck）的一种方法。这里所说的“瓶颈”就是夹点（pinch），也叫窄点。

② 夹点（pinch）：如组合曲线图所示，传热温差等于 ΔT_{min} 的 PQ 点为过程系统夹点。确定夹点后，可以知道该过程系统所需的最小公用工程加热负荷 $Q_{H,min}$ 及最小公用工程冷却负荷 $Q_{C,min}$；该过程系统所能达到的最大热回收 $Q_{R,max}$；且夹点 PQ 把过程系统分隔为两部分：一是夹点上方，称热端，也称为热阱；二是夹点下方，称冷端，故也称为热源。

③ 总组合曲线（grand composite curve）就是过程系统中热流量沿温度的分布在 T-H 图上的标绘，其中热流量为零处就是夹点。总组合曲线是用于过程系统能量集成的一种有效工具。

④ 虚拟温度法是根据网络中各股流股的传热膜系数、物性参数以及因换热器材质及流股的初始、终了温度，通过温差贡献值修正后得到的流股虚拟温度，确定过程系统的夹点位置，然后利用 T-H 图垂直匹配法或夹点设计法进行换热器网络综合。

⑤“热负荷路径”是在加热器和冷却器间由物流和换热器连接而成的，且在热负荷路径

上的换热器上减少热负荷 x，在冷却器和加热器上增加热负荷 x，热负荷沿该路径转移后，与该路径有关的物流的总热负荷保持不变。

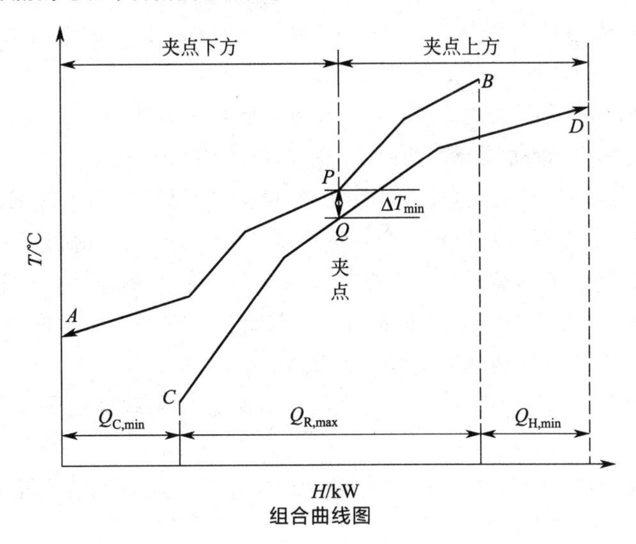

组合曲线图

2. 夹点设计的三条基本原则

原则一：夹点处不能有热流量穿过；

原则二：夹点上方（热阱）不能外加冷却公用工程；

原则三：夹点下方（热源）不能外加加热公用工程。

3. 问题表格法确定夹点的步骤

① 以垂直轴为流体温度的坐标，把各物流按其初温和终温标绘成有方向的垂直线，划分子网络。但要注意，标绘时，在同一水平位置的冷、热物流间要刚好相差 ΔT_{min}。得到问题表格(1)。

② 采用下式逐个网络进行热量衡算，得到问题表格(2)。外加最小热公用工程，使子网络中所有的 O_k 或 I_k 消除负值，且 O_k 或 I_k 中负值最大者变成零，完善问题表格(2)。

$$O_k = I_k - D_k$$

$$D_k = (\sum CP_C - \sum CP_H)(T_k - T_{k+1}) \qquad (k=1,2,\cdots,K)$$

③ 从问题表格(2) 中，找到 O_k 或 I_k 为零处，即为夹点所在位置，同时确定过程系统所需的最小公用工程加热负荷 $Q_{H,min}$ 及最小公用工程冷却负荷 $Q_{C,min}$、该过程系统所能达到的最大热回收 $Q_{R,max}$。

4. 温-焓图法综合最小传热面积换热网络的具体步骤

① 给定条件，如过程流股的质量流量，输入、输出温度，比热容，传热膜系数等。

② 在 T-H 图上标绘各流股，然后根据热流股的起始和目标温度画水平线，得到温度间隔，把每一个温度间隔内的各个流股热负荷加起来，就可以得到热组合曲线；同样的步骤可以得到冷组合曲线。

③ 在 T-H 图上水平移动组合曲线，使热、冷流股的组合曲线间传热温差的最小值不小于指定的最小允许传热温差 ΔT_{min}。由此可以确定出过程系统的最大热交换量和最小公用工程用量。

④ 对于上述步骤确定的最大热交换量，在 T-H 图上根据热、冷组合曲线的端点和折点画垂直线，划分焓间隔区间，然后按照作组合曲线相反的过程，得出在每一个焓间隔内热、

冷流股之间的匹配关系，以实现垂直换热，由此得到热力学最小传热面积网络的结构。

5. 夹点设计法综合换热器网络的可行性规则和经验规则

① 夹点匹配换热的可行性规则1　每一夹点匹配中进入夹点的物流的数目 N_{IN} 要小于或等于穿出夹点的物流的数目 N_{OUT}，即 $N_{IN} \leqslant N_{OUT}$。

② 夹点匹配换热的可行性规则2　每一夹点匹配中进入夹点的物流的热容流率 CP_{IN} 要小于或等于穿出夹点的物流的热容流率 CP_{OUT}，即 $CP_{IN} \leqslant CP_{OUT}$。

③ 物流间匹配换热的经验规则1　选择每个匹配的热负荷等于该匹配的冷、热物流热负荷较小者，使之一次匹配换热可以使一个物流（即热负荷较小者）由初始温度达到终了温度。

④ 物流间匹配换热的经验规则2　在考虑经验规则1的前提下，如有可能，应尽量选择热容流率值相近的冷、热物流进行匹配换热，使得换热器在结构上相对合理。

6. 夹点设计法综合换热器网络的基本步骤

① 利用温焓图法或问题表格法，确定过程系统夹点位置和确定出过程系统的最大热交换量和最小公用工程用量。

② 分为夹点上方和夹点下方，应用夹点设计的可行性规则和经验规则，分别对夹点上方和夹点下方的物流进行匹配换热设计。

③ 分别对夹点上方和夹点下方，利用基本回路断开方式和补充的回路断开方式断开系统回路，尽可能减少换热器数目。

④ 将夹点上方和夹点下方的换热设计方案进行合并，得到初步的整体设计方案。进行系统回路分析，利用基本回路断开方式和补充的回路断开方式断开系统回路，减少换热器数目；并通过能量松弛的方法，确保换热器的传热温差大于最小传热温差 ΔT_{min}。

习题

3-1　换热器网络综合问题的定义及目标?

3-2　T-H 图中横坐标 H（焓）的物理意义应如何理解?

3-3　什么是过程系统的夹点?

3-4　如何保证获得化工过程系统换热器网络最大热回收?

3-5　操作型夹点计算的目的是什么?

3-6　换热器网络的总组合曲线可获得什么信息? 对生产有何指导意义?

3-7　换热器网络综合的几种方法各有什么特点?

3-8　根据 T-H 图综合换热器网络是以什么为目标的? 其综合步骤如何?

3-9　夹点设计法的三条基本原则和可行性规则如何理解?

3-10　请给出采用转运模型综合换热器网络的工作步骤?

3-11　设定最小传热温差为20℃，根据下列流股数据

流股	初始温度/℃	终了温度/℃	热负荷/kW
H_1	180	80	6000
H_2	130	40	10800
C_1	30	120	9720
C_2	60	100	9600

（1）利用问题表格法确定最小冷、热公用工程负荷和过程系统夹点温度；

（2）在 T-H 图上作出冷、热组合曲线，在图上确定最小冷、热公用工程负荷和过程系统夹点

温度。

3-12 根据下列流股数据

流股	初始温度/℃	终了温度/℃	热负荷/kW
H_1	220	60	7040
H_2	270	160	3960
C_1	50	210	6400
C_2	160	210	5000

(1) 设定最小传热温差为 20℃，利用问题表格法确定最小冷、热公用工程负荷和过程系统夹点温度；

(2) 设定最小传热温差为 50℃，利用问题表格法确定最小冷、热公用工程负荷和过程系统夹点温度；

(3) 对比上述结果，并给出原因。

3-13 在化工生产的某一个工艺中，包括两股冷物流和三股热物流，数据如下表所示。

物流标号	热容流率 CP/(kW/℃)	初始温度 T_s/℃	终了温度 T_t/℃
C_1	2.0	20	135
C_2	3.0	80	130
H_1	2.0	160	70
H_2	1.5	150	30
H_3	1.0	150	140

(1) 若系统最小允许传热温差 $\Delta T_{min}=10$℃，试用问题表格法确定过程的夹点温度、最小公用工程冷负荷和最小公用工程热负荷；

(2) 若 $\Delta T_{min}=20$℃，请利用 T-H 图定性分析最小公用工程冷、热负荷的变化情况；

(3) 利用夹点设计法综合换热过程的初始网络，使得该网络具有最大的热回收；

(4) 对初始网络进行调优处理，设计给出调优后的合理换热器网络。

本章符号说明

符号	意义与单位
a	换热器单位传热面积的价格，美元/m²
A	换热面积，m²
c	比热容，kJ/(kg·℃)
C	冷流股的集合
CF	换热器固定费用
$COST$	费用，美元/a
C_p	比热容，kJ/(kg·℃)
CP	热容流率，kW/℃
CU	冷公用工程
dT	对数平均传热温差，℃
D	子网络本身的赤字 (Deficit)，表示该网络为满足热平衡时所需外加的热量，值为正，表示需要由外部供热，值为负，表示该子网络有剩余热量可输出，kW
F	质量流量，kg/s
h	传热膜系数，kW/(m²·℃)
H	焓，kW
HP	热流股集合

符号	意义与单位
HU	热公用工程
I	由外界或其他子网络供给子网络的热量，kW
K	子网络数
L	网络中存在的独立热负荷回路数；有效能损失，kW
N	物流（包括其分支物流）数目
O	子网络向外界或向其他子网络排出的热量，kW
q	热负荷，kW
Q	热量，kW
R	热物流每一个温度间隔的剩余热量，其值为非负，kW
S	热公用工程集合；网络中分离为独立的子网络数；公用工程加热物流单位价格
SN	子网络
T	温度,℃
U	总传热系数，kW/(m^2·℃)；换热设备数目
W	冷公用工程集合；质量流量，kg/s；公用工程冷却物流单位价格；0、1整数变量（表明超结构中的换热器是否存在）
x	变量（如流股的输出温度）
XP	穿越夹点的热量，kW
Y	整型变量，当$Y=1$时，冷、热物流匹配；当$Y=0$时，冷、热物流不匹配；其下标i为热物流；j为冷物流；l为子网络

符号	意义与单位
	希腊字母
ε	有效能
Δ	变量变化量
Σ	所有变量值之和
	角标
C	冷流股
CU	冷公用工程
e	物流出口
H	热流股
HU	热公用工程
i	第i个热流股
IN	进入夹点；流股的进口
j	第j个冷流股；第j个热阱
k	第k个温度间隔或子网络；第k个热源；超结构的级数
l	第l个子网络
L	冷股流
LM	对数平均
m	第m个热公用工程
m	平均值
min	最小值
max	最大值
n	第n个热公用工程
OUT	离开夹点；流股的出口

参考文献

[1] Yang Chen, Ignacio E Grossmann, David C Miller. Computational strategies for large-scale MILP transshipment models for heat exchanger network synthesis. Computers and Chemical Engineering, 2015, 82: 68-83.

[2] Miten Mistry, Ruth Misener. Optimising heat exchanger network synthesis using convexity properties of the logarithmic mean temperature difference. Computers and Chemical Engineering, 2016, 94: 1-17.

[3] Jun Yow Yong, Petar Sabev Varbanov, Jiří Jaromír Klemes. Heat exchanger network retrofit supported by extended Grid Diagram and heat path development. Applied Thermal Engineering, 2015, 89: 1033-1045.

[4] 姚平经．过程系统工程．上海：华东理工大学出版社，2009.

[5] Linnhoff B, Hindmarsh E. The pinch design method for heat exchanger networks. Chemical Engineering

Science，1983，38（5）：745-763.

[6] 王彧斐，冯霄．换热网络集成与优化研究进展．化学反应工程与工艺，2014，30（3）：271-280.

[7] 黄燕，项顺伯．夹点技术及其在换热网络中的应用研究．当代化工，2015，44（5）：1052-1054.

[8] Trivedi K K，O' Neill B K，Roach J R. Synthesis of heat exchanger networks featuring multiple pinch points. Computers & Chemical Engineering，1989，13（3）：291-294.

[9] Wood R M，Suaysompol K，O' Neill B K，et al. A new option for heat exchanger network design. Chemical Engineering Progress，1991，87（9）：38-43.

[10] Trivedi K K，O' Neill B K，Roach J R，et al. A new dual-temperature design method for the synthesis of heat exchanger networks. Computers & Chemical Engineering，1989，13（6）：667-685.

[11] 陈彩虹．基于分步综合的多时期换热网络设计．上海：华东理工大学，2015.

[12] Cerda J，Westerberg A W，Mason D，et al. Minimum utility usage in heat exchanger network synthesis A transportation problem. Chemical Engineering Science，1983，38（3）：373-387.

[13] Papoulias S A，Grossmann I E. A structural optimization approach in process synthesis—Ⅱ：heat recovery networks. Computers & Chemical Engineering，1983，7（6）：707-721.

[14] Gundersen T，Grossmann I E. Improved optimization strategies for automated heat exchanger network synthesis through physical insights. Computers & Chemical Engineering，1990，14（9）：925-944.

[15] Floudas C A，Ciric A R，Grossmann I E. Automatic synthesis of optimum heat exchanger network configurations. AIChE Journal，1986，32（2）：276-290.

[16] Zhu X X. Automated synthesis of HENs using block decomposition and heuristic rules. Computers & Chemical Engineering，1995，19：155-160.

[17] Zhu X X. Automated design method for heat exchanger network using block decomposition and heuristic rules. Computers & Chemical Engineering，1997，21（10）：1095-1104.

[18] Zhu X X，O' Neill B K，Roach J R，et al. A new method for heat exchanger network synthesis using area targeting procedures. Computers & Chemical Engineering，1995，19（2）：197-222.

[19] Yolanda Lara，Pilar Lisbona，Ana Martínez，et al. Design and analysis of heat exchanger networks for integrated Ca-looping systems. Applied Energy，2013，111：690-700.

[20] Lin Sun，Xionglin Luo，Ye Zhao. Synthesis of multipass heat exchanger network with the optimal number of shells and tubes based on pinch technology. Chemical Engineering Research and Design，2015，93：183-193.

[21] Ning Jiang，Jacob David Shelley，Steve Doyle，et al. Heat exchanger network retrofit with a fixed network structure. Applied Energy，2014，127：25-33.

[22] Yuan X，Pibouleau L，Domench S. Experiments in process synthesis via mixed-inter programming. Computers and Chemical Engineering，1989，25（2）：99-116.

[23] Yee T F，Grossmann I E，Kravanja Z. Simultaneous optimization models for heat integration（Ⅰ）：Area and energy targeting and modeling of multistream exchangers. Computers and Chemical Engineering，1990，14（10）：1151-1164.

[24] Yee T F，Grossmann I E. Simultaneous optimization models for heat integration-Ⅱ. Heat exchanger network synthesis. Computers and Chemical Engineering，1990，14（10）：1165-1184.

[25] Ciric A R，Floudas C A. Heat exchanger synthesis without decomposition. Computers and Chemical Engineering，1991，15：385-396.

[26] 袁希钢．混合整数非线性规划与化学工程系统最优化设计（Ⅱ）换热器网络的最优合成．化工学报，1991，1：40-46.

[27] Bjork K M，Westerlund T. Global optimization of heat exchanger network synthesis problem with and without the isothermal mixing assumption. Computers and chemical Engineering，2002，26：1581-1593.

[28] Shivakumar K，Narasimhan S. A robust and efficient NLP formulation using graph theoretic principles for synthesis of heat exchanger networks. Computers and Chemical Engineering，2002，26：1517-1532.

[29] Feng Huang K，Karimi I A. Efficient algorithm for simultaneous synthesis of heat exchanger net-

works. Chemical Engineering Science，2014，105：53-68.

[30] Stefan Martin，Friedemann Georg Albrecht，Pieter van der Veer， et al. Evaluation of on-site hydrogen generation via steam reforming of biodiesel：Process optimization and heat integration. International Journal of Hydrogen Energy，2016，41（16）：6640-6652.

[31] Wui Seng Goh，Yoke Kin Wan，Chun Kiat Tay， et al. Automated targeting model for synthesis of heat exchanger network with utility systems. Applied Energy，2016，162：1272-1281.

[32] Mizutani F T，Pessoa F L P，Queiroz E M，et al. Mathematical programming model for heat-exchanger network synthesis including detailed heat-exchanger designs. 1. Shell-and-tube heat-exchanger design. Industrial & Engineering Chemistry Research，2003，42（17）：4009-4018.

[33] López-Maldonado L A，Ponce-Ortega J M，Segovia-Hernández J G. Multiobjective synthesis of heat exchanger networks minimizing the total annual cost and the environmental impact，Applied Thermal Engineering，2011，31（6）：1099-1113.

[34] 樊婕，李继龙，刘琳琳，等．换热器网络设备面积与清洗时序同步优化．化工学报，2014，65（11）：4484-4489.

[35] 陈彩虹，蒋达，钱锋．基于换热器分时共享机制的多时期换热网络结构设计．化工进展，2014，33（4）：843-849.

[36] Nishida N，Stephanopoulos G，Westerberg A W. A review of process synthesis. AIChE Journal，1981，27（3）：321-341.

[37] Gundersen T，Naess L. The synthesis of cost optimal heat exchanger nextworks：an industrial review of the state of the art. Computers & Chemical Engineering，1988，12（6）：503-530.

[38] Gundersen T，Grossmann I E. Improved optimization strategies for automated heat exchanger network synthesis through physical insights. Computers & Chemical Engineering，1990，14（9）：925-944.

[39] Jezowski J. Heat exchanger network grassroot and retrofit design，The review of the state-of-the-art：Part Ⅰ. Heat exchanger network targeting and insight based method of synthesis. Hungarian Journal of Industry and Chemistry，1994，4：279.

[40] Jezowski J. Heat exchanger network grassroot and retrofit design. The review of the state-of-the-art：Part Ⅱ. Heat exchanger network synthesis by mathematical methods and approaches for retrofit design. Hungarian Journal of Industry and Chemistry，1994，4：295.

[41] Furman K C，Sahinidis N V. A critical review and annotated bibliography for heat exchanger network synthesis in the 20th century. Industrial & Engineering Chemistry Research，2002，41：2335-2370.

[42] Morar M，Agachi P S . Review：important contributions in development and improvement of the heat integration techniques. Computers & Chemical Engineering，2010，34（8）：1171-1179.

[43] Klemes J J，Kravanja Z. Forty years of heat integration：pinch analysis（PA）and mathematical programming（MP）. Current Opinion in Chemical Engineering，2013，2（4）：461-474.

[44] 王开锋，肖武，吴敏，等．考虑换热器详细设计的换热网络综合的研究进展．计算机与应用化学，2015，32（4）：435-438.

[45] 吕俊锋，肖武，王开锋，等．换热网络多目标综合优化算法研究进展．化工进展，2016，35（2）：352-357.

[46] 常润秀，孙琳，罗雄麟．换热器结垢与换热网络裕量设计方法研究进展．化工进展，2016，35（02）：358-363.

[47] 霍兆义，尹洪超，赵亮，等．国内换热网络综合方法研究进展与展望．化工进展，2012，31（4）：726-731.

[48] 杨友麒．节能减排的全局过程集成技术的研究与应用进展．化工进展，2009，28（4）：541-548.

[49] 都健．化工过程分析与综合．大连：大连理工大学出版社，2009.

[50] 姚平经．全过程系统能量优化综合．大连：大连理工大学出版社，1995.

[51] 王莉，王玲，姚平经，等．一种具有不同传热膜系数网络的新设计方法——虚拟温度法．大连理工大学学报，1995，35（2）：203-207.

[52] 李晖，王莉，姚平经．采用虚拟温度法设计换热网络．高校化学工程学报，1997，11（1）：100-103.

[53] Nishimura H，et al. Chemical Engineering of Japan，1970，34：1099.

[54] 孙亚琴．用虚拟温度法进行具有多流股换热器的换热网络综合．大连：大连理工大学，2003.

[55] 姚平经．过程系统分析与综合．大连：大连理工大学出版社，2004.

[56] Umeda T, Itoh J, Shiroko K. Heat exchanger system synthesis. Chemical Engineering Progressing, 1978, 74 (6): 70-76.

[57] Townsend D W, Linnhoff B. Surface Area for Heat Exchanger Networks. IChemE Annual Re Mtg Bath, 1984.

[58] Papoulias S A, Grossmann I E. A structural optimization approach in process synthesis (Ⅱ): heat recovery network. Computers & Chemical Engineering, 1983, 7 (6): 707-721.

[59] Wang K F, Yuan Y, Yao P J. Synthesis and optimization of heat integrated distillation system based on improved genetic algorithm, Computers & Chemical Engineering, 1998, 23 (1): 125-136.

[60] Yu H M, Fang H P, Yao P J, et al. A combined genetic algorithm/simulated annealing algorithm for large scale system energy integration. Computers & Chemical Engineering, 2000, 24 (8): 2023-2035.

[61] Wei G F, Yao P J, Luo X, et al. Parallel Genetic Algorithm/Simulated Annealing Algorithm for Synthesizing Multisteam Heat Exchanger Networks. Journal of the Chinese Institute of Chemical Engineers, 2004, 35 (3): 285-297.

[62] Xiao Wu, Yao Pingjing, Luo Xing, et al. A New and Efficient NLP Formulation for Synthesizing Large Scale Multi-stream Heat Exchanger Networks. Journal of the Chinese Institute of Chemical Engineers, 2006, 4 (37): 383-394.

[63] Ma Xiangkun, Yao Pingjing, Luo Xing, et al. Synthesis of multi-stream heat exchanger network for multi-period operation with genetic/simulated annealing algorithms. Applied Thermal Engineering, 2008, 28 (8): 809-823.

[64] Jilong Li, Jian Du, Zongchang Zhao, et al. Synthesis of large-scale multi-stream heat exchanger networks using a stepwise optimization method. Journal of the Taiwan Institute of Chemical Engineers, 2014, 45 (2): 508-517.

[65] Zamora J M, Grossmann I E. Global optimization of MINLP problems. Washington D C. Paper ME29-3, INFORMS Spring Meeting, 1996.

第 4 章

分离序列综合

本章学习要点

1. 理解分离序列综合的基本概念，掌握分离序列方案评价方法。
2. 掌握分离序列综合的直观推断法。
3. 了解分离序列综合的渐进调优法、动态规划法和有序分支搜索法。
4. 了解分离序列综合的超结构法，理解状态任务网络的基本概念。

4.1 分离序列综合概述

化工生产过程中通常包括多组分混合物分离操作，分离操作广泛用于原料净化、产物分离、产品提纯和废料处理等工艺过程。分离过程与设备在整个装置设备投资和操作费用中占有很大比重，是构成过程系统的重要组成部分。选择合理的分离方法与确定最优的分离序列，是分离序列综合的主要目的。

例如裂解汽油是轻烃、石脑油、柴油等原料裂解生产乙烯、丙烯时的液体副产 C_5～C_{10}馏分的总称。裂解汽油因为富含 60%左右的芳烃，是制取苯、甲苯、二甲苯等芳烃的重要原料。由于产品的沸点接近（苯为 80.10℃、甲苯为 110.63℃、对二甲苯为 138.35℃、间二甲苯为 139.10℃、邻二甲苯为 144.20℃），其分离过程必然是高能耗过程，因此如何降低分离能耗成为整个流程设计的关键。工业上裂解汽油生产芳烃产品常用的分离序列如图 4-1 所示。

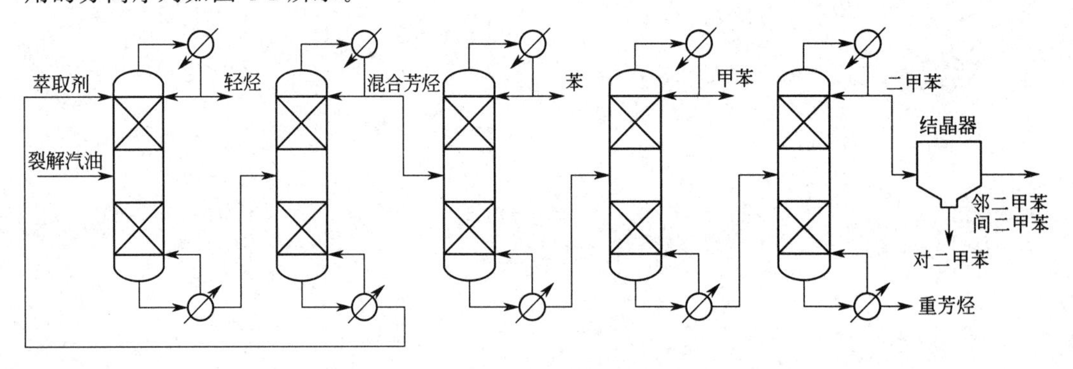

图 4-1　裂解汽油生产芳烃产品分离序列示意图

精馏是分离均相液体混合物的单元操作，其基本依据是组分挥发性的差异。在工业生产上，精馏是实现传质分离的最重要手段，其节能降耗问题一直是研究热点，有关分离序列以及精馏系统优化的最新研究进展请参阅相关文献与书籍 [1-8]。本章重点阐述分离序列综合的基本概念与经典方法，探讨如何运用系统工程的方法论从众多可能的序列中找到完成指定分离任务的最佳分离序列。

4.2　分离序列综合的基本概念

4.2.1　分离序列综合问题的定义

分离序列综合问题是指[6]：在给定进料流股状态（流量、温度、压力和组成）并规定分离产品要求的情况下，系统化地设计出分离方案并使总费用最小。其数学表达形式为

$$\min_{I,X} \Phi = \sum_i C_i(x_i)$$

式中，$i \in I$ 指可行的分离单元；I 为 S 的一个子集；S 为所有可行的分离序列集合；X 是 x_i 的可行域；x_i 是分离单元 i 的设计变量；C_i 是分离单元总的年费用。

该问题是混合整数非线性规划问题，即作出从 S 中产生子集 I 的离散决策，以及对连续变量 x_i 的决策。所以，设计者面临两个问题，一是找出最优的分离序列和每一个分离器的性能；二是对每一个分离器找出其最优的设计变量值，如结构尺寸、操作条件等，即分离序列的综合是一个两水平问题，在塔系最佳化的同时，每个塔的设计也要最佳化。

4.2.2　分离序列综合组合问题

简单塔与复杂塔精馏流程示意图

事实上，分离序列综合问题的表现形式多种多样，鉴于问题本身的计算复杂性，通常针对过程进行简化处理。考虑采用精馏方法分离均相液体混合物，假设分离过程在简单塔中进行。所谓简单塔是指：一股进料分离为塔顶、塔底两个产品；每个组分只出现在一个产品中，即进行清晰分割（锐分离）；塔底采用再沸器、塔顶采用全凝器。初始物系为 R 个组分混合物，最终物系为单组分纯净物。在处理分离序列综合问题时，经常将各组分按关键物性数据大小排序，从而形成顺序表。

为了便于对精馏分离序列综合问题进行组合数学分析，需要将问题中具有组合特征的概念进行定义。主要包括：可行分离序列数 S_R，可能切分点数 P，产生组分子群（相邻流股）数 G，独立分离单元（子问题）数 U。下面针对这些精馏分离序列综合问题中的重要内容进行深入讨论。

把含有 R 个组分的混合物分离成 R 个纯组分的产品，其分离序列数 S_R 的递推计算式可推导如下：对于序列中的第一个分离器，存在（$R-1$）个分离点，令出现在塔顶产品中的组分数为 j，出现在塔底产品中的组分数就等于（$R-j$）。如果对于 j 个组分可能的序列数是 S_j，则对于某一给定的第一个分离器的分离点，其分离序列应该是 $S_j S_{R-j}$。但在第一个分离器中存在（$R-1$）个不同的分离点，所以，对于 R 个组分的

混合物，其分离序列的总数目等于

$$S_R=\sum_{j=1}^{R-1} S_j S_{R-j}=\frac{[2(R-1)]!}{R!\ (R-1)!}$$

例如，当进料的组分数 $R=4$，由上式可计算出分离序列数 $S_4=5$，该 5 个方案如图 4-2 所示。图 4-2(a)称直接序列，轻组分在塔顶逐个引出。其余为非直接序列。

可能切分点数简单计算公式 $P=R-1$，如果将各组分按照相对挥发能力的大小排序，那么可能的切分点只能存在于相邻组分之间。

顺序与逆序分离流程示意图

多组分进料时，产生一些子群，也称相邻的流股，其为各分离器的进料或最终产品。如图 4-2 所示，进料组分数 $R=4$，可产生 10 个不同的子群，列于表 4-1 中。一般情况下，总的不同的子群数（包括进料）G 可由算术级数求和得到，即

$$G=\sum_{j=1}^{R} j=\frac{R(R+1)}{2}$$

表 4-1　对于 4 组分进料的子群

第一个分离器的进料	后面分离器的进料		产品
(A B C D)	(A B C)	(A B)	(A)
		(B C)	(B)
	(B C D)		(C)
		(C D)	(D)

显然，在所有组分子群中，单组分子群数最多（R 个），R 组分子群数最少（1 个）。

对于含有 4 个组分的进料，存在 5 种分离序列，而每一分离序列由 3 个分离器构成，于是，对 5 个分离序列总共有 15 个分离器，如图 4-2 所示。其中，只有 $U=10$ 种是不重样的分离器（或称分离子问题），见表 4-2，可由下式计算。

$$U=\sum_{j=1}^{R-1} j(R-j)=\frac{R(R-1)(R+1)}{6}$$

表 4-2　4 组分进料的分离子问题

对于第一个分离器的分离子问题	对于后面分离器的分离子问题	
(A / B C D)	(A / B C)	
(A B / C D)	(A B / C)	(A / B)
	(B / C D)	(B / C)
		(C / D)
(A B C / D)	(B C / D)	

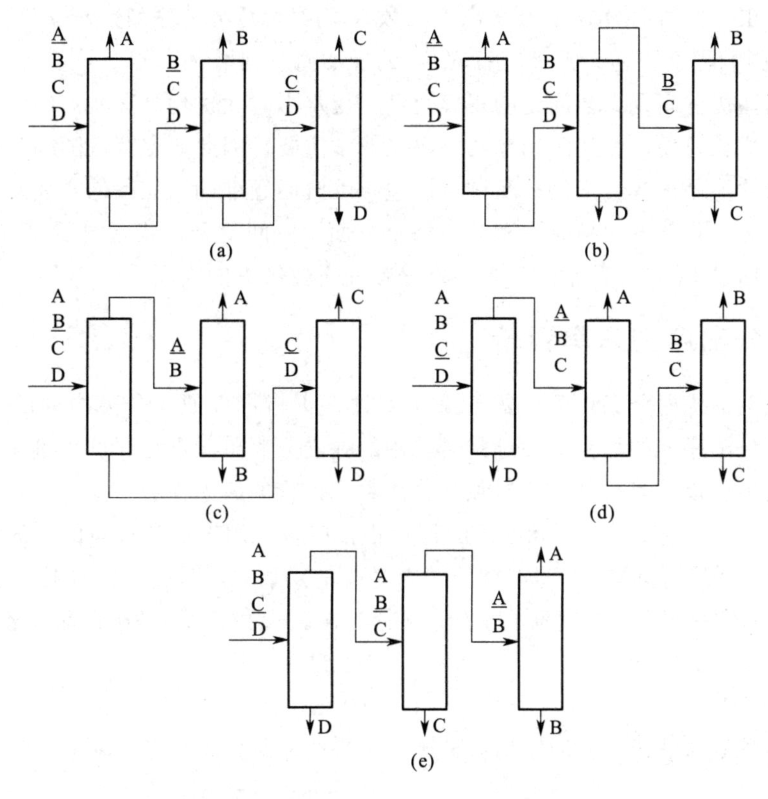

图 4-2　4 组分进料可得出 5 种分离序列

对于简单塔精馏分离序列综合问题，各计数对象随问题规模变化情况参见表 4-3。

表 4-3　简单塔精馏分离序列综合各计数对象随问题规模变化情况

初始物系组分数 R	可能切分点数 P	可行分离序列数 S_R	产生组分子群数 G	独立分离单元数 U
2	1	1	3	1
3	2	2	6	4
4	3	5	10	10
5	4	14	15	20
6	5	42	21	35
7	6	132	28	56
8	7	429	36	84
9	8	1430	45	120
10	9	4862	55	165
11	10	16796	66	220
12	11	58786	78	286

显然，G、U 和 S_R 随着 R 的增加而增大，但需要注意的是，S_R 急剧增大。因此，多组分精馏分离序列优化综合问题就是大规模复杂组合优化问题。

如果考虑采用多种分离方法，分离方法数为 N，那么对可行分离序列数 S_R 的计算公式则为

$$S_R=\frac{[2(R-1)]!}{R!\ (R-1)!}N^{R-1}$$

可以看出，此时组分数 R 与分离方法数 N 均对可行分离序列数 S_R 产生影响，而且 N 对 S_R 的影响程度要远大于 R，S_R 随 N 的增加而急剧增大。

对于某些优化问题，当问题的规模达到一定水平时，优化算法所需的计算时间和储存空间急剧增长，而这些实际问题的解决又非常重要，因此研究算法随问题规模增长而趋近的极限性能是很有意义的。所谓算法包括求解问题准确而完备的描述及确定有限的操作系列。算法复杂度包括时间和空间两个方面，时间复杂度指运算量 $f(n)$，空间复杂度是指存储量 $g(n)$。通常时间复杂度是首先需要考虑的问题。

4.2.3 分离序列方案评价

为了找到最优的分离序列，需要采用某种评价指标以便对分离序列的优劣进行判断。对特定分离序列的评判，关键是对其中的独立分离单元进行评价。事实上，分离序列的评判指标可以认为是其中所有独立分离单元评价的简单加和。

评价指标

一般认为，对独立分离单元准确的评价指标应该采用设计参数条件下的年度费用关联。因为通过严格的模拟分析进行优化综合是非常复杂的，所以在具体概念设计过程中，为了简化计算常采用分离易度系数(*CES*)和分离难度系数(*CDS*)等作为置信定性指标。

分离易度系数定义为

$$CES = f \times \Delta$$

式中，f 为塔顶与塔底产品的摩尔流量比；Δ 为相邻组分间沸点差的绝对值。

$$f=\begin{cases} D/W, D \leqslant W \\ W/D, D > W \end{cases}$$

式中，D 表示塔顶出料摩尔流量；W 表示塔底出料摩尔流量。

$$\Delta = |\Delta T_b| \text{ 或 } \Delta = (\alpha - 1) \times 100$$

式中，ΔT_b 为相邻轻重组分间的沸点差；α 为相邻两组分的相对挥发度或分离因子。

分离难度系数定义如下

$$CDS = \frac{\lg\left[\left(\frac{x_{lk}}{x_{hk}}\right)_D \Big/ \left(\frac{x_{lk}}{x_{hk}}\right)_W\right]}{\lg \alpha_{lk,hk}} \times \frac{D}{D+W}\left(1 + \left|\frac{D-W}{D+W}\right|\right)$$

式中 $\left(\frac{x_{lk}}{x_{hk}}\right)_D$——轻、重关键组分在塔顶的摩尔分数比；

$\left(\frac{x_{lk}}{x_{hk}}\right)_W$——轻、重关键组分在塔底的摩尔分数比；

$\alpha_{lk,hk}$——相邻轻、重关键组分的相对挥发度；

D，W——塔顶、塔底产品的摩尔流量。

分离易度系数越大或分离难度系数越小，表示轻、重关键组分越易被分离；反之，分离易度系数越小或分离难度系数越大，表示轻、重关键组分越难被分离。显而易见，对特定分离序列，其中独立分离单元分离易度系数总和越大分离难度系数总和越小，该分离序列也就更优；相反，独立分离单元分离易度系数总和越小分离难度系数总和越大，该分离序列也就更劣。

实际工程设计中，寻求最优分离序列不仅要考虑总分离费用最小，还需要考虑很多其他因素，比如可持续发展范畴中的环境因素等。

4.2.4　分离过程的能耗

热力学分析已经成为指导节能工作的基本原则，根据热力学基本定律可以通过质和量两方面指出能量损失。化工过程必然存在能量品位贬值现象，通过合理用能可以提高过程的热力学效率。化工过程所需要的能量通常来自各种燃料，因此研究热与功之间的转换尤为重要。遵循热力学规范，热与功的计量均以环境为准。

在可逆过程中，系统对环境做功最大，环境对系统做功最小。当系统状态变化完全通过可逆过程实现时，理论上所能达到的做功极限称为理想功。根据热力学基本方程，结合具体过程特点，能够导出理想功计算公式。

非流动过程：$W_{id}=\Delta U-T_0\Delta S-p_0\Delta V$

稳态流动过程：$W_{id}=T_0\Delta S-\Delta H$

式中，T_0为环境温度；p_0为环境压力。

由此可见，过程的理想功仅与系统初态、终态和环境温度、压力相关，而与系统状态变化的具体途径无关。

任何实际过程都具有某种程度的不可逆性，系统在给定状态变化过程中理想功与实际功的差值称为损失功。

$$W_l=W_{id}-W_s$$

结合热力学基本方程，进而可以得到 Gouy-Stodola 公式：

$$W_l=T_0(\Delta S_{体系}+\Delta S_{环境})$$

混合过程是自发过程，具有不可逆性，与此相反，分离过程必须通过做功才能得以实现。分离过程理想功就是实现分离所需的最小功，其大小仅取决于原料和产品的组成、温度和压力等状态性质。毫无疑问，分离过程的最小功的相对大小，是评判相应分离过程的难易程度的首选指标。在定温、定压下，分离均相物系，原料为 n 组分混合物，产品为单组分纯净物。则分离过程理想功计算如下。

对于理想气体情况：$W_{id}=RT_0\sum_{i=1}^{n}y_i\ln y_i$

对于理想溶液情况：$W_{id}=RT_0\sum_{i=1}^{n}x_i\ln x_i$

对于非理想溶液情况：$W_{id}=RT_0\sum_{i=1}^{n}x_i\ln(\gamma_i x_i)+\Delta H_m\left(1+\frac{T_0}{T}\right)$

式中，γ_i为组分的活度系数；ΔH_m为混合热。

为了反映实际过程的可逆程度，定义过程的热力学效率

$$\eta_a=\begin{cases}\dfrac{W_s}{W_{id}} & (\text{系统对环境做功})\\[2ex]\dfrac{W_{id}}{W_s} & (\text{环境对系统做功})\end{cases}$$

如图 4-3 所示的 Carnot 热机工作过程描述：从高温热源（温度为 T_1）吸热 Q_1，对环境做功 W（<0），向低温热源（温度为 T_2）放热。结合热机效率定义，根据 Carnot 定理得到

$$\eta_r = -\frac{W}{Q_1} = \frac{Q_1 + Q_2}{Q_1} = \frac{T_1 - T_2}{T_1}$$

式中，η_r为 Carnot 热机效率。因此

$$-W = Q_1\left(1 - \frac{T_2}{T_1}\right)$$

精馏分离过程采用能量作为分离剂，驱动精馏分离过程的能量通常以热的形式供给。精馏塔从作为热源的再沸器在高温 T_H下吸热 Q_H，同时精馏塔向作为热阱的冷凝器在低温 T_L下放热，如图 4-4 所示。

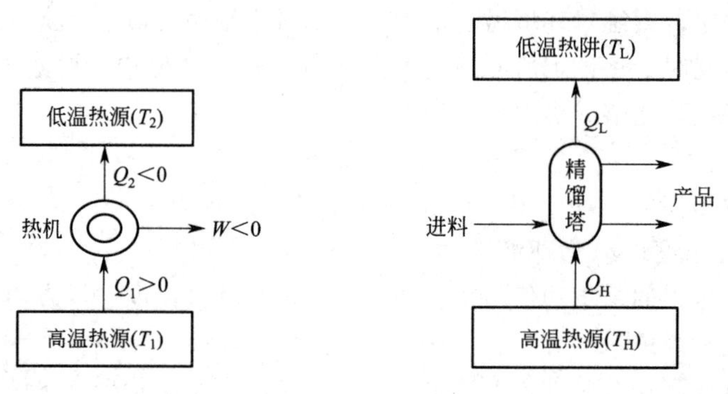

图 4-3 通过热机实现热功转换　　图 4-4 利用热能驱动精馏分离过程

精馏过程的净功耗定义为

$$W_n = Q_H\left(1 - \frac{T_0}{T_H}\right) - Q_L\left(1 - \frac{T_0}{T_L}\right)$$

如果过程还消耗机械功，则应直接加到上式中。如果分离过程中没有消耗机械功，并且产物和进料之间的焓差与输入的热量相比可以忽略，即 $Q_H = Q_L = Q$，则上式变成

$$W_n = QT_0\left(\frac{1}{T_L} - \frac{1}{T_H}\right)$$

显然，W_n为正值，这是因为 $T_L < T_H$。

由于净功耗从基准上体现了精馏过程实际功，因此精馏过程的热力学效率可表达成

$$\eta_a = \frac{W_{id}}{W_n}$$

即为分离过程的理想功耗与实际功耗之比，反映能量利用的完善（不可逆）程度。

4.3 有序直观推断法

针对分离序列综合问题的组合爆炸特征，已经提出并广泛采用的方法，都是从某种意义上尽量缩小问题搜索空间，迅速找到最优或者近优的精馏分离序列，文献[9]系统总结了直观推断、渐进调优和动态规划等经典方法。

直观推断是根据经验规则进行系统综合的方法。这些规则虽然没有坚实的数学基础，但大多含有一定的理论依据。由于直观推断规则对问题空间进行约束划分，从而显著缩小了搜索范围。在处理精馏分离序列综合问题时，直观推断往往具有简捷高效的优

点。直观推断规则来自分离过程普遍性规律，没有考虑分离过程特殊性问题，因此不能保证得到最优分离序列，然而如果直观推断规则使用得当，则可以迅速获得近优分离序列。

已经提出和派生的直观推断规则很多，在具体使用直观推断规则时，有时会出现相互矛盾的情况。文献[10]提出的有序直观推断，一定程度解决了应用规则之间相互矛盾的问题。有序直观推断被认为是比较成功的方法。这一方法的特点是：首先把直观推断规则按重要程度分类排序，然后按次序逐步使用这些规则综合分离序列。

规则 1　在所有其分离方法中，优先采用能量分离剂分离方法（例如精馏），避免用质量分离剂分离方法（例如萃取）。当关键组分间的相对挥发度小于 1.05～1.10 时，应该采用质量分离剂分离方法（例如萃取），此时质量分离剂应在下步立即分离。

规则 2　精馏分离过程尽量避免真空和制冷操作。如需采用真空操作，则可考虑用萃取方案代替；如需采用制冷操作，则可考虑采用吸收方案代替。由于真空和制冷操作能耗较大，有时即使在较高温度和压力下操作也会有利。

规则 3　当产品集中包括多个多元产品时，倾向于选择得到最少产品种类的分离序列。相同的产品不要在几处分出。因为产品集合越小，相应分离序列中的分离单元就越少，所以费用可能较低。

规则 4　首先安排除去腐蚀性组分和有毒有害组分，从而避免对后继设备苛刻要求，提高安全操作保证，减少环境污染。

规则 5　最后处理难分离或分离要求高的组分，特别是当关键组分间的相对挥发度接近 1 时，应当在没有非关键组分存在的情况下进行分离，这时分离净功耗可以保持较低水平。

下面示意地说明为什么应该将难分离的组分放在最后处理。假设分离操作的费用可近似表达为

$$\text{分离费用}\ C \propto \frac{\text{进料量}}{\text{分离点两侧相邻两组分间的性质差}} = \frac{F}{\Delta}$$

进料量增大，则塔径、热负荷势必也增大，使分离费用增大。分离点两侧相邻两组分间的性质差别大，如该两组分的沸点差大，说明容易分离，所需的塔板数或回流比就可以小些，即降低了分离费用。

现有一含 4 个组分的物料，各组分 1、2、3、4 的物质的量相等，即 $F_1=F_2=F_3=F_4=F$；又组分 1、2 之间的性质差别与组分 3、4 之间的性质差别相等，即 $\Delta_{12}=\Delta_{34}=\Delta$；而组分 2、3 之间的性质差别较小，为 $\Delta_{23}=\dfrac{\Delta}{3}$。表 4-4 列出了 3 种分离序列，其中把难分离的组分放在最后处理的方案 2 的总费用最小。

表 4-4　分离序列的总成本

流程	分离序列	总成本
方案 1	1 2 3 4 → 1；2 3 4 → 2；3 4 → 3，4	$\dfrac{F_1+F_2+F_3+F_4}{\Delta_{12}}+\dfrac{F_2+F_3+F_4}{\Delta_{23}}+\dfrac{F_3+F_4}{\Delta_{34}}=\dfrac{4F}{\Delta}+\dfrac{3F}{\Delta/3}+\dfrac{2F}{\Delta}=15\dfrac{F}{\Delta}$

续表

流程	分离序列	总成本
方案 2	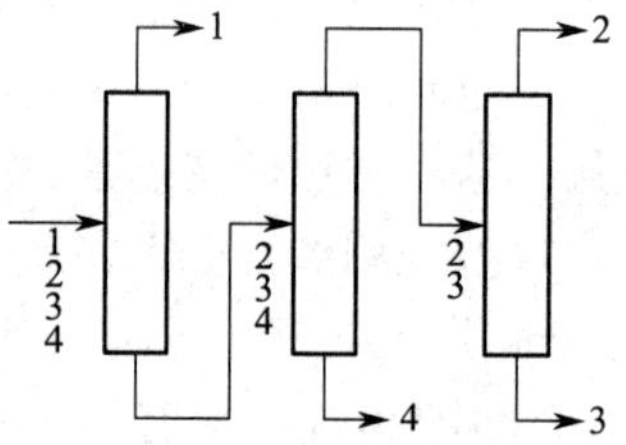	$\frac{F_1+F_2+F_3+F_4}{\Delta_{12}}+\frac{F_2+F_3+F_4}{\Delta_{34}}+\frac{F_2+F_3}{\Delta_{23}}$ $=\frac{4F}{\Delta}+\frac{3F}{\Delta}+\frac{2F}{\Delta/3}=13\frac{F}{\Delta}$（最小费用）
方案 3	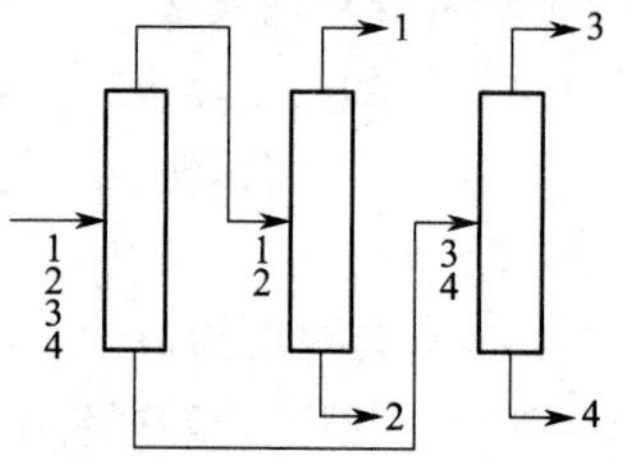	$\frac{F_1+F_2+F_3+F_4}{\Delta_{23}}+\frac{F_1+F_2}{\Delta_{12}}+\frac{F_3+F_4}{\Delta_{34}}$ $=\frac{4F}{\Delta/3}+\frac{2F}{\Delta}+\frac{2F}{\Delta}=16\frac{F}{\Delta}$

规则 6 进料中含量最多的组分应该首先分离出去，这样可以避免含量最多的组分在后续塔中多次汽化与冷凝，降低了后续塔的负荷。

规则 7 如果组分间的性质差异以及组分的组成变化范围不大，则倾向于塔顶和塔底产品量等摩尔分离。精馏塔冷凝器负荷与再沸器负荷不能独立调节，塔顶和塔底产品量等摩尔分离时，精馏段回流比与提馏段蒸发比可以得到较好的平衡。

如果不能按塔顶和塔底产品量等摩尔分离（如分离点组分间相对挥发度太小等情况），则可选择具有最大分离易度系数处为分离点。

表 4-5 示意地说明了馏出物和塔底产物的流量近于等摩尔分离时，能减少塔系总的操作负荷。进料中组分 1、2、3、4 摩尔分数相等，表中结果说明，同样达到 4 个组分的分离，但方案 3 的总负荷最小，即塔顶、塔底产物按等摩尔分离为宜。

表 4-5 分离序列内部的质量流

流程	分离序列	总成本
方案 1	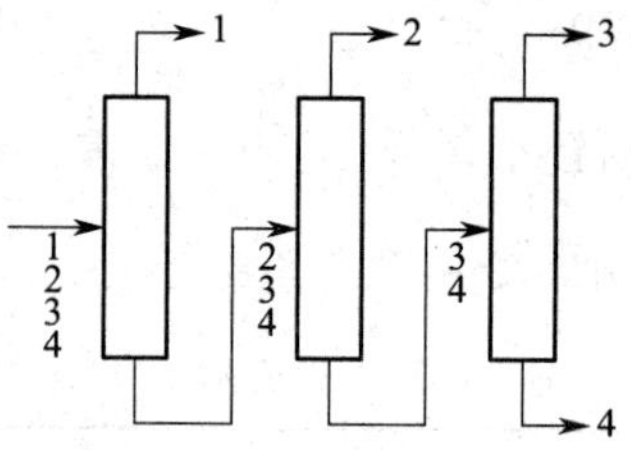	$F_1+2F_2+3F_3+3F_4=9F$
方案 2	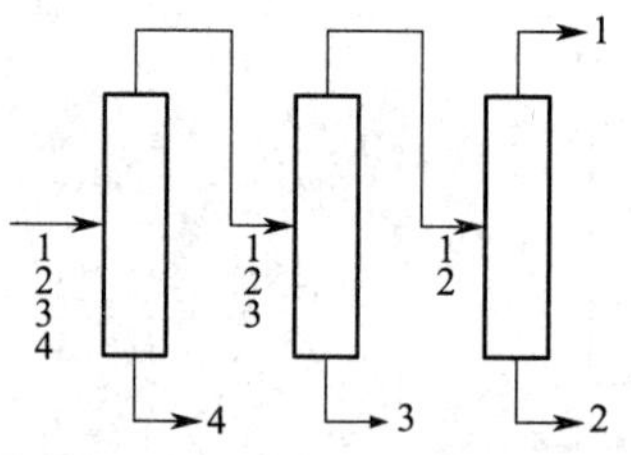	$3F_1+3F_2+2F_3+F_4=9F$

续表

流程	分离序列	总成本
方案3	1234→塔1：塔顶12→塔2（→1，→2）；塔底34→塔3（→3，→4）	$2F_1+2F_2+2F_3+2F_4=8F$ （最小负荷）

现举出两个例题以说明有序直观推断法的应用。

【例 4-1】 一含有5个组分的轻烃混合物的组成如下：

代号	组分	组成（摩尔分数）	相邻组分间相对挥发度（37.7 ℃，1.72 MPa）	分离易度系数 *CES*
A	丙烷	0.05		
B	异丁烷	0.15	2.0	5.26
C	正丁烷	0.25	1.33	8.25
D	异戊烷	0.2	2.40	114.5
E	正戊烷	0.35	1.25	13.46

表中 *CES* 值指该分离点下系统的分离易度系数，如表中数值5.26可由下面计算得出

$$f=\frac{0.05}{1-0.05}=\frac{1}{19}$$

$$\Delta=(2.0-1)\times 100=100$$

$$CES=f\Delta=\frac{100}{19}=5.26$$

拟采用常规蒸馏，试综合出合适的分离序列，分离该5个组分为纯组分。

解：第一步，由规则1、规则2，采用常规蒸馏；由于轻组分沸点低，为减小冷冻负荷，采用加压下冷冻。

第二步，规则3、规则4未用。

第三步，按规则5，组分D、E间难分离，这是因为组分D、E间相对挥发度最小，$\alpha=1.25$，故放在最后分离。

第四步，按规则6，组分E含量大（0.35），似应先分离出去，但因为规则5优于规则6，所以组分E不宜先分离出去。

第五步，由于规则7，倾向于0.50/0.50分离，加上再考虑 *CES* 值，则ABC/DE，即C、D间为分离点较宜，此时为0.45/0.55分离，*CES*=114.5为最大。

第六步，现考虑A、B、C的分离方案选择，需要比较各分离点的 *CES* 值，如下：

参数	A/BC	AB/C
f	0.05/0.40	0.20/0.25
$\Delta=(\alpha-1)\times 100$	$(2.0-1)\times 100=100$	$(1.33-1)\times 100=33$
CES	12.5	26.4

所以，组分A、B、C的分离应优先采用AB/C的方案，其*CES*最大。则该题的解答为下面的分离序列。

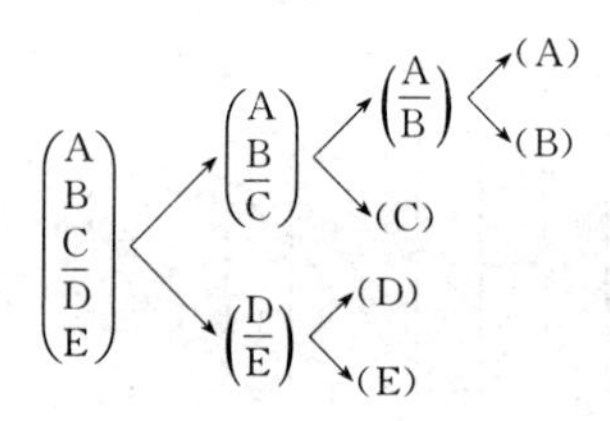

【例4-2】 试确定热裂解产物的分离序列，裂解气混合物组成如下：

直观推断法

代号	组分	流量 *F* /(kmol/h)	标准沸点 *T*/℃	相邻组分沸点差 Δ*T*/℃	分离易度系数 *CES*
A	氢气	18	−253	92	23.0
B	甲烷	5	−161	57	19.6
C	乙烯	24	−104	16	14.6
D	乙烷	15	−88	40	18.1
E	丙烯	14	−48	6	1.1
F	丙烷	6	−42	41	4.0
G	重组分	8	−1		

要求分离出6个产品AB、C、D、E、F、G。注意，A、B两组分混合物为一个产品。

解：(1) 由规则1、规则2，采用常规精馏；由于轻组分沸点低，为减小冷冻负荷，采用加压下冷冻。

(2) 由规则3，A、B不要分开，因为A、B两组分混合物为单个产品。

(3) 规则4未用。

(4) 由规则5，C/D和E/F分离应放在最后，因为其对应相邻组分沸点差较小。

(5) 规则6未用。

(6) 由规则7，AB/CDEFG分离应该优先，因为该处其分离易度系数最大。

(7) 混合物CDEFG的分离方案应该首先选择CD/EFG或CDEF/G分离，其相关参数如下：

方案	参数		
	f	Δ*T*/℃	*CES*
CD/EFG	28/39	40	28.7
CDEF/G	8/59	41	5.6

由规则7选择分离方案CD/EFG。

(8) 最终得到分离序列如下：

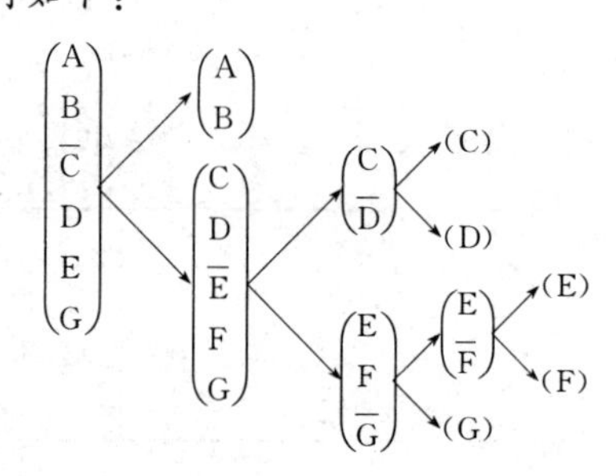

4.4 渐进调优法

通常情况，直观推断法可以得出较好的初始分离序列。在初始分离序列的基础上，要进一步考虑分离序列中每个分离单元的操作参数，甚至部分地考虑其他替代分离方案。在此过程中经常应用渐进调优法，使开发的分离序列更具实用价值。

所谓渐进调优法，就是对某个初始分离序列，按照预定的调优法则和调优策略，通过进行一系列小的改进，逐渐接近最优分离序列的方法。在调优过程中必须对每一个新的分离序列估算费用以确定其优劣。该法包括三个方面的内容：建立初始分离序列、确定调优法则和制定调优策略。

4.4.1 建立初始分离序列

类似最优化问题中初值点的确定，建立好的初始分离序列对解决分离序列最优综合问题是十分重要的。如果初始分离序列接近最优分离序列，则只需经过少量调优步骤就可能达到最优分离序列；如果初始分离序列远离最优分离序列，则需要经过很多调优步骤才可能达到最优分离序列。从严格数学意义上来讲，渐进调优并不能保证得到最优分离序列。获得初始分离序列的方法有两种：在概念设计阶段，一般利用直观推断获得初始分离序列；实施技术改造时，通常参考现有生产装置确定初始分离序列。

4.4.2 确定调优法则

有了初始分离序列，便可开始对其进行渐进调优。渐进调优借助于调优法则。所谓调优法则就是指产生与当前分离序列相容结构的变化机制，文献［11］提出的调优法则可以归结为如下两条：

(1) 相邻层次切分点序列位置变换

实际上，可行分离序列就是历经各个切分点的某种切分顺序。交换任意相邻层次切分点所处的序列位置，将形成一系列互为相邻的分离序列。在进行变换时，为了保证上下相邻分离序列之间差别不大，应该沿袭相关子序列。

(2) 用不同的分离方法代替方案

对一定的分离任务，采用现方法Ⅱ代替原方法Ⅰ。在方法替代时，为了保证替代前后分离序列之间差别不大，每次应只改变分离序列中某一个分离单元的类型。

调优法则应该具有以下三条性质：

① 有效性，利用调优法则产生的分离序列应该是可行的；

② 完整性，反复应用调优法则可以产生所有可能分离序列；

③ 合理性，相邻分离序列间不应存在十分显著的差异。

4.4.3 制定调优策略

为了尽快得到最优分离序列，在利用调优法则对初始分离序列进行渐进调优时，需要在一定的调优策略支配下进行。所谓调优策略，是某种用来指导调优逐步朝着最优分离序列（费用减少）方向前进的方法。现有的调优策略大概有以下三种。

(1) 广度第一策略

利用各种调优法则从现行分离序列（如初始分离序列）产生全部可行的相邻分离序列。通过模拟计算得到各分离序列的费用，选择其中费用最低的作为新的现行分离序列。重复这一过程，直至找到最优分离序列。

广度第一策略与直观推断相结合，可以达到简捷实用的效果。具体做法是：在产生全部可行的相邻分离序列后，用直观推断法选择其中最好的分离序列，作为下一步调优的候选分离序列，通过严格计算候选分离序列的费用，予以确认是否有所改进。

(2) 深度第一策略

利用某种调优法则对现行分离序列（如初始分离序列）进行反复调优，直到找到局部最优分离序列。再改用其他调优法则对此局部最优分离序列进行反复调优。如此轮换应用调优法则进行反复调优，直到无法产生更优的相邻分离序列，此时的现行分离序列即被认为是最优分离序列。

(3) 超前策略

若序列总数不多或考察的序列为局部最优时，则可以不仅对现行序列产生相邻分离序列，而且可以对所有的相邻分离序列产生拓展的相邻分离序列，甚至可以向前考察更多层次。通过模拟计算得到各分离序列的费用，选择其中费用最低的作为新的现行分离序列。

为了节省模拟计算量，可以通过合理的评优判据对相邻分离序列进行筛选，随后再对少数较优序列进行模拟计算，实际应用这种方法相当有效。文献已经提出的一些经验评优判据，包括：分离易度系数[10]、分离难度系数[6]、蒸汽负荷[12]、边际代价[13]及相对费用[14]等。

下面结合实例说明渐进调优法的应用。

【例 4-3】 设有丙烷、1-丁烯、正丁烷、反 2-丁烯、顺 2-丁烯、正戊烷 6 组分混合物，温度为 37.8℃，压力为 1.03MPa，各组分的摩尔流量如下：

代号	组分	标准沸点/℃	摩尔流量/(kmol/h)	相邻组分相对挥发度
A	丙烷	−42.1	4.5	2.45
B	1-丁烯	−6.3	45.5	1.18
C	正丁烷	−0.5	154.7	1.03
D	反-2-丁烯	0.9	48.2	2.89
E	顺-2-丁烯	3.7	36.8	2.50
F	正戊烷	36.1	18.2	

若工艺要求采用简单塔，可选用的分离方法有常规精馏（方法Ⅰ）或糠醛萃取精馏（方法Ⅱ）。所要求的产品为 A、C、BDE（混合丁烯）、F 四种。试用渐进调优法进行最优分离序列综合。

两种可选分离方法对应的顺序表分别为：方法Ⅰ ABCDEF；方法Ⅱ ACBDEF。

解：首先按照有序直观推断法确定初始分离序列。

根据规则 1，采用萃取精馏进行 C/DE 分割，而剩下的所有分割均采用常规精馏。

根据规则 2，精馏塔低温操作，所用压力为常压—中压。

根据规则 3，由于 D 和 E 均存在于同一最终产品（混合丁烯）中，故应避免在 DE 间进行分割。这里通过将 B 与 DE 混合就可以直接得到混合丁烯产品（BDE）。

根据规则 5，由于 C/DE 分割是较难进行的并且需要采用萃取精馏的方法，因此这个分割应当放在序列的最后。即在没有 A、B、F 组分存在的条件下进行。

根据规则 6，组分 C 是进料中含量最多的组分，因此应当尽快分离出去。但由于规则 5 优先于规则 6，因此不应自进料中将组分 C 首先分离出来。另外，由于 C/DE 分割采用萃取精馏最好放在序列的最后，这样就可以使中间序列尽可能地避免受质量分离剂糠醛的污染。

根据规则 7，按进料组成及相对挥发度数值，计算出采用两种可选分离方法时，各自第一个分离单元的 *CES* 值，并据此确定初始分离序列，同时抽象相应的分离序列节点分支结构，如图 4-5(a) 所示。

经计算如图 4-5(a) 所示初始分离序列的年度总费用为 877572 美元。将该初始分离序列作为当前分离序列，然后对其进行系统地渐进调优。

通过相邻层次切分点序列位置变换这一调优法则，产生当前分离序列的所有可行相邻分离序列。采用结合直观推断的广度第一策略，利用经验规则筛选较有希望的相邻分离序列，并只对该相邻分离序列进行计算评价，从而产生下轮搜索的当前分离序列。重复上述步骤，直到没有改进时为止。

首先，处理图 4-5(a) 所示的初始分离序列，通过相应分离序列节点分支结构变换实现。将节点 I_2 与 II_4 交换位置，得到相邻分离序列，如图 4-5(b) 所示。同样，将节点 I_2 与 I_3 交换位置，或将节点 I_1 与 I_2 交换位置，则产生两个相邻分离序列。如图 4-5(c) 和图 4-5(d) 所示。图 4-5(b)、图 4-5(c) 和图 4-5(d) 所示的分离序列，是由图 4-5(a) 所示的初始分离序列所产生的全部相邻分离序列。然后，利用经验规则筛选所得到的三个相邻分离序列。在图 4-5(b) 所示的相邻分离序列中，萃取精馏没能安排在分离序列的最后，根据规则 (5)，这个相邻分离序列不可取。通过模拟计算，图 4-5(c) 所示的分离序列年总费用为 884828 美元，劣于初始分离序列。图 4-5(d) 所示的分离序列年总费用为 860400 美元，优于初始分离序列。

因此，选用图 4-5(d) 所示的分离序列作为当前分离序列进行下一轮搜索。重复前面产生相邻分离序列的过程，得到图 4-5(e) 和图 4-5(f) 所示的全部上、下相邻分离序列。

通过经验规则可以推断，这些分离序列要劣于当前分离序列。年费用的实际计算结果分别为 869475 美元和 880600 美元。因此，图 4-5(d) 所示的分离序列可以作为一个较好的分离序列，并停止这些相邻分离序列的搜索，而改用局部调优的方式，即把某个使用分离方法Ⅰ的分离单元换用分离方法Ⅱ，或者把某个使用分离方法Ⅱ的分离单元换成分离方法Ⅰ。剔除掉已经产生过的分离序列后，所有可能的分离序列如图 4-5(g) 和图 4-5(h) 所示。通过经验规则可以推断，这两个分离序列均要劣于当前分离序列，其年度总费用分别为 3889151 美元和 1574488 美元，均远高于 880600 美元。因此，图 4-5(d) 所示的分离序列可以作为最优的或接近最优的分离序列。

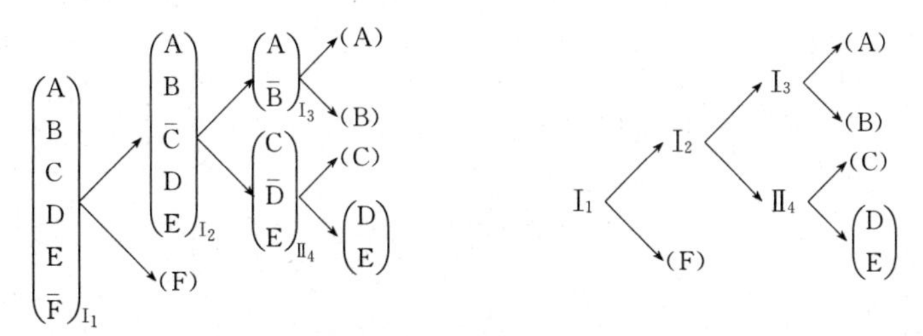

(a) 年总费用为 877572 美元

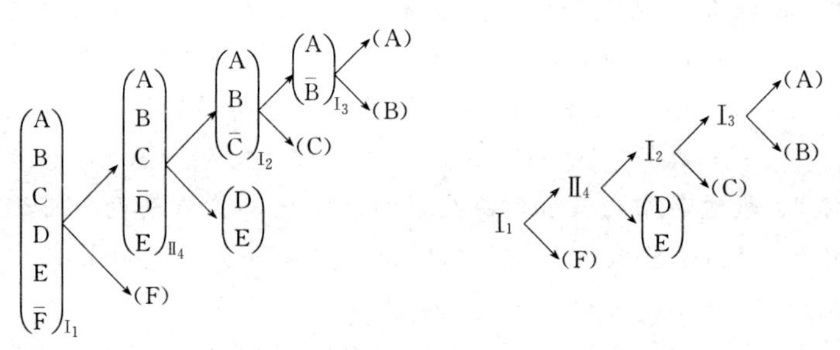

(b) 不可取相邻分离序列

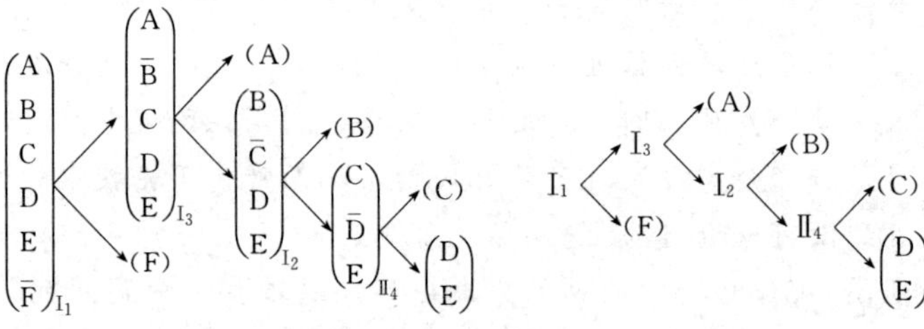

(c) 年总费用为 884828 美元

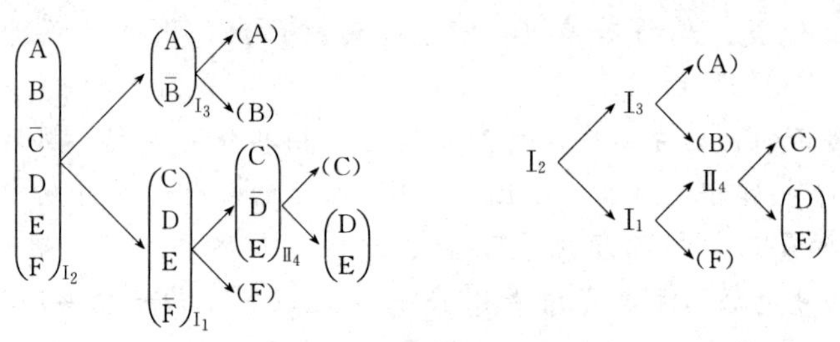

(d) 年总费用为 860400 美元

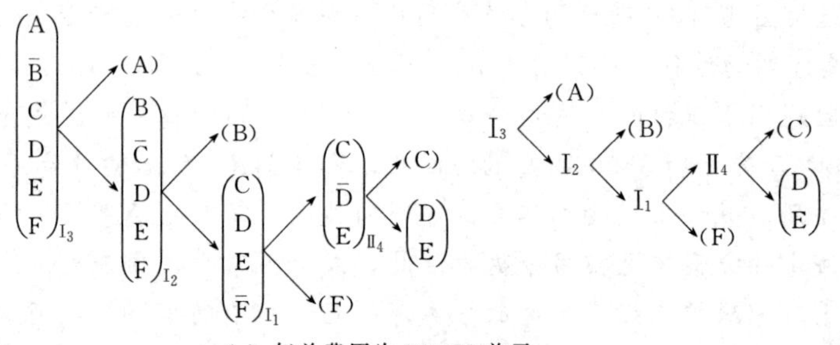

(e) 年总费用为 869475 美元

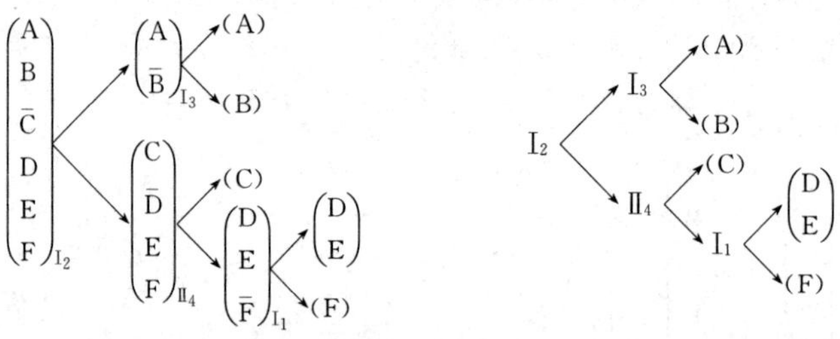

(f) 年总费用为 880600 美元

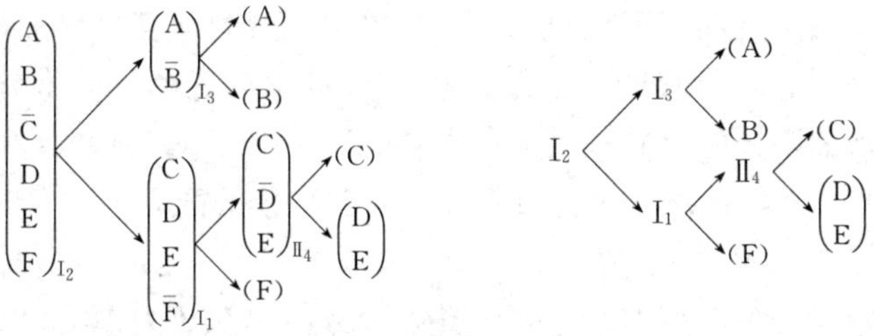

(g) 年总费用为 3889151 美元

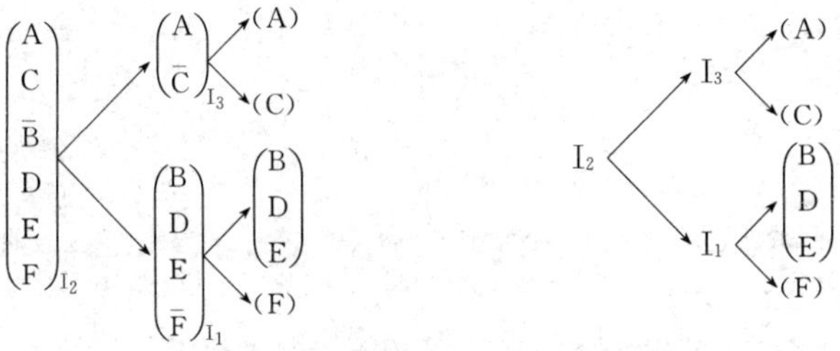

(h) 年总费用为 1574488 美元

图 4-5　[例 4-3] 渐进调优分离序列

事实上，该例所处理的分离序列综合问题：组分数 R 为 5，分离方法数 N 为 2，其可能分离序列数 S_R 为 224。如果计算评价所有可能分离序列，由于模拟计算非常复杂，所以其工作量相当可观。通过采用适当的渐进调优方法，该例总共产生了 8 个相邻分离序列，并且只计算了其中 7 个分离序列的费用。

4.5　数学规划法

解决精馏分离序列综合问题，最原始的方法是枚（穷）举法。所谓枚举法就是计算每个可能的分离序列方案，经过比较从中找出最优分离序列。由于精馏分离序列问题具有组合爆炸特性，当组分数较大时，采用枚举法解决精馏分离序列综合问题，将导致算法丧失可行性。

运筹学中的各种数学规划已经成为解决优化问题的重要手段，成功用于精馏分离序列综合的数学规划方法包括：动态规划、分支定界、有序分支搜索、有序搜索和超结构法等。数学规划法具有严格的数学理论基础，可以保证得到特定评价指标下的最优分离序列，然而计算量过大又是其致命缺点。接下来将分别扼要介绍动态规划法、有序分支搜索法和超结构法。

4.5.1　动态规划法

动态规划的研究对象是多阶段决策问题。所谓多阶段决策问题是指这样一类活动过程：整个过程可以分为若干个阶段，在每一阶段都需要做出决策，各阶段决策所构成的决策序列称为策略。动态规划就是要在可供选择的策略中，选取一个最优策略，使其所对应的效果在预定的标准下是最好的。

分离序列综合问题恰好可以看成是一个多阶段决策过程。Hendry 和 Hughes[15] 首先将动态规划用于解决分离序列综合问题。根据动态规划原理，如果一个分离序列是最优的，则该分离序列综合过程的各阶段决策也必定是最优的。R 组分精馏分离序列综合问题，可能出现的不同数目的多组分子群数为 $R-1$，因此分离序列的综合问题就可以看成是 $R-1$ 阶段决策过程。在进行所有可能多组分子群分离决策时，动态规划法需要计算全部独立分离单元。

例如 4 组分精馏分离序列综合问题，其独立分离单元数为 10，如图 4-6 所示。

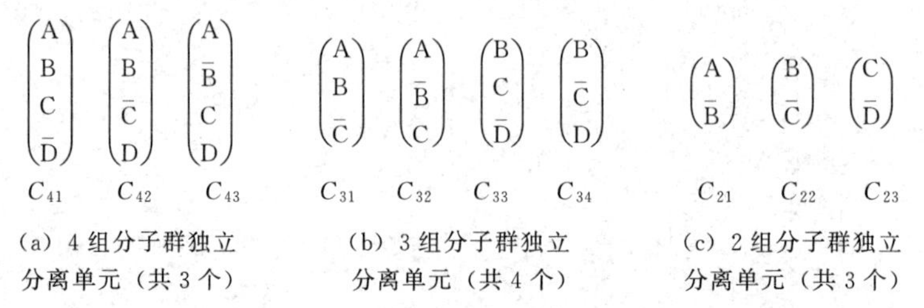

（a）4 组分子群独立分离单元（共 3 个）　（b）3 组分子群独立分离单元（共 4 个）　（c）2 组分子群独立分离单元（共 3 个）

图 4-6　4 组分精馏分离序列综合不同组分子群相应独立分离单元

其中，短横线“—”表示分割点，C_{ij} 表示 i 组分子群相应 j 独立分离单元年度总费用。

4 组分精馏分离序列综合问题，可以视为一个 3 阶段决策过程，将 ABCD 混合物设为初始状态，则所有可能分离序列形成树状结构；将 A、B、C、D 纯净物设为终止状态，则形成由起点到终点的决策序列，如图 4-7 所示。

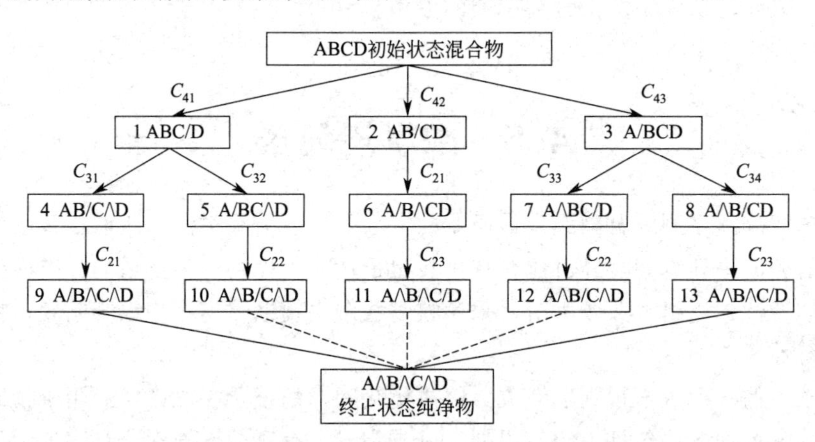

图 4-7　4 组分分离序列综合问题多阶段决策示意图

如果进行顺序决策，每阶段决策不仅需要考虑当前状态分离费用，而且还要考虑后继分离序列的费用数值。例如：第一阶段决策，不仅需要考虑 1 _ C_{41}、2 _ C_{42} 和 3 _ C_{43} 分离单元选择，还要考虑后继分离序列的选择。使用动态规划习惯进行逆序求解，然后经过回溯得到最优策略。

动态规划的最优化原理为：“作为整个过程的最优策略具有这样的性质，即无论前面的状态和决策如何，对前面的决策所形成的状态而言，余下的各阶段策略必须构成最优策略”。根据此原理，在问题求解时各状态前面的状态和决策，对其后面的子问题只不过相当于其初始状态而已，并不影响后面过程的最优策略。为此，可以把多阶段决策问题的求解过程看成是一个连续的递推过程，由后逐阶段向前推算。

N 阶段决策过程目标函数可以写成

$$\min\Phi=\sum_{k=0}^{N-1}C(X_k,U_k) \tag{4-1}$$

式中 X_k——第 k 阶段决策的终止状态或者第 $k+1$ 阶段决策的起始状态；

U_k——第 $k+1$ 阶段的控制或决策；

$C(X_k, U_k)$——第 $k+1$ 阶段的费用函数。

若令 $V_j(X_i)$ 表示自 X_i 状态出发经过 j 阶段决策转移到终止状态时目标函数的最小值。则按动态规划的最优化原理可以得到如下递推方程式

$$V_{N-k}(X_k)=\min_{U_k\in U}\{C(X_k,U_k)+V_{N-(k+1)}(X_{k+1})\}\quad(k=0,1,\cdots,N-1) \tag{4-2}$$

$$V_0(X_N)=S(X_N) \tag{4-3}$$

式中，$S(X_N)$ 表示由于终止状态不同所反映的费用函数值，一般在分离序列综合问题中，终止状态只有一个，因此 $S(X_N)=0$。

针对三阶段决策过程，上述递推公式可以分别展开如下：

对第三阶段决策过程（$k=2$，$N=3$），由式(4-2)、式(4-3) 得

$$V_1(X_2)=\min_{U_2\in U}\{C(X_2,U_2)+V_0(X_3)\}$$

及

$$V_0(X_3)=S(X_3)=0$$

则

$$V_0(X_2)=\min_{U_2\in U}\{C(X_2,U_2)\}$$

对于不同的状态，有

$$V_1(4)=\min_{U_2\in U}\{C(4,U_2)\}=C_{21} \tag{4-4a}$$

同理

$$V_1(5)=V_1(7)=C_{22} \tag{4-4b}$$

$$V_1(6)=V_1(8)=C_{23} \tag{4-4c}$$

对第二阶段决策过程（$k=1$，$N=3$），由式(4-2) 得

$$V_2(X_1)=\min_{U_2\in U}\{C(X_1,U_1)+V_1(X_2)\}$$

对于不同的节点，则有

$$V_2(1)=\min_{U_1\in U}\{C(1,U_1)+V_1(X_2)\}=\min_{U_1\in U}\begin{Bmatrix}C_{31}+V_1(4)\\C_{32}+V_1(5)\end{Bmatrix} \tag{4-5a}$$

$$V_2(2)=\min_{U_1\in U}\{C_{21}+V_1(6)\} \tag{4-5b}$$

$$V_2(3)=\min_{U_1\in U}\begin{Bmatrix}C_{33}+V_1(7)\\C_{34}+V_1(8)\end{Bmatrix} \tag{4-5c}$$

对第一阶段决策过程（$k=0$，$N=3$），由式(4-2) 得

$$V_3(0)=\min_{U_0\in U}\{C(0,U_0)+V_2(X_1)\}=\min_{U_0\in U}\begin{Bmatrix}C_{41}+V_2(1)\\C_{42}+V_2(2)\\C_{43}+V_2(3)\end{Bmatrix} \tag{4-6}$$

应用递推公式，从式(4-4) 中解出 $V_1(X_2)$，代入式 (4-5) 中解出 $V_2(X_1)$，再代入式(4-6) 中解出 $V_3(X_0)$，即目标函数的最优值。然后，将上述计算过程反演，便可得出各阶段决策，即最优分离序列。

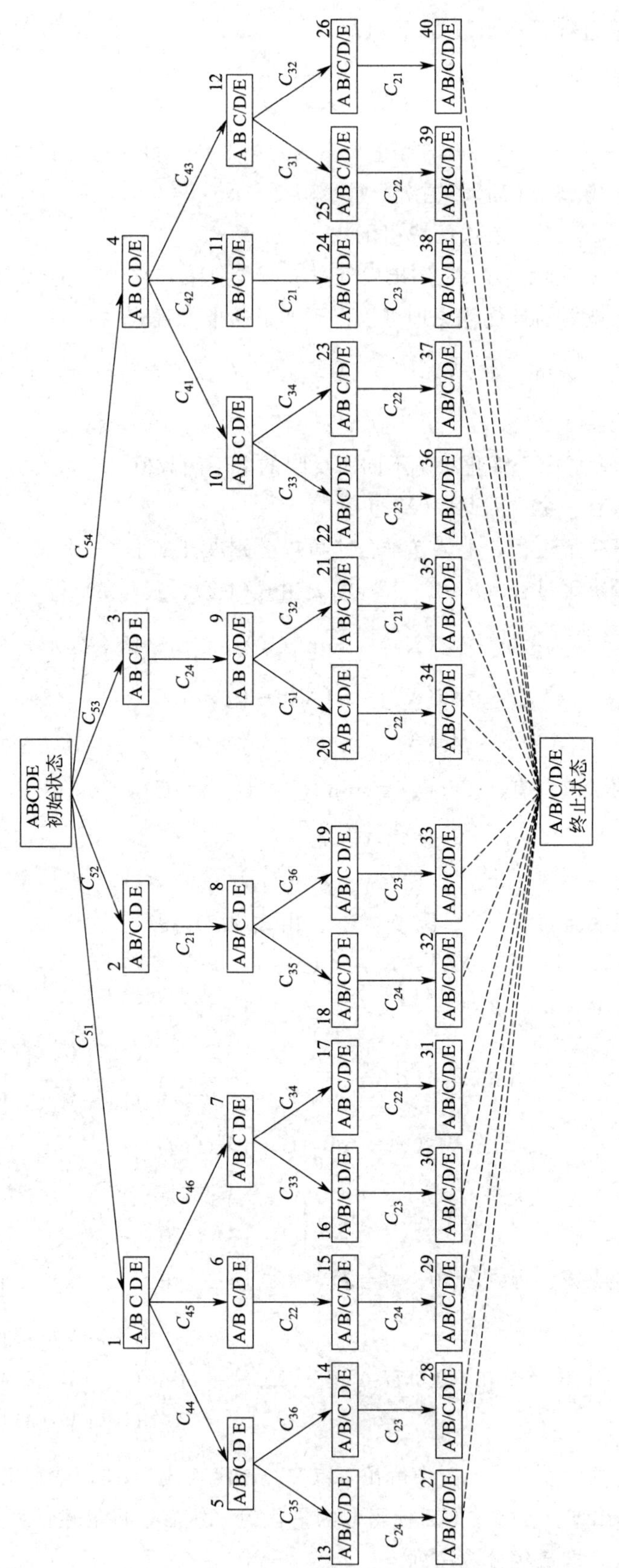

图 4-8 动态规划 4 阶段决策过程

动态规划属于隐（部分）枚举法，它是一个比穷举法有效得多的算法。对精馏分离序列综合问题，在计算数学上，前者是一个可行算法，而后者是不可行算法。实质上，动态规划是在比原搜索空间小得多的空间上进行穷举的算法。动态规划通过构造子问题阶段决策逐步达到问题最优策略，算法有效利用了子问题最优策略从而显著降低了组合规模。组合数学算法分析表明，动态规划用于解决精馏分离序列综合问题，其时间复杂性为$o(n^3)$，空间复杂性为$o(n^2)$。

动态规划法要详细计算全部独立分离单元，当问题规模增大时，它的计算工作量也是相当可观的。下面结合实例说明动态规划法的应用。

【例 4-4】 设有丙烷、异丁烷、正丁烷、异戊烷、正戊烷 5 组分轻烃混合物，其流量为 907.2kmol/h，各组分的摩尔分数如下：

组分	摩尔分数	组分	摩尔分数
A(丙烷)	0.05	D(异戊烷)	0.20
B(异丁烷)	0.15	E(正戊烷)	0.35
C(正丁烷)	0.25		

动态规划法

解： 若工艺要求采用简单塔精馏，所有产品均为单组分纯净物，试用动态规划进行分离序列综合。

5 组分精馏分离序列综合问题，可能分离序列数为 14，独立分离单元数为 20，可以看成是 4 阶段决策过程，如图 4-8 所示。通过详细模拟计算可以得出所有独立分离单元的费用，如表 4-6 所示。

表 4-6 所有独立分离单元及相关子序列费用 单位：10^5元/年

子群	独立分离单元	独立分离单元费用	子序列费用	子群最小分离费用	分离序列
(A,B)	A/B	C_{21} 0.2613	0.2613	0.2613	(A/B) → (A)，(B)
(B,C)	B/C	C_{22} 0.9493	0.9493	0.9493	(B/C) → (B)，(C)
(C,D)	C/D	C_{23} 0.5927	0.5927	0.5927	(C/D) → (C)，(D)
(D,E)	D/E	C_{24} 1.6920	1.6920	1.6920	(D/E) → (D)，(E)
(A,B,C)	A/BC	C_{31} 0.3953	1.3446	1.3446	(A/BC) → (A)，(B/C) → (B)，(C)
	AB/C	C_{32} 1.1980	1.4593		

续表

子群	独立分离单元	独立分离单元费用	子序列费用	子群最小分离费用	分离序列
(B,C,D)	B/CD	C_{33} 1.1260	1.7187		$(B,C,\bar{D})$ → $(B,\bar{C})$ → (B)，(C)；→ (D)
	BC/D	C_{34} 0.7675	1.7168	1.7168	
(C,D,E)	C/DE	C_{35} 0.7817	2.4737		$(C,D,\bar{E})$ → $(C,\bar{D})$ → (C)，(D)；→ (E)
	CD/E	C_{36} 1.8530	2.4457	2.4457	
(A,B,C,D)	A/BCD	C_{41} 0.4707	2.1875	2.1875	$(A,\bar{B},C,D)$ → (A)；→ $(B,C,\bar{D})$ → $(B,\bar{C})$ → (B)，(C)；→ (D)
	AB/CD	C_{42} 1.4050	2.2590		
	ABC/D	C_{43} 0.9445	2.2891		
(B,C,D,E)	B/CDE	C_{44} 1.3340	3.7797		$(B,C,\bar{D},E)$ → $(B,\bar{C})$ → (B)，(C)；→ $(D,\bar{E})$ → (D)，(E)
	BC/DE	C_{45} 0.9443	3.5856	3.5856	
	BCD/E	C_{46} 2.4180	4.1348		
(A,B,C,D,E)	A/BCDE	C_{51} 0.5715	4.1571	4.1571	$(A,\bar{B},C,D,E)$ → (A)；→ $(B,C,\bar{D},E)$ → $(B,\bar{C})$ → (B)，(C)；→ $(D,\bar{E})$ → (D)，(E)
	AB/CDE	C_{52} 1.6500	4.3570		
	ABC/DE	C_{53} 1.1490	4.1856		
	ABCD/E	C_{54} 2.6600	4.8475		

按递推公式，对第四阶段决策过程求最优值函数为

$V_1(13)=C_{24}=1.6920\times10^5$ 元/年

$V_1(14)=C_{23}=0.5927\times10^5$ 元/年

$V_1(15)=C_{24}=1.6920\times10^5$ 元/年

$V_1(16)=C_{23}=0.5927\times10^5$ 元/年

$V_1(17)=C_{22}=0.9493\times10^5$ 元/年

$V_1(18)=C_{24}=1.6920\times10^5$ 元/年

$V_1(19)=C_{23}=0.5927\times10^5$ 元/年

$V_1(20)=C_{22}=0.9493\times10^5$ 元/年

$V_1(21)=C_{21}=0.2613\times10^5$ 元/年

$V_1(22)=C_{23}=0.5927\times10^5$ 元/年

$V_1(23)=C_{22}=0.9493\times10^5$ 元/年

$V_1(24)=C_{23}=0.5927\times10^5$ 元/年

$V_1(25)=C_{22}=0.9493\times10^5$ 元/年

$V_1(26)=C_{21}=0.2613\times10^5$ 元/年

同样，用递推公式对第三阶段决策过程求最优值函数为

$$V_2(5)=\min\begin{Bmatrix}0.7817\times10^5+1.6920\times10^5\\1.8530\times10^5+0.5927\times10^5\end{Bmatrix}=2.4457\times10^5\ \text{元/年}$$

$$V_2(6)=\min\{0.9493\times10^5+1.6920\times10^5\}=2.6413\times10^5 \text{ 元/年}$$

$$V_2(7)=\min\begin{Bmatrix}1.1260\times10^5+0.5927\times10^5\\0.7675\times10^5+0.9493\times10^5\end{Bmatrix}=1.7168\times10^5 \text{ 元/年}$$

$$V_2(8)=\min\begin{Bmatrix}0.7817\times10^5+1.6920\times10^5\\1.8530\times10^5+0.5927\times10^5\end{Bmatrix}=2.4457\times10^5 \text{ 元/年}$$

$$V_2(9)=\min\begin{Bmatrix}0.3953\times10^5+0.9493\times10^5\\1.1980\times10^5+0.2613\times10^5\end{Bmatrix}=1.3446\times10^5 \text{ 元/年}$$

$$V_2(10)=\min\begin{Bmatrix}1.1260\times10^5+0.5927\times10^5\\0.7675\times10^5+0.9493\times10^5\end{Bmatrix}=1.7168\times10^5 \text{ 元/年}$$

$$V_2(11)=\min\{0.2613\times10^5+0.5927\times10^5\}=0.8540\times10^5 \text{ 元/年}$$

$$V_2(12)=\min\begin{Bmatrix}0.3953\times10^5+0.9493\times10^5\\1.1980\times10^5+0.2613\times10^5\end{Bmatrix}=1.3446\times10^5 \text{ 元/年}$$

同理，第二阶段决策过程求最优值函数为

$$V_3(1)=\min\begin{Bmatrix}1.3340\times10^5+2.4457\times10^5\\0.9443\times10^5+2.6413\times10^5\\2.4180\times10^5+1.7168\times10^5\end{Bmatrix}=3.5856\times10^5 \text{ 元/年}$$

$$V_3(2)=\min\{0.2613\times10^5+2.4457\times10^5\}=2.7070\times10^5 \text{ 元/年}$$

$$V_3(3)=\min\{1.6920\times10^5+1.3446\times10^5\}=3.0366\times10^5 \text{ 元/年}$$

$$V_3(4)=\min\begin{Bmatrix}0.4707\times10^5+1.7168\times10^5\\1.4050\times10^5+0.8540\times10^5\\0.9445\times10^5+1.3446\times10^5\end{Bmatrix}=2.1875\times10^5 \text{ 元/年}$$

同样，第一阶段决策过程求最优值函数为

$$V_4(0)=\min\begin{Bmatrix}0.5715\times10^5+3.5856\times10^5\\1.6500\times10^5+2.7070\times10^5\\1.1490\times10^5+3.0366\times10^5\\2.6600\times10^5+2.1875\times10^5\end{Bmatrix}=4.1571\times10^5 \text{ 元/年}$$

故最优分离序列的年总费用为 4.1571×10^5 元/年，将各阶段最优值函数回溯反演即可求得整体最优策略，即最优分离序列，如图 4-9 所示。

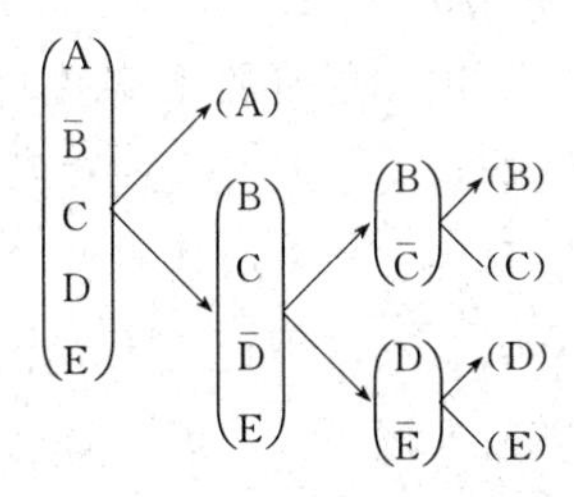

图 4-9　动态规划得出最优分离序列

4.5.2　有序分支搜索法

动态规划法需要检验全部的分离子问题，而有序分支搜索法是从过程进料开始，使用向前分支和回溯来找到最优的序列[16-18]。有序分支搜索法的内核是分支定界，即通过分块求解和不断更新的上限，使得不必搜索全部独立分离单元便可找到最优分离序列。而其有序则体现在遍历分离序列空间时人为制定的经验规则上。最为广泛使用的规则是最低费用规则，即优先搜索当前分支中费用最低的节点，回溯后再遍历费用次低的节点，依次类推。此外，有序分支搜索法利用费用分布函数预测完整分离序列的费用下限，通过比较后予以取舍，则能进一步缩小搜索空间。因此，有序分支搜索法对于大规模多组分或者多分离方法的问题具有明显的优势。

下面以常规精馏分离 4 组分 ABCD 混合物为例来说明有序分支搜索法的实施方法。所有可能的分离子问题和分离单元如图 4-7 所示，其费用数据如表 4-7 所示。

表 4-7　4 组分分离费用数据

组分群	分离子问题	单元标号	费用/($\times10^3$ 美元/a)
ABCD	ABC/D	C_{41}	510
	AB/CD	C_{42}	254
	A/BCD	C_{43}	85
ABC	AB/C	C_{31}	197
	A/BC	C_{32}	59
BCD	BC/D	C_{33}	500
	B/CD	C_{34}	247
AB	A/B	C_{21}	15
BC	B/C	C_{22}	190
CD	C/D	C_{23}	420

动态规划法是从下往上逐阶段推算，而有序分支搜索是从上往下推进。从进料 ABCD 开始，最低费用的分离方案是 A/BCD，得到产品 A 和中间进料 BCD。对于 BCD 进料，最经济的分离方案是 B/CD，得到产品 B 和中间进料 CD。对于 CD，只有一种分离方案可选，得到最终产品 C 和 D。这样整个序列记为 3-8-13，其总费用为（单位为$\times10^3$ 美元/a，下同）85＋247＋420＝752。这个序列费用就是初始的上限，接下来将通过回溯和分支搜索是否存在更低费用的序列。

如果某一后来的序列的总费用相比当前的上限更低，则其费用将成为新的上限。图 4-7 中分支 13 上方只有一个候选项存在，需要一直回溯到分支 3 的 A/BCD 状态才存在其他选择。按照最低费用选择，接下来遍历费用次低的分支 7，部分序列 3-7 费用为 85＋500＝585，小于当前上限 752，因此需要继续向下搜索，最终 3-7-12 完整序列费用为 585＋190＝775，大于当前上限 752，因此原上限保留。如此直到遍历完整个搜索空间。

表 4-8 展示了有序分支搜索的遍历路径，需要特别指出的是，有序分支搜索并不需要每次都完整搜索整个序列，例如 1-4 部分序列费用为 510＋197＝707，大于当时上限 2-6-11的费用，即 254＋420＋15＝689，无需继续往下搜索。从表 4-8 可知，最优序列为 2-6-11 即 AB/CD；A/B；C/D。

表 4-8　有序分支搜索的遍历路径

搜索序列	3-8-13	3-7-12	2-6-11	1-5-10	1-4
总费用/(×10³ 美元/a)	752	775	689	759	707

4.5.3　超结构法

前面介绍的几种分离序列综合方法多用于简单塔锐分离情景，难以拓展至更为复杂的模糊分离、热耦合、热集成情景。因此一种新的分离序列综合策略即“超结构”（superstructure）法被提出来，并逐渐成为学术研究主流方法[19-26]。

精馏序列综合的超结构法首先建立一种可以简化的超结构网络，其包含所有可能的分离序列，然后，基于所提超结构来建立数学模型，最后，通过优化技术，将多余的序列剔除，得到最优的分离序列。值得注意的是最优序列必是超结构的某一简化网络。

“状态任务网络”（State-Task Network，简称 STN）表达法以其简单易懂，拓展性强的优点成为精馏序列综合研究中广泛采用的超结构法之一。本节将扼要介绍状态任务网络的基本概念，侧重于分离序列的超结构表示，而简化建模求解过程。

4.5.3.1　状态任务网络基本概念

状态任务网络在精馏序列综合上具体应用最初由 Sargent（1998）[20]提出，其可以描述成通过线相互连接的一系列节点（这些节点代表状态，包括进料、产品和中间状态），这些连接线代表从一个状态转变到后续状态的分离任务，连接线上可以标注完成此分离任务所需要的换热器类型。

对于处理 4 组分进料的简单塔锐分离序列，其状态任务网络如图 4-10 所示。从图中可以看出“状态”与表 4-1 所列 4 组分进料子群相同，对于简单塔锐分离序列，连接线所表示的“任务”也与表 4-2 所列的分离子问题相同。因此从某种意义上来说状态任务网络可以理解为将子群与分离子问题系统化组合的图示方法。

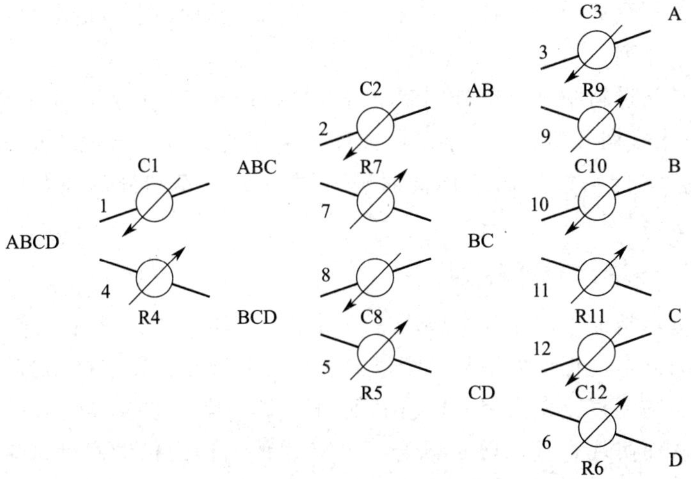

图 4-10　4 组分进料的状态任务网络

状态任务网络是一种抽象的拓扑结构，与我们通常所熟悉的精馏塔分离流程具有一一对应的关系。图 4-11 即为图4-10中状态任务网络所对应的基于简单塔的超结构。对比两图可以看出，状态任务网络中某一连接线对应于简单塔的一个塔段。塔段定义为在顶部有液相进料和底部有气相进料的一段精馏板（或填料层），塔段中间无进料和采出的流股并包含传热设备。通过塔段的净流量可能是向上的或向下的，取决于经过塔段的液相和气相流股的相对流量。如果净流量是向上的（气相流股流量大于液相流股流量），即为精馏段，如果净流量是向下，即为提馏段。图4-10中斜向上线对应于精馏段，斜向下线对应于提馏段。

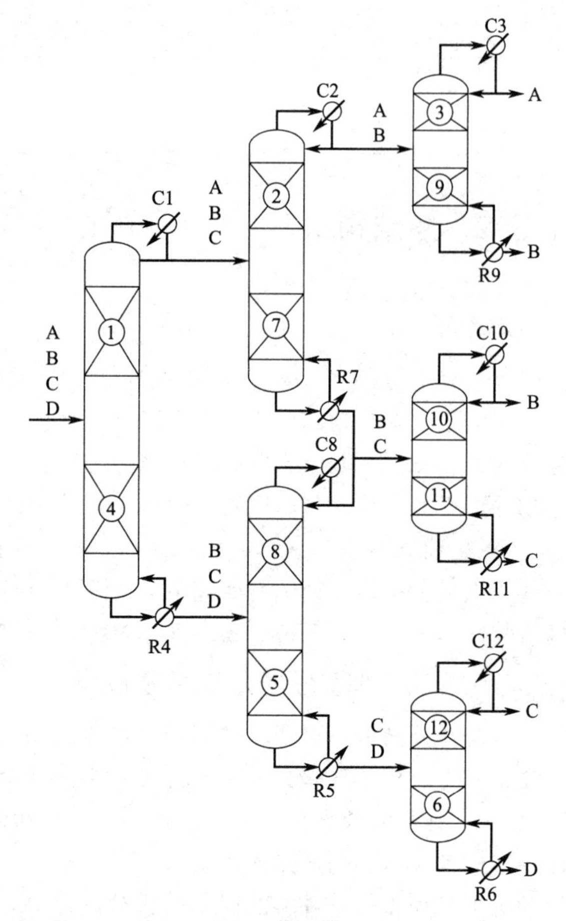

图 4-11　图 4-10 状态任务网络对应的简单塔超结构

理解超结构法要重点抓住其可简化特性。由于超结构试图包含所有可能的分离序列，因此其拓扑结构必然存在某种程度的冗余。每一个可行分离序列只会激活图 4-10 中某几个节点与连接线。值得注意的是，任意一个可行分离序列都应激活进料状态节点和所有产品节点。图 4-10 中的状态任务网络包含 5 种简单塔锐分离状态任务子网络，如图 4-12 所示。这 5 种简单塔状态任务子网络分别与图 4-2 中的 5 个分离序列一一对应。显然，图4-10所示的状态任务网络所包含的分离序列远远超过 5 种简单塔锐分离序列，其他所包含的分离序列我们称之为简单塔模糊分离序列。

模糊分离是指进料中某一组分同时出现在塔顶产品和塔底产品中的分离操作，例如ABC/BCD。引入模糊分离后，可能的分离序列数量将远远大于简单塔锐分离序列的规模。状态空间任务网络能够简洁地同时囊括锐分离与模糊分离序列，具有良好的通用性。

4.5.3.2　热耦合精馏序列

常规的简单塔精馏分离序列每座塔塔顶采用全凝器，塔底采用再沸器。研究者发现在多组分物系的分离过程，如果从某个塔内引出一股液相物流直接作为另一塔塔顶液相回流或一股气相物流直接作为另一塔塔底气相回流，则在这些塔中，可以避免使用冷凝器或再沸器，从而实现直接的热量耦合。含有这种结构的精馏序列即为热耦合精馏序列，最早由 Petlyuk[22] 在三组分物系分离中提出，研究表明热耦合精馏序列相比传统简单塔精馏序列节能高达 30%。如果完成 N（$N>2$）组分物系分离任务只用到一个再沸器和一个冷凝器，则称为完全热耦合精馏序列，如果用到的再沸器或冷凝器个数多于 1

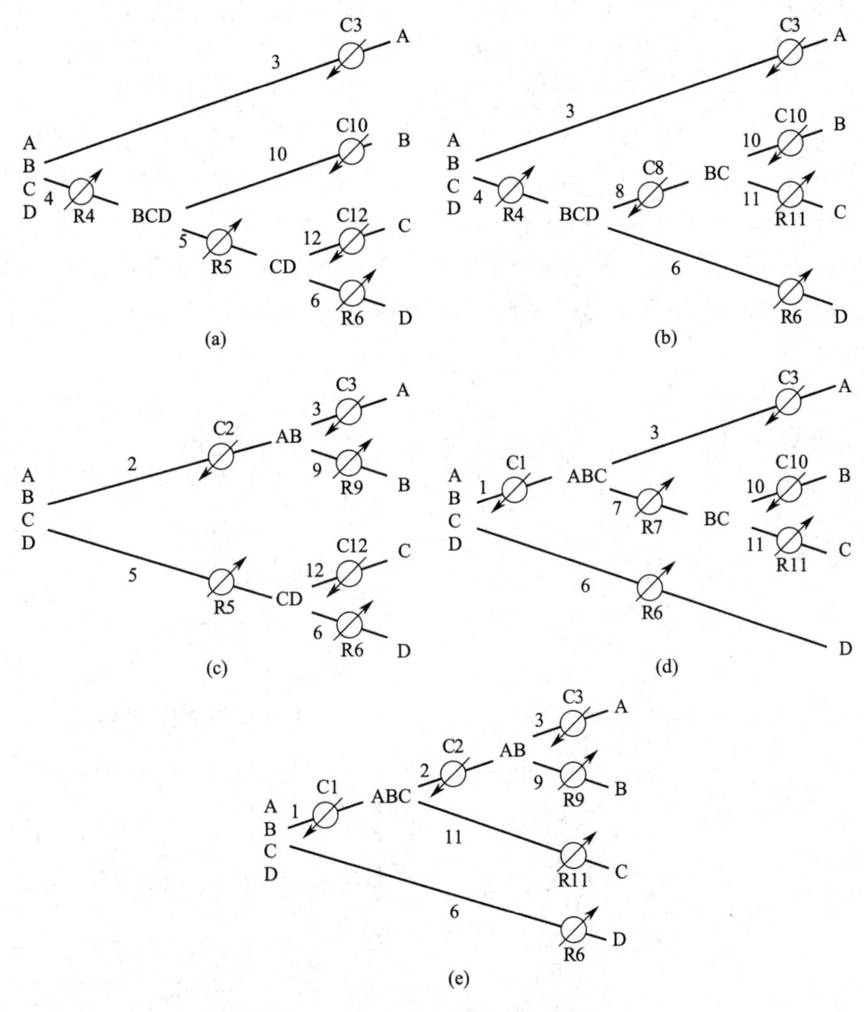

图 4-12　4 组分简单塔锐分离状态任务子网络

个，但少于（$N-1$）个，则称为部分热耦合精馏序列。

状态任务网络能够方便地拓展至热耦合精馏序列，由简单塔精馏序列衍生出的热耦合精馏塔序列规则由 Agrawal[21] 提出，接下来按照初始精馏分离序列类型的不同分别进行阐述。

(1) 锐分离衍生热耦合精馏序列

规则 1　将简单塔锐分离状态任务子网络作为初始网络时，逐个消除与产品无关的换热器并用气液双向流股替代，可得到一系列部分热耦合精馏序列。

锐分离精馏序列中因为每一个产品有且只有一个分离任务与之相对应，又因为假定采出液相产品，因此锐分离情况下与产品有关的换热器不能替换，所以锐分离序列只能衍生出部分热耦合序列。

下面举例对规则 1 进行说明。以图 4-13(a) 所示为初始状态任务网络，其对应锐分离精馏序列如 4-13(b) 所示。首先选定与产品无关的再沸器 R4 进行替换，即在衍生网络Ⅰ［图 4-13(c)］中将再沸器 R4 标识删掉，对应于热耦合分离精馏序列Ⅰ［图 4-13(d)］，即用气液双向流股替代原再沸器 R4 连接塔一和塔二。值得注意的是，塔一全塔气液相流率没有发生变化，但是塔二多了一个侧线气相采出，这将由再沸器 R6 提供。因此虽然再沸器 R4 热负荷没有了，再沸器 R6 热负荷却将部分增加，节能来自于塔二提馏段分离效率的提高。类似地，选定与产品无关的冷凝器 C8 进行替换，即在衍生网络Ⅰ［图 4-13(e)］中将冷凝器 C8 标识删掉，对应于热耦合分离精馏序列Ⅱ［图 4-13(f)］即用气液双向流股替代原冷凝器 C8 连接塔二和塔三。值得注意的是，此时塔二全塔气液相流率没有发生变化，但是塔三多了一个侧线液相采出，并且进料状态由液相变为气相，为了维持塔三提馏段液相流量不变，塔三冷凝器 C10 负荷将变大，但变大部分仍小于原冷凝器 C8 负荷，节能来自于塔三精馏段分离效率的提高。

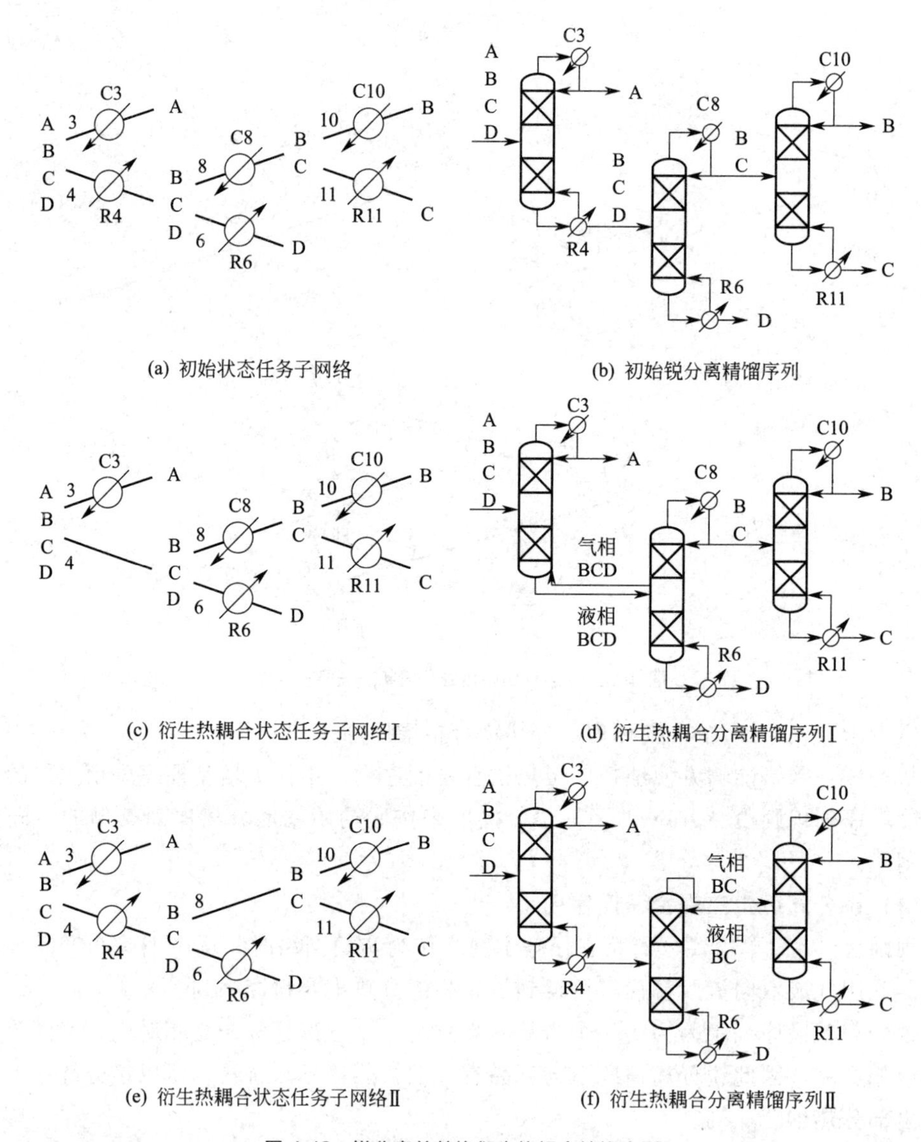

图 4-13　锐分离单替换衍生热耦合精馏序列

替换规则可以使用多次，如图 4-14(a) 所示，即为双替换衍生热耦合状态任务子网络Ⅲ。由图 4-13(b) 简单塔锐分离序列直接对再沸器 R4 和冷凝器 C8 进行替换，所得热耦合精馏序列如图 4-14(b) 所示。但是塔段之间存在气液双线连接时，塔段可以跨

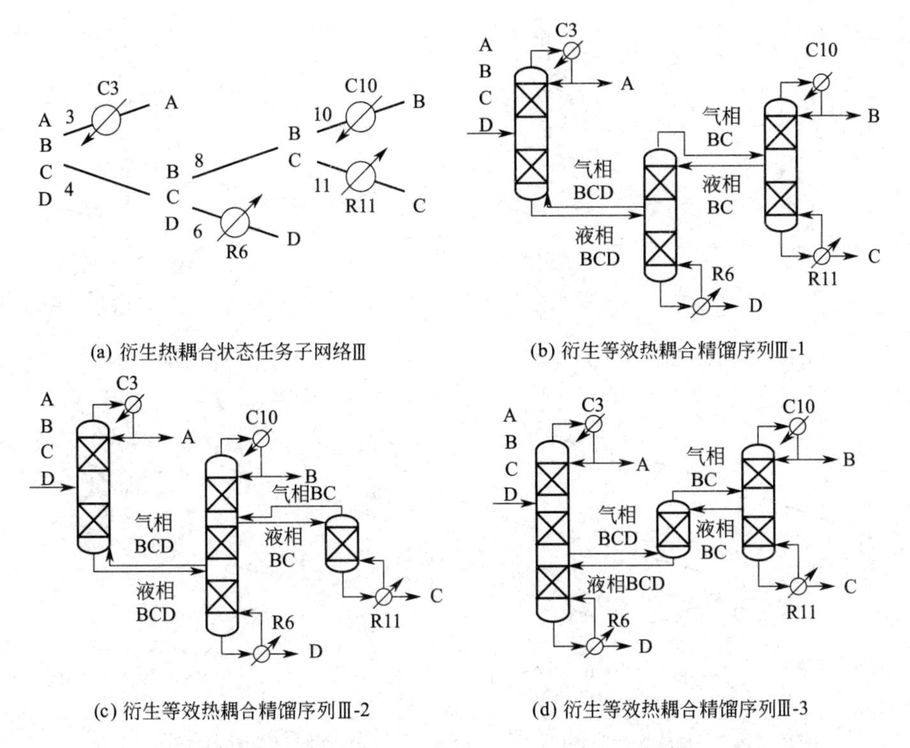

(a) 衍生热耦合状态任务子网络Ⅲ　　(b) 衍生等效热耦合精馏序列Ⅲ-1

(c) 衍生等效热耦合精馏序列Ⅲ-2　　(d) 衍生等效热耦合精馏序列Ⅲ-3

图 4-14　锐分离双替换衍生热耦合精馏序列与其等效结构

塔重新组合，得到其热力学等效流程，如图 4-14(c)、(d) 所示。这些等效流程之间塔段连接拓扑结构相同，但是考虑到系统压力分布与流体输送费用后，具有不同的费用和操作特性。

(2) 模糊分离衍生热耦合精馏序列

规则 2　将简单塔模糊分离状态任务子网络作为初始网络时，逐个消除与产品无关的换热器并用气液双线流股替代，可得到一系列部分热耦合精馏序列。当初始网络中同时存在两个状态可以直接得到同一产品时，与该产品有关的换热器可以被消除。

选定如图 4-15(a) 所示简单塔模糊分离序列作为初始状态任务子网络，将产品无关换热器全部用气液双线流股替换后，所得热耦合序列对应衍生状态任务网络如图 4-15(b) 所示。在初始网络中，产品 B 可以由 AB 和 BCD 两个状态直接分离得到，因此按照规则 2，与 B 产品相关的再沸器 R9 和冷凝器 C10 可以消除，此时衍生状态任务网络如图 4-15(c) 所示，B 产品由热耦合精馏塔侧线液相采出。如果尝试消除初始网络中的冷凝器 C12 就得到了如图 4-15(d) 所示的状态任务网络，很显然由这个状态任务网络无法得到液相产品 C，因此这个状态任务网络是不可行的。

接下来，讨论如何衍生出完全热耦合精馏序列。由于最轻产品 A 和最重产品 D 在状态任务网络中只能由唯一中间状态分离得到，因此与产品 A 相关的冷凝器 C3 和与产品 D 相关的再沸器 R6 无法消除。相对挥发度处于中间的组分 B 和组分 C 均与两个中间状态相连的模糊分离状态任务子网络有两个，按照规则 2 替换与产品无关换热器和消除产品 B 和 C 相关换热器后，所得衍生热耦合状态任务子网络如图 4-16(a)、(b) 所示。

(a) 模糊分离初始状态任务子网络

(b) 替换与产品无关换热器

(c) 替换产品换热器后可行网络

(d) 替换产品换热器后不可行网络

图 4-15 模糊分离衍生热耦合状态任务网络

与之相对应的完全热耦合流程如图 4-16(c)、(d) 所示。可以看出，两个模糊分离完全耦合流程都是将 4 组分进料分离成 4 个纯组分产品，但是两者所用的塔段数分别为 12 和 10，因此图 4-16(d) 中的序列是塔段数更少的热耦合精馏序列。

构建分离序列综合超结构之后，主要是通过建立数学模型并调用合适的优化算法进行求解，得到最优化的分离序列。所建数学模型主要包括状态任务网络逻辑描述、质量守恒方程、能量守恒方程等约束方程，多采用年度总费用最小作为目标函数。基于状态任务网络的分离序列综合数学模型一般属于混合整数非线性规划（MINLP）问题。后续建模求解过程，考虑其复杂性，在此不做阐述，详情请参阅相关文献[22-26]。

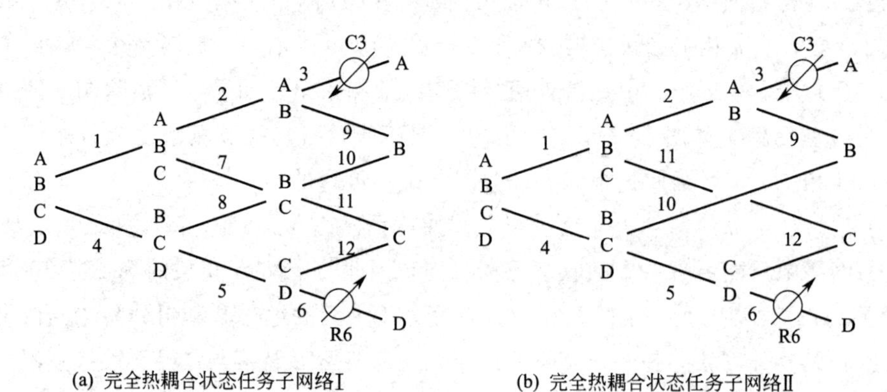

(a) 完全热耦合状态任务子网络Ⅰ

(b) 完全热耦合状态任务子网络Ⅱ

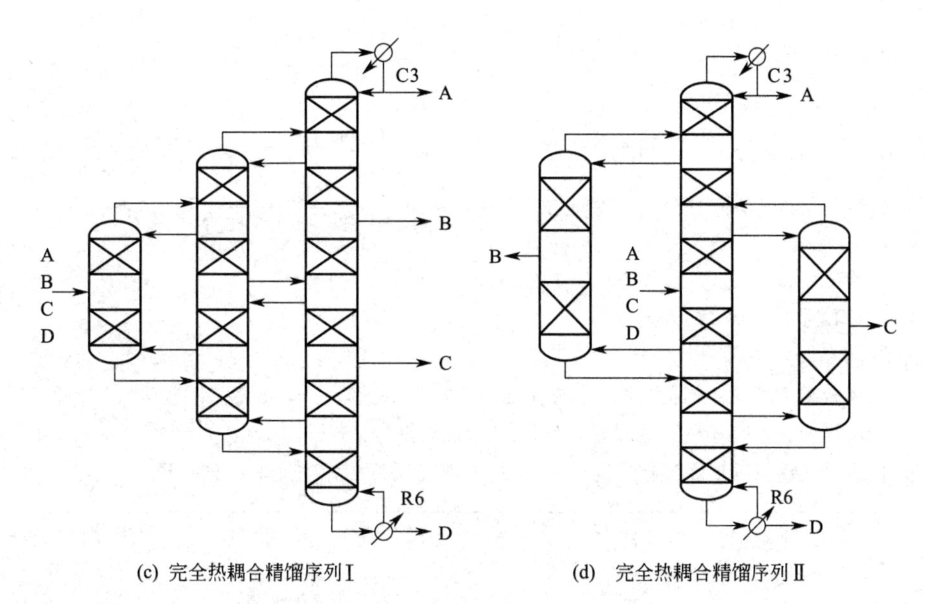

(c) 完全热耦合精馏序列Ⅰ　　(d) 完全热耦合精馏序列Ⅱ

图 4-16　完全热耦合状态任务子网络与精馏序列

本章重点

1. 分离序列综合的基本概念

① 简单塔：一股进料分离为塔顶、塔底两个产品；每个组分只出现在一个产品中，即进行清晰分割（锐分离），塔底采用再沸器、塔顶采用全凝器。

② 切分点：将各组分按照相对挥发能力的大小排序，可能的切分点只能存在于相邻组分之间。

③ 分离子群：多组分进料时各分离器的进料或最终产品组成的流股集合。

2. 分离序列综合问题的组合数学分析

① 可行分离序列数　$S_R=\sum_{j=1}^{R-1}S_jS_{R-j}=\frac{[2(R-1)]!}{R!\ (R-1)!}$

② 可能切分点数　$P=R-1$

③ 产生组分子群（相邻流股）数　$G=\sum_{j=1}^{R}j=\frac{R(R+1)}{2}$

④ 独立分离单元（子问题）数　$U=\sum_{j=1}^{R-1}j(R-j)=\frac{R(R-1)(R+1)}{6}$

3. 分离序列方案评价方法

① 分离易度系数　$CES=f\times\Delta$

② 分离难度系数　$CDS=\frac{\lg\left[\left(\frac{x_{lk}}{x_{hk}}\right)_D\Big/\left(\frac{x_{lk}}{x_{hk}}\right)_W\right]}{\lg\alpha_{lk,hk}}\times\frac{D}{D+W}\left(1+\left|\frac{D-W}{D+W}\right|\right)$

4. 过程的热力学效率以及 Carnot 热机效率

① 热力学效率　$\eta_a=\begin{cases}\dfrac{W_s}{W_{id}} & \text{(系统对环境做功)}\\[2ex] \dfrac{W_{id}}{W_s} & \text{(环境对系统做功)}\end{cases}$

② Carnot 热机效率 $\eta_r=-\dfrac{W}{Q_1}=\dfrac{Q_1+Q_2}{Q_1}=\dfrac{T_1-T_2}{T_1}$

5. 直观推断法

① 七条规则

② 分离费用的近似表达 分离费用 $C\propto\dfrac{\text{进料量}}{\text{分离点两侧相邻两组分间的性质差}}=\dfrac{F}{\Delta}$

习题

4-1 阐述分离序列综合的基本概念：简单塔、切分点、分离子群、分离子问题等。

4-2 分离序列综合有序直观推断规则有哪些？ 说明其含义？

4-3 试采用有序直观推断进行分离序列综合，5 组分轻烃混合物基本数据如下：

代号	组分	摩尔分数	相邻组分相对挥发度
A	丙烷	0.09	
B	异丁烷	0.09	2.0
C	正丁烷	0.55	1.33
D	异戊烷	0.09	2.40
E	正戊烷	0.18	1.25

4-4 考虑乙醇、异丙醇和正丙醇三元混合物的精馏序列。

(1) 假设在 101.325kPa 下等摩尔进料。 画出两个简单塔锐分离序列并估计每个塔的产品流股的流量和温度。

(2) 仅根据直观推断法，你会选择哪个序列?

(3) 估计每个序列中每个塔的气相流量和塔板数。 根据这些结果你会选择哪个序列?

(4) 如果进料中只有 5% (摩尔分数) 的乙醇，且异丙醇和正丙醇摩尔分数相同，你对上述问题的答案会有何变化?

4-5 通过规则 1 消除图 4-12 中 (a)、(c)、(d) 和 (e) 的换热器得到全部可能的部分热耦合状态任务网络和相应的塔序列。 如果某一状态任务网络有多个塔序列，只需画出其中一种并声明还有其他可能。

本章符号说明

符号	意义与单位	符号	意义与单位
C	分离费用；	ΔH_m	混合热，J/mol
CDS	分离难度系数	P	可能切分点数
CES	分离易度系数	p_0	环境压力，Pa
D	塔顶产品的摩尔流量，kmol/h	S_R	可行分离序列数
F	进料量，kmol/h	T_0	环境温度，K
f	塔顶与塔底产品的摩尔流量比	ΔT_b	相邻轻重组分间的沸点差，K
G	组分子群数	U	独立分离单元数

符号	意义与单位	符号	意义与单位
U_k	第 $k+1$ 阶段的控制或决策		希腊字母
W	塔底产品的摩尔流量，kmol/h	α	相邻两组分的相对挥发度
W_{id}	理想功，J/mol	γ_i	组分的活度系数
W_i	损失功，J/mol	η_a	过程的热力学效率
W_n	净功耗，J/mol	η_r	Carnot 热机效率
W_s	实际功，J/mol	Δ	相邻组分间的沸点差绝对值，K
X_k	第 k 阶段决策的终止状态		

参考文献

[1] 姚平经．过程系统工程．上海：华东理工大学出版社，2009.

[2] Shenvi A A, Shah V H, Agrawal R. New multicomponent distillation configurations with simultaneous heat and mass integration. AIChE J, 2013, 59 (1): 272-282.

[3] Mirko S, Andreas H, Wolfgang M. Conceptual design of distillation-based hybrid separation processes. Annu Rev Chem Biomol Eng, 2013, 4: 45-68.

[4] Caballero J A, Grossmann I E. Synthesis of complex thermally coupled distillation systems including divided wall columns. AIChE J, 2013, 59 (4): 1139-1159.

[5] Torres-Ortega C E, Errico M, Rong B G. Design and optimization of modified non-sharp column configurations for quaternary distillations. Comput Chem Eng, 2015, 74: 15-27.

[6] Bisgaard T, Huusom J K, Abildskov J. Modeling and analysis of conventional and heat-integrated distillation columns. AIChE Journal, 2015, 61 (12): 4251-4263.

[7] Nallasivam U, Shah V H, Shenvi A A, et al. Global optimization of multicomponent distillation configurations: 1. Need for a reliable global optimization algorithm. AIChE J, 2013, 59 (3): 971-981.

[8] Nallasivam U, Shah V H, Shenvi A A, et al. Global optimization of multicomponent distillation configurations: 2. enumeration based global minimization algorithm. AIChE J, 2016, 62 (6): 2071-2086.

[9] Nishida N, Stephanopoulos G, Westerberg A W. A review of process synthesis. AIChE J, 1981, 27: 321-351.

[10] Nagdir V M, Liu Y A. Studies in chemical process design and synthesis: part Ⅴ. A simple heuristic method for systematic synthesis of initial sequence for multicomponent separations. AIChE J, 1983, 29: 926-939.

[11] Stephenpolous G, Westerberg A W. Evolutionary synthesis of optimal process flowsheets. Chem Eng Sci, 1976, 31: 195-204.

[12] Douglas J M. Conceptual design of chemical processes. New York: McGraw-Hill, 1988.

[13] Modi A K, Westerberg A W. Distillation column sequencing using marginal price. Ind Eng Chem Res, 1992, 31 (3): 839-848.

[14] 施宝昌，王健红．多组分分离塔序列相对费用函数的建立和应用．化工学报，1997，48 (2): 175-179.

[15] Hendry J E, Hughes R R. Generating separation process flowsheets. Chem Eng Progr, 1972, 68 (6): 71-76.

[16] Westerberg A W, Stephanopoulos G. Studies in process synthesis—Ⅰ: Branch and bound strategy with list techniques for the synthesis of separation schemes. Chem Eng Sci, 1975, 30 (8): 963-972.

[17] Rodrigo F R, Seader J D. Synthesis of separation sequences by ordered branch search. AIChE J, 1975, 21: 885-894.

[18] Gomez M A, Seader J D. Separation sequence synthesis by a predictor based ordered search [J]. AIChE J, 1976, 22: 970-979.

[19] Doherty M F, Malone M F. Conceptual design of distillation systems. New York: McGraw-Hill, 2001.

[20] Sargent R W H. A functional approach to process synthesis and its application to distillation system. Comput Chem Eng, 1998, 22: 31-45.

[21] Agrawal R. Synthesis of Distillation column configurations for a multicomponent separation. Ind Eng Chem Res, 1996, 35: 1059-1071.

[22] Petlyuk F B, V M Platonov, D. M. Slavinskii. Thermodynamically optimal method for separating multicomponent mixtures. Intl Chem Eng, 1965, 5: 555-561.

[23] Zou X, Cui Y H, Dong H G, et al. Optimal design of complex distillation system for multicomponent zeotropic separations [J]. Chem Eng Sci, 2012, 75: 133-143.

[24] Caballero J A, Grossmann I E. Optimal synthesis of thermally coupled distillation sequences using a novel MILP approach. Comput Chem Eng, 2014, 61: 118-135.

[25] Pleu V, Bonet Ruiz A E, Bonet J. et al. Shortcut assessment of alternative distillation sequence schemes for process intensification. Comput Chem Eng, 2015, 83: 58-71.

[26] Caballero J A, Grossmann I E. Design of distillation sequences: from conventional to fully thermally coupled distillation systems. Comput Chem Eng, 2004, 28: 2307-2329.

第 5 章

过程系统能量集成

本章学习要点

1. 了解过程系统能量集成的基本概念。
2. 掌握蒸馏塔在过程系统中的合理设置以及与过程系统能量集成的策略。
3. 掌握热机和热泵在过程系统中的合理设置。
4. 掌握全局过程组合曲线、全局夹点和全局能量集成的加、减原则。
5. 掌握过程用能的一致性原则，夹点分析法在过程系统用能诊断和过程用能调优中的应用。

5.1 过程系统能量集成概述

过程系统能量集成是以合理利用能量为目标的全过程系统综合问题，它从总体上考虑过程中能量的供求关系以及过程结构、操作参数的调优处理，达到全过程系统能量的优化综合。过程系统能量集成研究的对象是大规模的具有强交互作用的复杂系统，由于其理论方法上的挑战性、对工业界巨大的经济效益以及可持续发展战略的驱动，使这一领域的研究日益活跃[1-6]。

如图 5-1 所示的过程系统，流程（a）中过程所需的加热负荷、冷却负荷均由公用工程提供，为一个没有热集成的流程。流程（b）中离开反应器流股的热量用于第一个

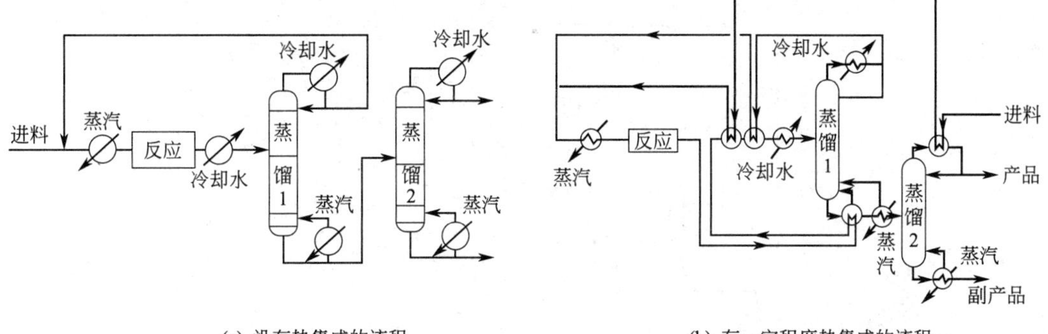

图 5-1　过程系统

蒸馏塔塔釜、原料和再循环流股（第一个蒸馏塔塔顶产物）的预热的热源，第二个蒸馏塔塔顶冷凝器同时作为预热原料的加热器，这样一来，就可以节省加热蒸汽和冷却水用量，该流程为具有一定程度热集成的流程。比较这两个完成同样生产任务的流程，从能量利用角度来看，与流程（a）相比，流程（b）明显地降低了能耗。

由此可见，过程系统的能量集成是节约能量的有效方法。但能量集成技术在生产装置中的应用，增加了系统中各单元设备间的耦合关系，某些参数的扰动会在系统内部扩散、放大，给操作控制带来困难，所以要求系统具有一定的柔性以适应操作工况的变化。

本章讨论蒸馏过程、公用工程系统与过程系统实现能量集成的方法、策略，全局能量集成以及夹点分析在过程系统能量集成中的应用。

5.2 蒸馏过程与过程系统的能量集成[7-9]

蒸馏过程的能耗在整个系统中占很大的比重，是耗能大户。若仅就蒸馏操作本身来讲，能够采取的节能措施是有限的，如降低回流比可以节省能量，但会增加设备投资费。可是，如果把蒸馏过程与全系统一同考虑，则可以增大回流比，却不一定增加系统的能耗。蒸馏过程的能量集成已为生产带来巨大的经济效益。

5.2.1 蒸馏塔在系统中的合理设置

(1) 蒸馏塔在 *T-H* 图上的表示

通常，对采用能量分离剂的分离器而言，需要在较高温度下输入热量，而在较低温度下排出热量。对于蒸馏塔，提供给塔底再沸器的热量，其温度要高于离开再沸器蒸汽的露点温度，而从塔顶冷凝器取走的热量，其温度则应低于馏出液的泡点温度。该过程在T-H图上的表达如图 5-2 所示。可见，一普通的蒸馏过程可用一“多边形”在 T-H 图上表示出来。这一“多边形”可在图中水平移动而不改变原操作条件，也可对其垂直或水平切割成不同热负荷和温位的“子块”。由于蒸馏塔的进料与出料显热部分焓的变

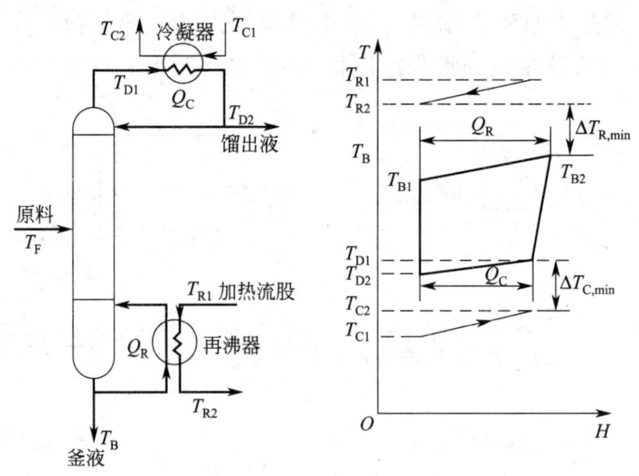

图 5-2 蒸馏塔在 T-H 图上的表示

化相对于再沸器或冷凝器的相变热来讲，数值很小，所以蒸馏过程在 T-H 图上的“多边形”可简化成“矩形”，如图 5-3 所示。这样，就可采用该“矩形”与过程系统总组合曲线的匹配来考虑蒸馏塔与过程系统的热集成问题。

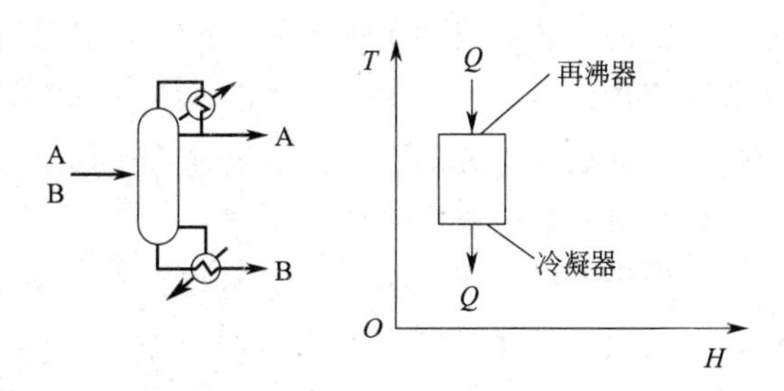

图 5-3　蒸馏塔在 T-H 图上的简化表示

Q 为蒸馏塔的热负荷

蒸馏塔的进料与产品的预热或冷却负荷放在过程系统中考虑，所以热集成时只考虑再沸器和冷凝器的热负荷。

(2) 蒸馏塔的合理设置

蒸馏塔在系统中设置的情况不同，其进行能量集成的效果亦不同。现在讨论两种情况，一是蒸馏塔穿过夹点，如图 5-4 所示。该蒸馏塔的塔底再沸器从过程系统的夹点上方取热，而塔顶冷凝器把热量排放到夹点下方，这样一来，全系统所需的公用工程加热、冷却负荷都增加了，即该蒸馏塔与过程系统热集成与否在能量上并没有节省。另一种情况是蒸馏塔不穿过夹点，如图 5-5 所示。其中图 5-5(a) 表示蒸馏塔放在过程系统的夹点上方，再沸器所需热量取自夹点上方的热过程物流，而冷凝器的热量排放到夹点上方的较低温度的冷过程物流，因此，该蒸馏塔不需要采用公用工程加热与冷却。蒸馏塔设置在夹点下方的情况，见图 5-5(b)，其结果与设置在夹点上方相同。

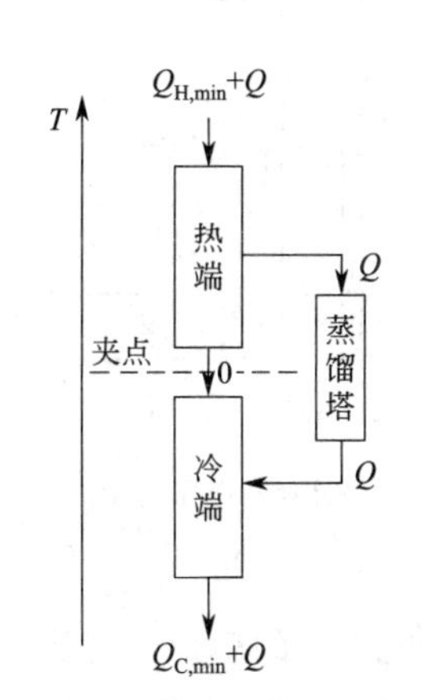

图 5-4　蒸馏塔穿越夹点的无效热集成

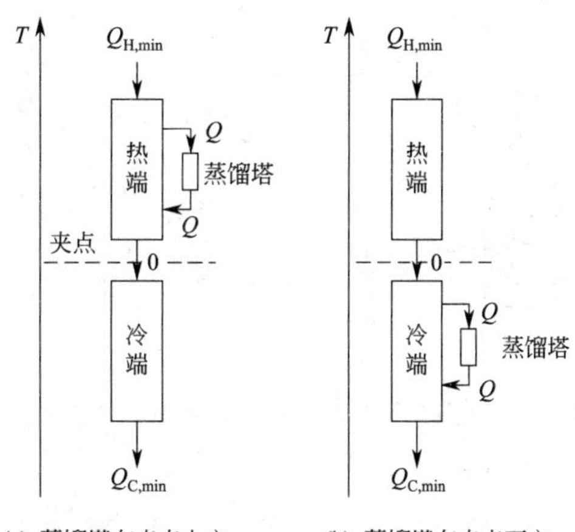

(a) 蒸馏塔在夹点上方　　(b) 蒸馏塔在夹点下方

图 5-5　蒸馏塔未穿过夹点的有效热集成

可见，蒸馏塔与过程系统热集成时，蒸馏塔穿过夹点是无效的，只有蒸馏塔完全放在夹点上方或夹点下方才是有效的。因此，在进行蒸馏过程与过程系统热集成时，不要使蒸馏塔穿越夹点。

5.2.2　蒸馏过程与过程系统的能量集成

由 5.2.1 节讨论可见，蒸馏塔与过程系统能量集成时，只有蒸馏塔完全放在夹点上方或夹点下方才是有效的。如果按照蒸馏塔的操作条件，无法合适设置以便与过程系统热集成，则可适当调整蒸馏塔的操作条件，以改变再沸器和冷凝器的热负荷及温度，使之有可能满足热集成的条件。为实现蒸馏塔与过程系统的热集成，可采用的方法包括改变蒸馏塔操作压力、采用多效蒸馏技术、采用热泵技术、设置中间再沸器或中间冷凝器等技术，通过以上方法实现蒸馏过程与过程系统的有效集成，降低能耗。

（1）改变蒸馏塔操作压力

蒸馏塔的操作压力是一个非常重要的设计参数，它决定了塔再沸器和冷凝器的温位，进而决定了蒸馏塔在 *T-H* 图上的位置。改变塔的操作压力，即改变了塔再沸器和冷凝器的温位，从而增加了蒸馏塔与过程系统进行能量集成的机会。如图 5-6 所示，若把一股进料分成两股，分别进入两个操作压力不同的塔，则使得一个塔在夹点上方，另一个塔在夹点下方，这样，就可以节省能量，是一个可取的热集成方案。此外，也可通过改变系统的操作条件，以提高系统内某些热容流率较大的热物流的温位，使之成为代替公用工程加热的热源，从而减少公用工程用量。

又如图 5-7 所示系统中，塔 C_1 在常压操作下的塔顶温度为 98℃，塔 C_2 的塔底再沸器中釜液温度为 112℃，两塔无法实现多效蒸馏。若工艺条件允许，将塔 C_1 提压操作，使其塔顶温度升高至 146℃，则此时塔 C_1 的塔顶蒸气可直接作为塔 C_2 的再沸器热源，从而使两塔的总能耗大幅度下降。

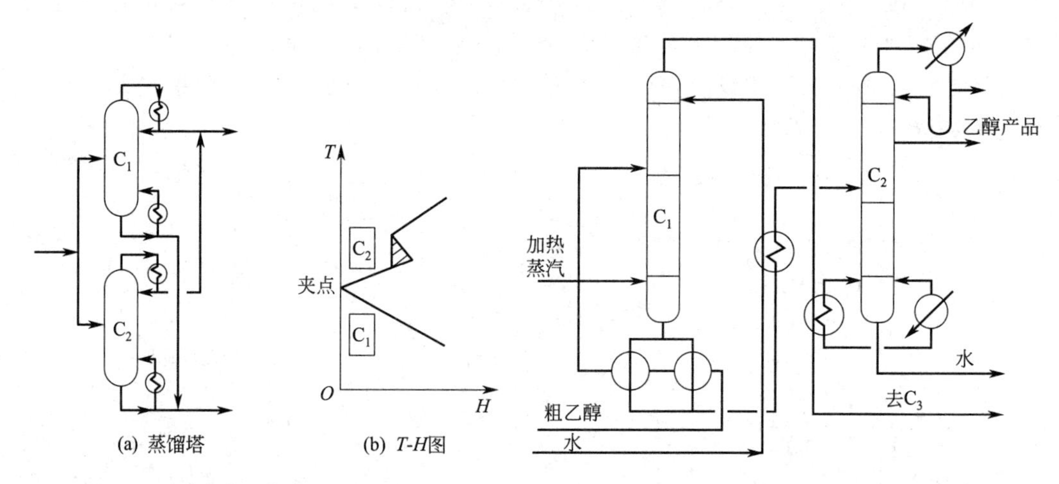

图 5-6 改变操作压力实现系统的热集成

图 5-7 某过程系统的能量集成

（2）多效蒸馏

在由多塔组成的分离系统中，如果有一精馏塔 1 塔顶排出蒸气的温位，可满足另一精馏塔 2 再沸器热源需要，且热流量也适宜，即可将塔 1 塔顶蒸气作为塔 2 再沸器的热源，使塔 1 的冷凝器与塔 2 的再沸器合并为一个，塔 1 底部加入的热量在 1、2 两塔逐级使用，1、2 塔的这种能量集成称为多效蒸馏。如图 5-8 所示的双效蒸馏，如果一混合物在精馏塔中分离，塔两端温差相差不大，且允许操作压力变化时，原料被分为大致相等的两股物流分别进入操作压力不等的两个蒸馏塔中，加热蒸汽加入到高压塔塔底，然后，由其冷凝器将热量排入到低压塔塔底，使加入系统的热量和冷量在两塔内逐级使用，此时热负荷为单塔操作时的一半。

双效蒸馏还有以下两种不同的流程，如图 5-9 所示。流程（a）是将原料全部加入高压塔中，保证塔底分离要求，从塔底获得合格的重组分产品，塔顶蒸气中轻、重组分

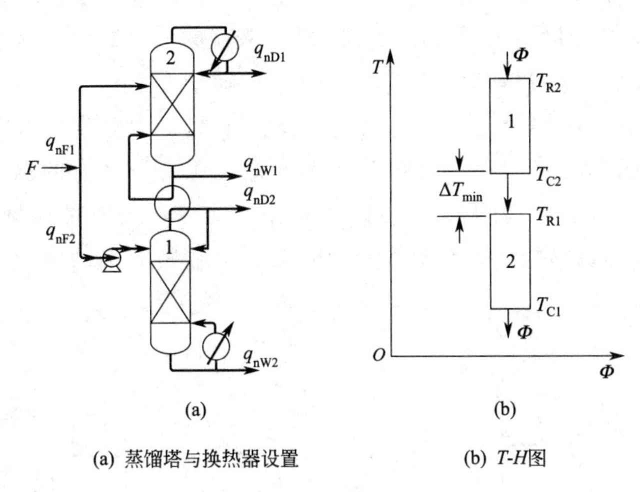

(a) 蒸馏塔与换热器设置　　(b) T-H图

图 5-8　双效蒸馏

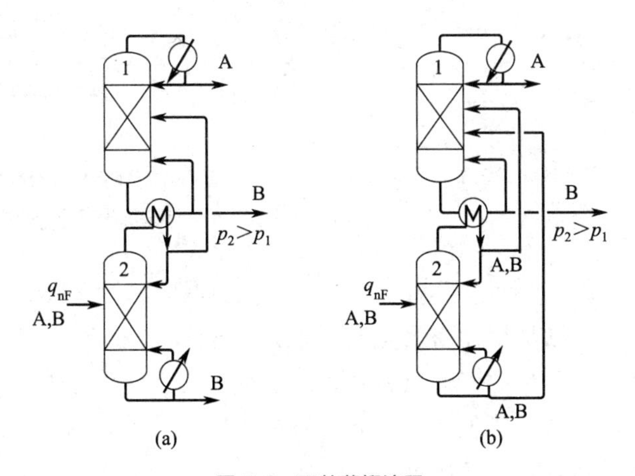

图 5-9　双效蒸馏流程

同时存在，它将热量由塔顶冷凝器排给低压塔后，变成凝液进入低压塔进行进一步分离，在塔顶获得轻组分产品，塔底再次获得重组分产品。由于高压塔分离要求降低，重组分进入塔顶，使塔两端温差降低，回流比减小。而高压塔的馏出液作为低压塔的进料，提高了进料组成而有利于分离，并可使回流比降低，减少了低压塔的能耗。流程（b）是高压塔采用非清晰分割，将塔两端的采出同时作为低压塔的进料，两塔的回流比可进一步降低，使能耗降低。当然，各方案的节能效果应通过严格的模拟计算进行比较。

多效蒸馏增加了塔设备和控制系统的投资，提高了装置操作的难度。

（3）热泵技术

通过外部输入的能量做功提高排出热量的温位，再返回塔底以满足再沸器的用能需要，而不必改变塔的操作压力，则称此技术为热泵技术。

如图 5-10 所示的直接蒸气压缩式热泵是最经济的，但有时塔顶蒸气不适于直接压缩，存在如产物的聚合、分解、腐蚀性、安全性等要求的限制。这时，可采用辅助介质进行热泵循环，如图 5-11 所示，离开压缩机的高压辅助介质蒸气进入蒸馏塔再沸器作为热源加热塔底釜液，辅助介质本身放热后冷凝，经节流阀闪蒸并降温，该低温液相辅助介质作为冷剂去蒸馏塔塔顶冷凝器，冷凝冷却塔顶蒸气，辅助介质本身吸热后汽化，又被吸入压缩机，如此构成辅助介质的循环过程。辅助介质的选择要满足的基本条件是：辅助介质的蒸气在一合适（即不太高）压力下的冷凝温度要高于精馏塔塔底釜液的泡点温度，而它的液相在一合适（即不太低）压力下蒸发的温度要低于精馏塔塔顶蒸气的露点温度，以保证一定的传热温差。此外，还要考虑辅助介质的价格、安全性、腐蚀性、热稳定性及其对环境的影响等，常用的辅助介质是水、氨以及其他类型的冷剂。

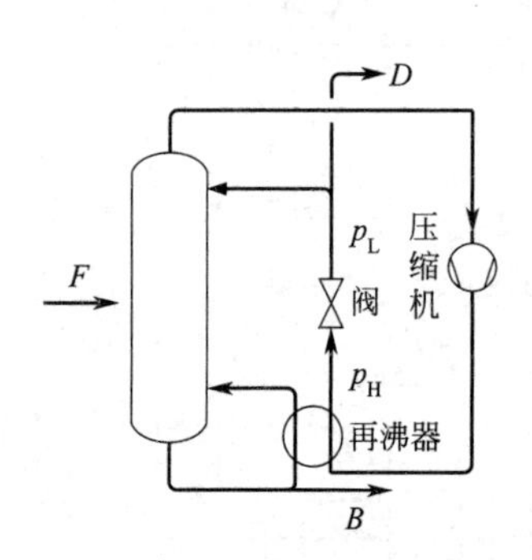

图 5-10　直接蒸气压缩式热泵流程示意图

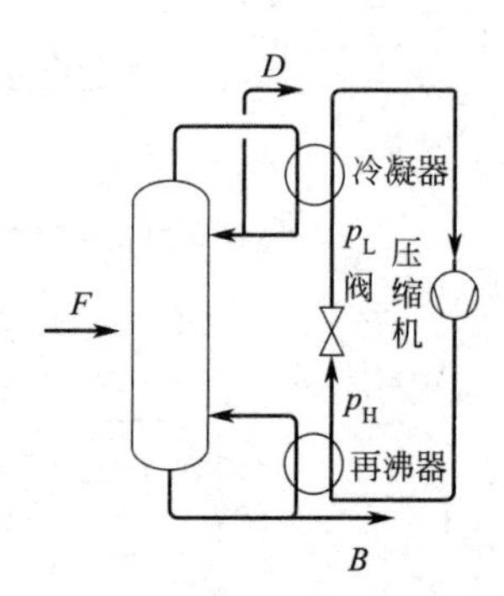

图 5-11　采用辅助介质的热泵精馏系统流程示意图

一般情况下，采用热泵需要具备下列条件：一是具有低价的热源，如过程系统中过剩的低压蒸汽或热水；二是精馏塔塔顶与塔底之间的温差不超过 40℃。热泵技术尤其适用于分离沸点接近（即精馏塔塔顶和塔底温差小）的、分离要求高（回流比大，能耗高）的大型精馏装置，这种情况下，节能效果更明显。

（4）设置中间再沸器或中间冷凝器

采用中间再沸器或中间冷凝器流程，改变了蒸馏塔在 T-H 图上的形状，增加蒸馏过程与过程系统集成的机会，是实现蒸馏过程与系统能量集成的有效方法。采用中间再沸器，改变了通过塔中的热负荷，就有可能利用较低温位的热源用于中间再沸器取代部分高温位的用于塔底再沸器的公用工程负荷，其过程见图 5-12 所示。但这种节能方式是以降低中间再沸器位置以下塔段的分离效果为代价（因为这一塔段内传质推动力减小了），所以，只有当蒸馏塔内温度分布在塔的偏下部分有突变的场合采用中间再沸器才

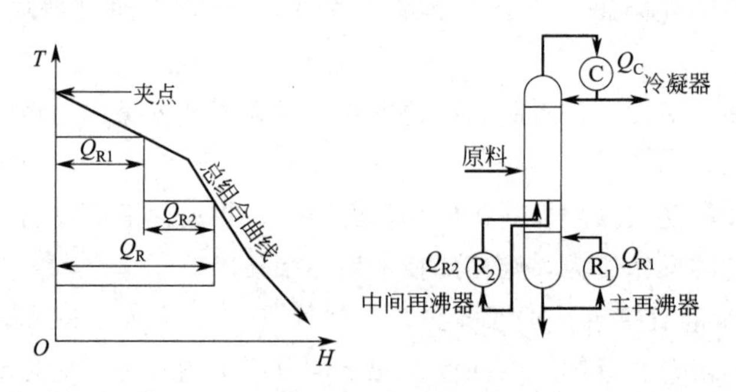

图 5-12　具有中间再沸器的蒸馏塔

是可取的。同样，采用中间冷凝器也改变了通过塔内的热负荷，见图 5-13。类似地，它可以节省塔顶冷凝器的低温冷却公用工程（如塔在低温下操作），或提供比塔顶冷凝器温位更高的热源去加热其他的设备。

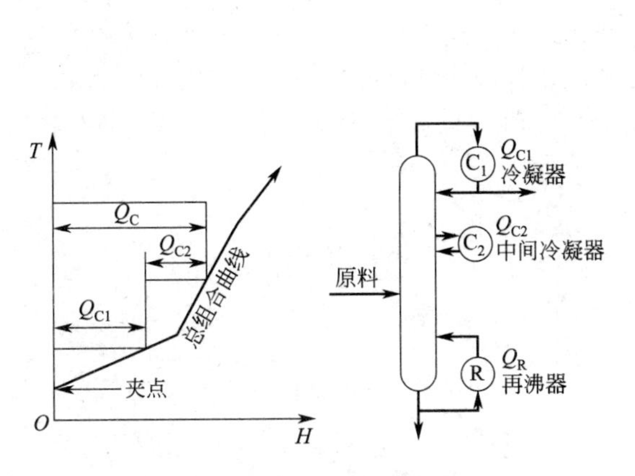

图 5-13　具有中间冷凝器的蒸馏塔

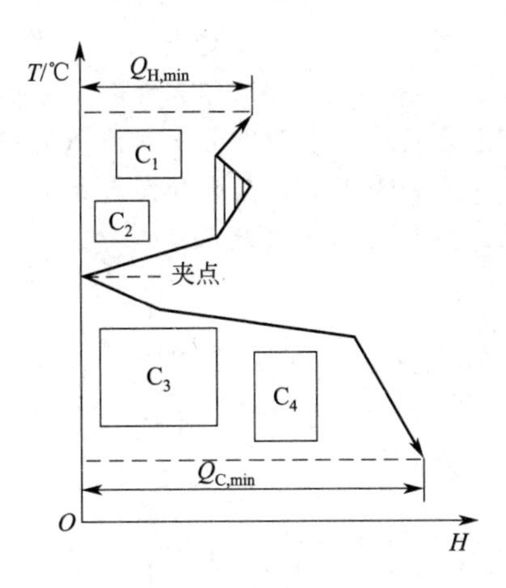

图 5-14　多个塔与总组合曲线的匹配

总之，为实现蒸馏过程与过程系统的能量集成，在 T-H 图上利用总组合曲线可以像裁缝似的合理设置表示蒸馏过程的“矩形”，实现与过程系统的热集成。对于多个塔与过程系统热集成的合理设置，可参见图 5-14。

【例 5-1】 合成乙醇装置的能量集成。

装置主要设备有：反应器 1 台，分离塔 9 台，换热器 31 台，系统中物流间换热匹配结构如图 5-15 所示。

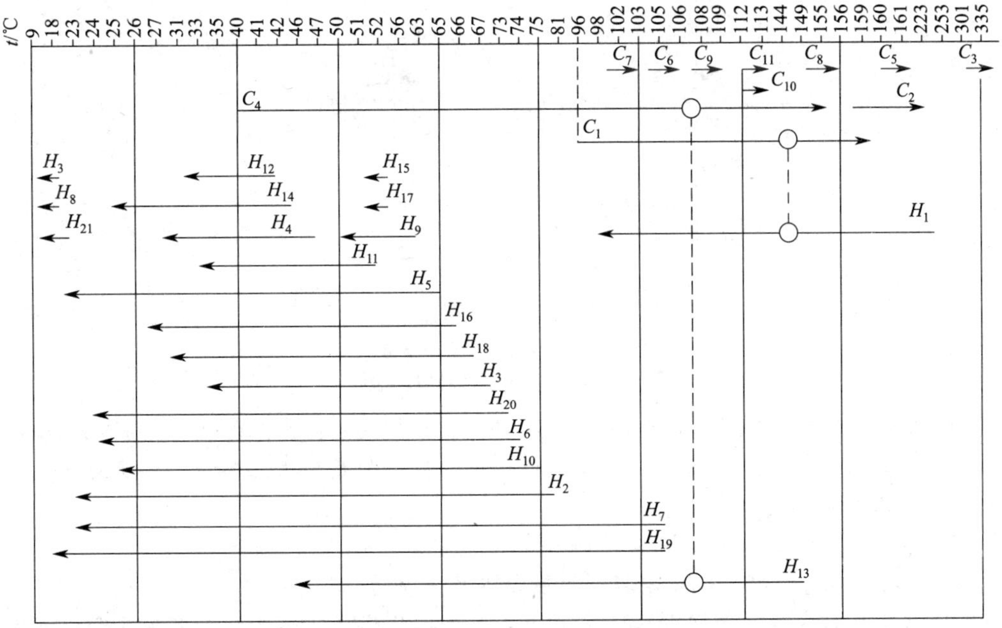

图 5-15　原系统物流换热匹配流程

本系统中用于过程加热所耗公用工程总负荷：Q_{HT} = 38311kW，其中 8.3MPa、460℃蒸汽：14.1t/h（7953kW）；0.9MPa、200℃蒸汽：46.1t/h（30358kW）。

用于过程冷却所耗公用工程总负荷：Q_{CT} = 44826kW。

现就此装置进行系统能量集成，以实现装置的能量优化。

解：对这一过程进行夹点分析，利用虚拟温度法确定过程的组合曲线和总组合曲线分别如图 5-16 和图 5-17 所示。可见，在总组合曲线的上方，其公用工程加热蒸汽的品位可分为两级，分别为高压蒸汽（8.3MPa），热负荷为 7996kW；低压蒸汽（0.9MPa），热负荷为 30648kW，两者的总负荷为 38644kW。图 5-17 中阴影部分表示系统内部分较高温位的热量得到了回收。

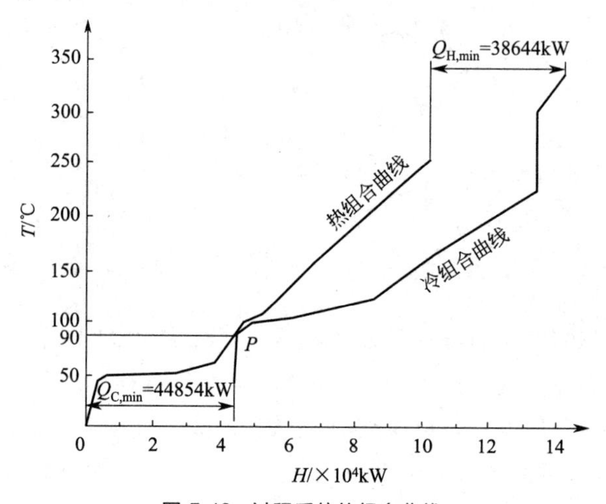

图 5-16 过程系统的组合曲线

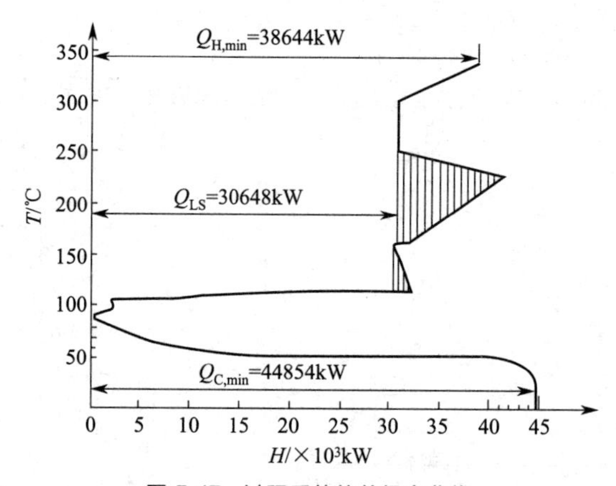

图 5-17 过程系统的总组合曲线

根据换热流程以及计算得到的过程组合曲线，发现装置用能存在以下不合理的地方。

① 多数需要冷却或加热的物流均采用公用工程冷却或加热，热量未得到回收。

② 传热温差过大，有效能损失大。

③ 系统夹点温度低，如图 5-17 所示，夹点下方热量难以回收。

针对以上问题，结合现场流程，提出以下改造措施。

① 减小反应器入口原料气与反应器出口气体换热的传热温差，以提高系统热回收；

② 提高 C-201、C-202 以及 C-204 塔的操作压力，以改变系统夹点的位置，实现系统内的热集成，具体包括：C-201 塔与 C-205B 进行热集成、C-204 塔与 C-205C 进行热

集成和 C-202 塔顶蒸气热量的回收。

③ 对系统换热流程重新匹配，以减小传热温差，提高热回收。

现对措施②，进行夹点分析，论证方案的可行性。

为实现过程系统的能量集成，可通过改变系统的操作条件，以提高系统内某些热容流率较大的热物流的温位，使之成为代替公用工程加热的热源。从而减少公用工程用量。本节能方案通过将部分塔提压操作，使之塔顶蒸气温位提高，以代替一部分塔釜的加热蒸汽。为论证该方案的可行性，分别做以下两方面工作。

（1）将待参与热集成的塔从系统中分离出来

本方案将 C-205B、C 塔分离出来，其再沸器部分热源将由系统的热工艺物流来提供。在夹点计算流股数据中，剔除 C-205B 和 C-205C 塔中与公用工程换热的冷物流，然后在 T-H 图上得到其组合曲线（图 5-18）和总组合曲线（图 5-19）。可见，如果 C-205B、C-205C 两塔再沸器热源完全由系统工艺热物流所代替，则该系统的能耗将会大幅度地降低。其加热公用工程负荷相当于原系统公用工程负荷的 48.4%，冷却公用工程负荷相当于 53.8%。

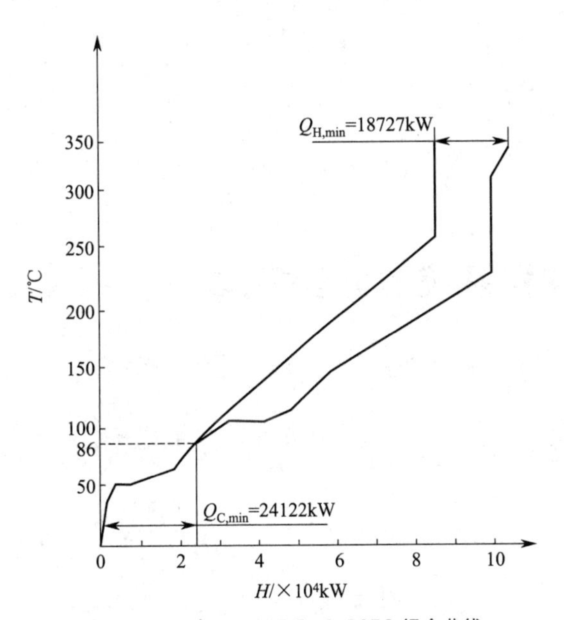

图 5-18 不含 C-205B 和 C-205C 组合曲线

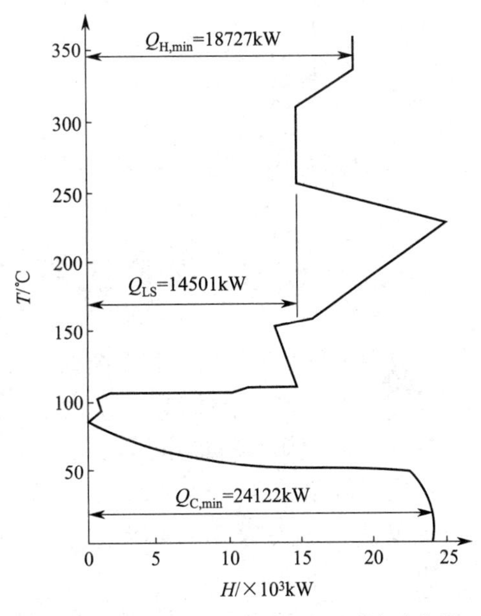

图 5-19 不含 C-205B 和 C-205C 总组合曲线

（2）部分塔提压操作

将系统中 C-201、C-202 及 C-204 塔提压操作，在原常压操作的基础上提高 0.4MPa，则使各塔塔顶蒸气及釜液温度相应提高。由于塔操作压力的提高，则进入该塔的物流温度也需相应提高，如进料必须预热等。此外，提压操作后，该塔釜液温度也升高，其热量应加以回收。将提压操作后的数据进行夹点分析计算，得到系统提压后的系统组合曲线（图 5-20）和总组合曲线（图 5-21）。

可见，提压操作使系统的夹点温度升高，有利于夹点下方热量的回收。现将 C-205B 及 C-205C 两塔用于加热和冷却的热负荷及温位以方框表示在图 5-21 中。图中方框Ⅰ和方框Ⅱ的热负荷，表示该系统能量集成所回收的热量，其总负荷为 10654.4kW，相当于回收 0.9MPa 加热蒸汽 16.1t/h。此外，从图 5-21 中还可发现，其夹点下方还有热量未被回收，如图中方框Ⅲ所示。此部分热量是由 C-202 塔提压操作后的塔顶蒸气及釜液等热物流所提供，可用于系统中其他冷物流的加热。

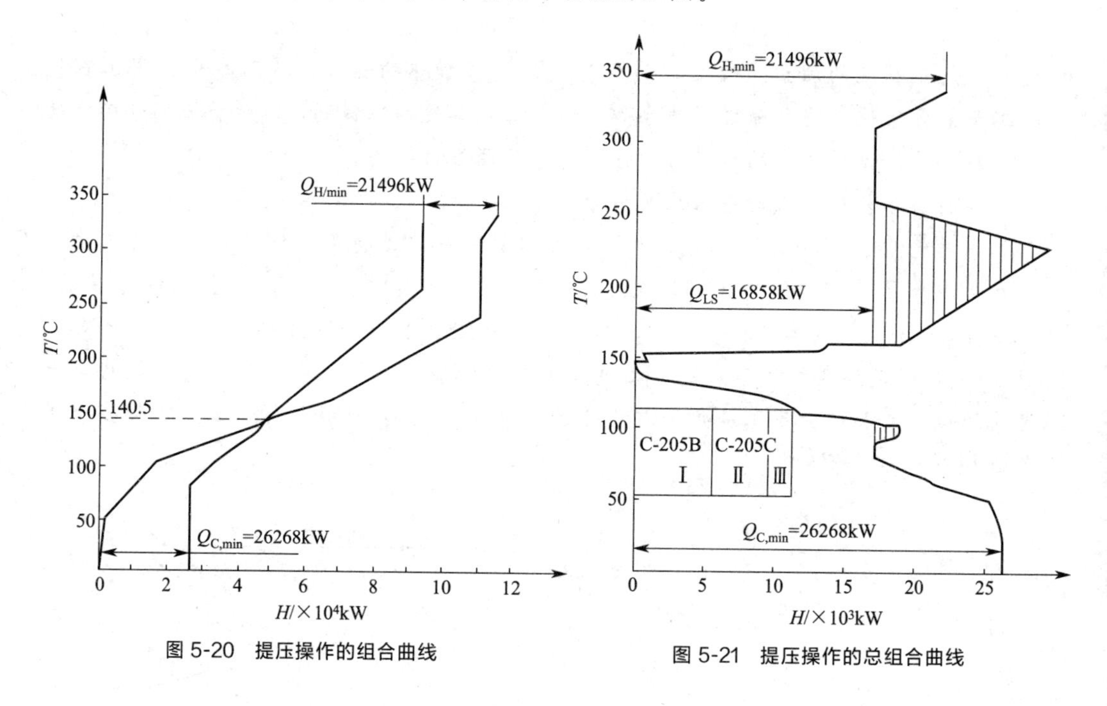

图 5-20 提压操作的组合曲线

图 5-21 提压操作的总组合曲线

5.3 公用工程与过程系统的能量集成[10]

公用工程系统是向过程系统提供动力、热等能量的子系统，包括比较简单的（如蒸汽、冷却水）和复杂的热-动力系统。有关加热蒸汽和冷却水的最小用量及配置问题在换热器网络综合中已讨论过了，这里讨论实现热机和热泵与过程系统热集成的方法。

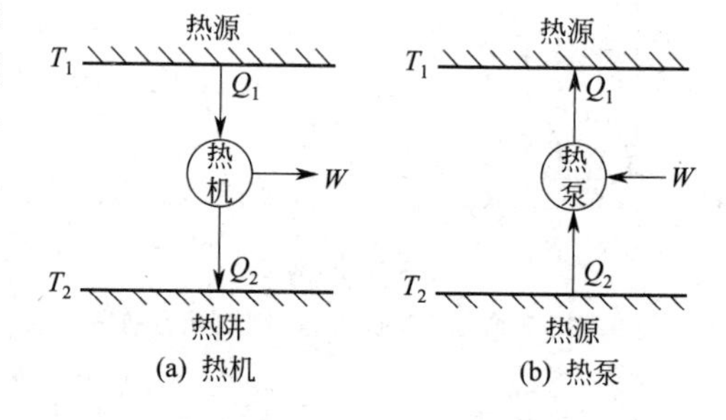

图 5-22 热机和热泵

利用热能产生动力的装置称作热机。利用动力而提供一定温度（不同于环境）的热（冷）能的装置叫热泵（冰机），如图 5-22 所示。简单的热机是从温度为 T_1 的热源吸收热量向温度为 T_2 的热阱排放热量 Q_2，产生功 W。热泵同热机的操作方向相反，它从温度为 T_2 的热源吸收热量 Q_2，向温度 T_1 的热阱排放热量，同时消耗功 W。

5.3.1 热机与热泵在系统中的合理设置

如图 5-23(a) 所示为一过程系统的热回收级联，系统所需的最小公用工程加热与冷却负荷分别为 $Q_{H,min}$ 和 $Q_{C,min}$，夹点处热流量是零。图 5-23(b) 表示热机设置在夹点上方，热机从热源吸收热量 Q，向外做功 W，排放热量 $Q-W=Q_{H,min}$，这相当于从热

源吸收热量 Q 中的（$Q-Q_{H,min}$）部分是 100％转变为功，比单独使用热机的效率高得多，所以该热机的设置是有效的热集成。图 5-23(c) 表示热机从高温热源吸收热量做功，但排出流股的温度低于夹点温度，排出的热量（$Q-W$）加到夹点下方，增加了公用工程冷却负荷，这样设置热机与热机单独操作一样，不能得到热集成的效果。图 5-23(d) 表示热机回收夹点下方的热量，可以认为热转变为功的效率也是 100％，减小了公用工程冷却负荷，也是有效的热集成。

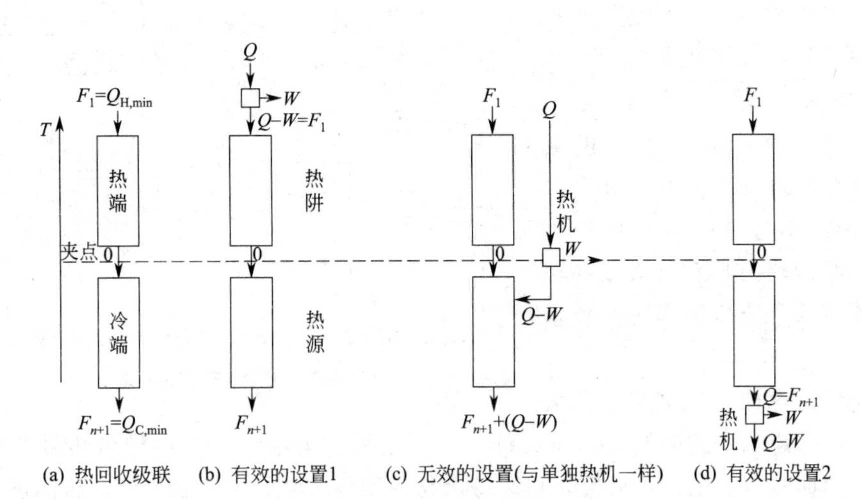

图 5-23　热机相对于热回收网络的设置

热泵与热回收级联的相对位置的说明见图 5-24。其中图 5-24(a) 表示热泵完全设置在夹点上方操作，只相当于用功 W 替换 W 的公用工程加热负荷，这是不值得的；图 5-24(b) 所示为热泵完全设置在夹点下方操作，使得 W 的功变成废热排出，反而增加了公用工程冷却负荷；图 5-24(c) 所示为热泵穿过夹点操作，把热量从夹点下方（热源）传递到夹点上方（热阱），加入 W 的功，使得公用工程加热、冷却负荷分别减小了（$Q+W$）及 Q，这种设置是有效的热集成。综上所述，热机在系统中应设置在夹点上方或夹点下方，而热泵设置则应跨越夹点。

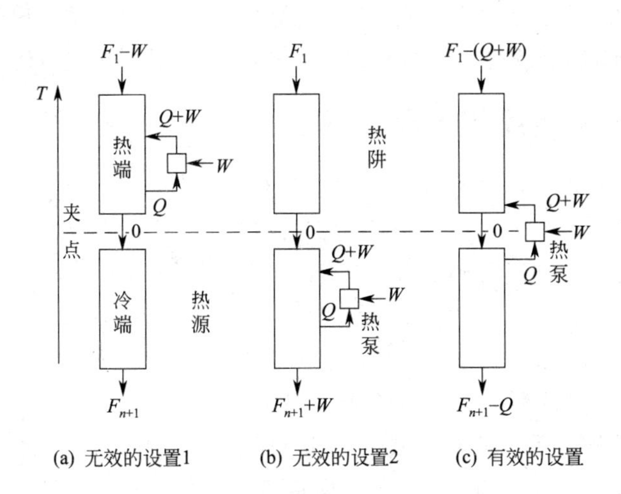

图 5-24　热泵相对于热回收网络的设置

5.3.2 热机在热集成过程中热负荷及温位的限制

由 5.3.1 节讨论可知，在系统中合理设置热机，可以减少过程的能量消耗，但还应该进一步考虑热集成的热负荷大小和温位的高低。如图 5-25（a）所示，热机设置在夹点上方操作，这是有效的热集成方式，但是热机排出的热量比热回收级联所需的公用工程加热负荷 $Q_{H,min}$ 还多出 $\delta(Q-W)$（δ 为某一系数），则产生 W 的功具有 100%的效率，但另外多产生的功 δW 却与热机单独操作相同，就不必与热回收系统集成在一起。这说明热集成应该考虑热负荷的限制。

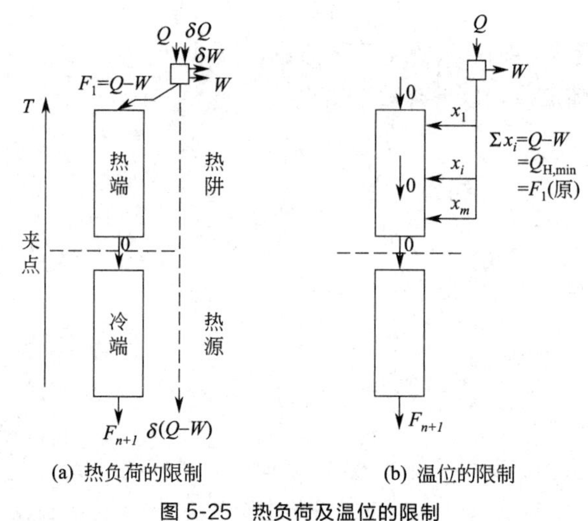

图 5-25 热负荷及温位的限制

除了应考虑热集成的热负荷大小外，还要考虑温位的限制。图 5-25(b）说明了温位的限制。热机排出热量的温位不必都高于热回收级联的最高温度，可以分级排入到热级联的不同温位处，从而进一步提高热机的效率。但该温位存在一个限度，即不能使热回收级联中间的热流量出现负值，其极限情况为零。

5.4 全局能量集成[11,12]

所谓全局是指由多个工艺过程和公用工程系统所构成的集合体。每个工艺过程都可以通过产生和/或使用不同压力等级的蒸汽与公用工程系统相互联系，而工艺过程之间可通过蒸汽管网相互联系。因此，要获得能量的最优综合利用，应从全局考虑各个工艺过程之间以及与公用工程之间的相互影响，对能量的产生和消耗的供需关系进行优化和能量集成。

5.4.1 全局组合曲线和全局夹点

为了进行多个工艺过程之间及与公用工程系统的能量集成，可以将各工艺过程的总组合曲线上表示的热源和热阱分别组合到一起，得到过程全局系统与公用工程系统相关的温焓曲线，简称全局温焓曲线（total site profile，TSP），如图 5-26所示。它包括全局热源分布线和全局热阱分布线，图中折线为蒸汽系统分布曲线（图中 HP 代表高压蒸汽、MP 为中压蒸汽、IP 为中间蒸汽、LP 为低压蒸汽）。

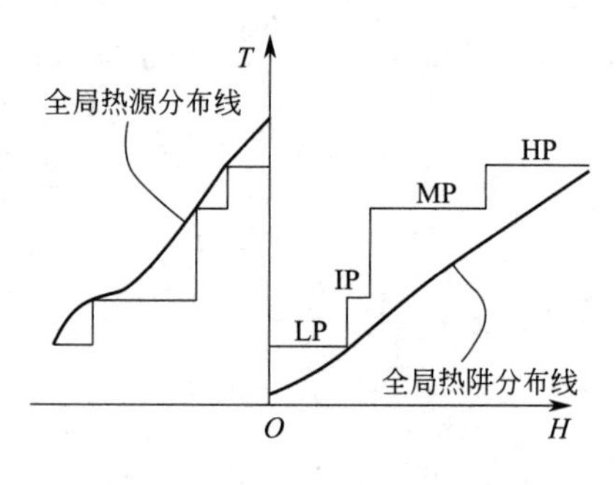

图 5-26 全局温焓曲线

全局温焓曲线给出了各工艺过程与公用工程相联系的热源和热阱分布情况，确定了做功用的热负荷和各等级蒸汽的需求量，从而给出了全局的用能优化目标。对于现有系统，过程全局温焓曲线表明了过程全局的产/用汽等级分布及负荷情况，对于新设计系统，过程全局温焓曲线可以用来判断产/用汽负荷分布及匹配情况。图 5-27(a) 为一过程的全局温焓曲线，过程全局温焓曲线可以相对移动，将全局热阱曲线向左平移，用热源的产汽作为热阱的加热用汽，使全局组合曲线相互接近，如图 5-27(b) 所示。将热阱线和热源线进一步横向平移，使局部公用工程负荷线相连接而阻止进一步移动产生重叠的可能性，得到全局组合曲线（site composite curves，SCCs），如图 5-27(c) 所示，其中曲线水平投影重叠部分表示过程全局热源和热阱之间通过公用工程传递的热回收量。连接点处即为过程全局夹点（site pinch，SP）。

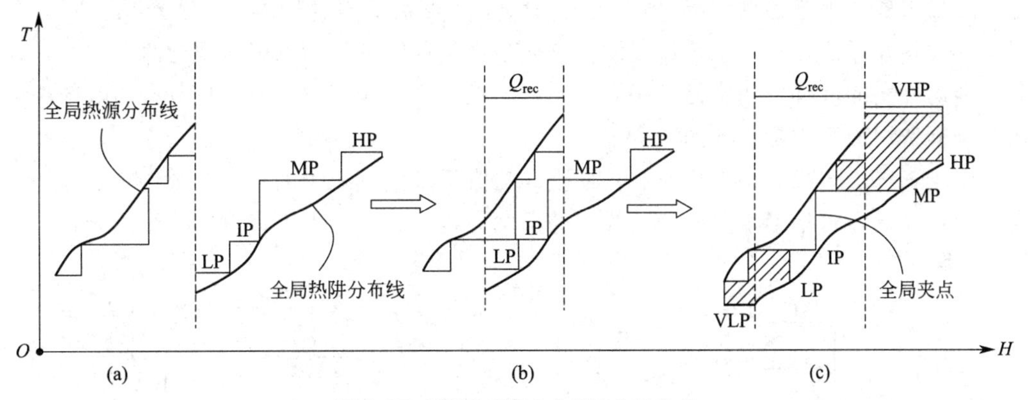

图 5-27　过程全局组合曲线和全局夹点

当形成全局夹点时，过程全局的热回收量 Q_{rec} 最大，夹点上方需要加热公用工程，夹点下方需要冷却公用工程。同过程夹点一样，全局夹点表示全局热回收的瓶颈。在全局中，热量的传递是通过蒸汽管网实现的，因此全局夹点不是全局冷、热组合曲线相切的部位，而是位于公用工程之间不再可能产生重叠的部位。全局夹点也不是全局组合曲线固有的特征，它取决于公用工程的选择。选择不同的蒸汽等级数和温位，全局夹点的位置也会不同。因此，对蒸汽等级数和温位进行优化可进一步增加全局热回收量。

类似于一个单过程的情况，全局夹点把全局组合曲线分成两部分，全局夹点上方的所有工艺过程均应使用高于夹点温位的蒸汽等级。在此区间，所有热源都用来满足热阱的加热需要（使用蒸汽作为热传递介质），如不能满足所有热阱的热需求，就必须消耗燃料产生超高压蒸汽（VHP）来提供，因此 VHP 蒸汽负荷直接与燃料需求有关。类似地，全局夹点下方有剩余蒸汽存在，这些蒸汽还可以获得更低压的蒸汽或用冷却水冷却。蒸汽产生负荷和蒸汽使用负荷围起的面积（图中的阴影部分）与公用工程系统联产功大小成正比。同样的，全局夹点处不能有热量传递。

全局组合曲线可以表明热源部分的剩余热量和热阱部分的需求热量。如果各过程之间允许直接进行换热，则热源曲线和热阱曲线通过横向平移可以找到新的夹点，从而减少冷、热公用工程耗量。但实际生产中各装置之间从可控性和可操作性方面考虑，往往不能直接换热，因此，可考虑用热源部分产生蒸汽，而热阱部分采用相应蒸汽加热。热源部分产生蒸汽，不仅使冷却水负荷减少，而且可以取代部分热阱的公用工程用汽。故由全局组合曲线及其夹点可以确定：与VHP负荷成正比的燃料消耗量、与图5-27中阴影面积成正比的联产功量、通过蒸汽回收的工艺过程剩余热量、形成全局夹点的蒸汽等级以及全局夹点上方的蒸汽等级与全局夹点下方的蒸汽等级。

5.4.2 全局能量集成的加/减原则

在全局组合曲线上，通过在全局夹点处改变各级蒸汽的温度或增加蒸汽等级（IP），可以消除原夹点而使曲线进一步平移靠拢，找到新的夹点，从而增大热回收数量，减少公用工程耗量。可见，各等级蒸汽参数的选择对过程能耗非常重要。

（1）全局系统蒸汽负荷加/减原则

全局中各个工艺过程的产/用汽负荷与公用工程系统的燃料消耗、联产功之间存在着复杂的相互影响，一个工艺过程的改进或公用工程改进的结果可表现为两个方面，或者是全局燃料的节省，或者是在相同的燃料消耗下联产功增加，而燃料节省和联产功增加对全局费用的影响是不同的。

由于工艺过程或公用工程改进，使全局热阱需求蒸汽减少的情况，如图5-28所示，为了清晰起见，省略了全局组合曲线上的温焓曲线，只表示出了蒸汽负荷线。

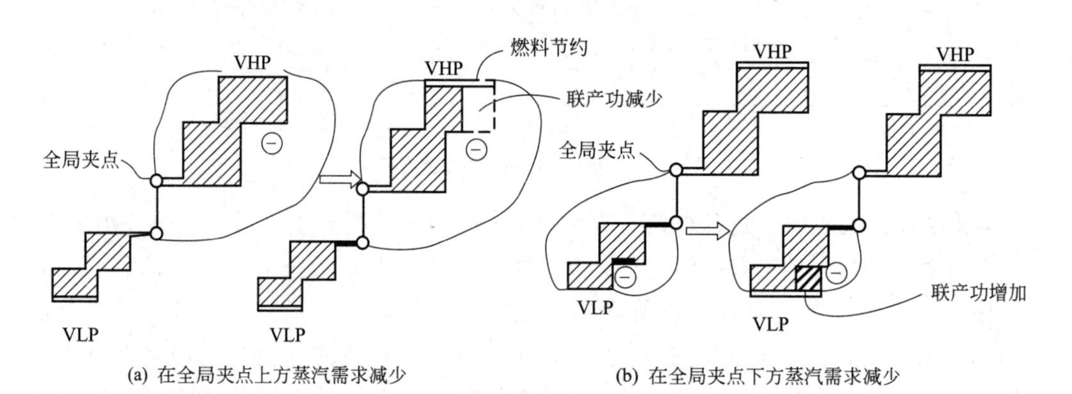

图5-28　热阱蒸汽需求变化与燃料消耗、联产功之间的关系

当热阱需求蒸汽减少的蒸汽等级是全局夹点上方的蒸汽等级时，由于全局夹点上方的所有工艺过程均应使用高于夹点温位的蒸汽等级，故此时热阱蒸汽需求减少，则超高压蒸汽负荷减少相同的量，结果是燃料减少，同时联产功减少，用没有阴影的面积来表示，如图5-28(a)所示。当热阱需求蒸汽减少的蒸汽等级是全局夹点下方的蒸汽等级时，由于全局夹点下方有过剩蒸汽，热阱蒸汽需求减少，结果使蒸汽过剩增加。这增加的过剩蒸汽能膨胀到可能的最低蒸汽等级（VLP），增加联产功，用加深的阴影面积表示，如图5-28(b)，对夹点上方的热平衡没有影响，所以燃料消耗没有改变。以上结论也适用于由于工艺过程或公用工程改进，使全局热源产生蒸汽增加的情况。

通过以上分析可概括出与单过程类似的全局系统加/减原则，即在全局夹点上方，任一等级蒸汽产生的增加或蒸汽需求的减少将导致燃料节省，同时联产功潜力减少；在全局夹点下方，任一等级蒸汽产生的增加或蒸汽需求的减少将导致联产功潜力增加，而燃料消耗不变，如图 5-29 所示。

(2) 热负荷移动原则

工艺过程改进或消除公用工程的不合理使用可以使原来使用高品位蒸汽加热的热阱改用低品位加热蒸汽满足要求，使用蒸汽的变化表现为蒸汽负荷移动。由图 5-30所示的全局组合曲线可看出，在 MP、IP 蒸汽等级处形成全局夹点，可通过在蒸汽等级之间移动蒸汽负荷来减少总公用工程费用。方案 1 是用 MP 级蒸汽来代替

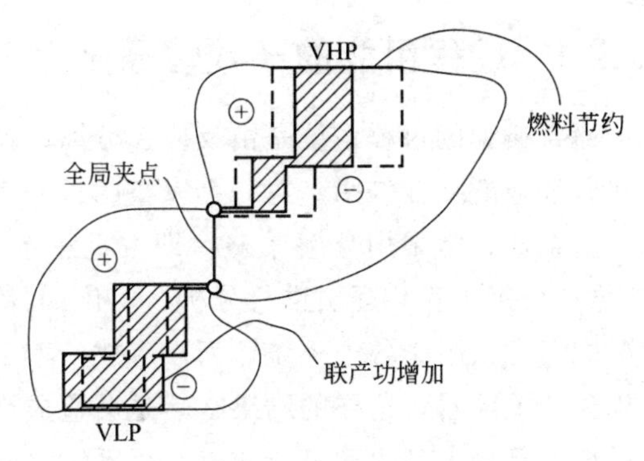

图 5-29　全局系统的加/减原则

HP 级蒸汽加热，如图5-30(a) 所示，透平膨胀到更低等级的蒸汽量增加，联产功增加[图 5-30(a) 中深色阴影面积]。此时，全局夹点上方 HP 蒸汽使用有一个“减少”，这减少了燃料消耗。然而全局夹点上方 MP 蒸汽使用有一个“增加”，其增加了燃料消耗。燃料减少和燃料增加的量相同，所以全局燃料消耗没有改变。方案 2 是把现在通过 MP 级蒸汽完成的加热改用 IP 级蒸汽来完成，如图 5-30(b) 所示，负荷移动穿越了全局夹点，使得全局热源线、热阱线可进一步移动，产生新的全局夹点，全局夹点上方 MP 级蒸汽有一个“减少”，因此全局燃料用量减少。因为燃料消耗减少，同时全局夹点下方 IP 蒸汽使用有一个“增加”，因此联产功减少。由此得出全局负荷移动原则：如果蒸汽负荷移动涉及的蒸汽等级在全局夹点的同一侧，则联产功增加；如果蒸汽负荷移动涉及的蒸汽等级是形成全局夹点的蒸汽等级，则燃料节约，同时联产功潜力减少。

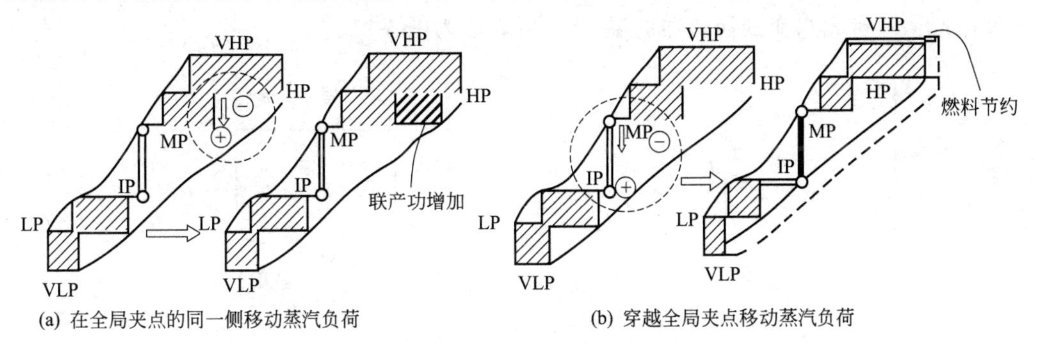

图 5-30　全局系统热负荷移动原则

应用加减原则或负荷移动原则，在全局分布曲线上能够确定一个工艺过程或公用工程的改进结果是燃料节省还是联产功增加。

5.5　夹点分析在过程系统能量集成中的应用

在过程系统能量集成中，夹点分析被广泛应用，它的特点是从全局识别出过程系统用能的“瓶颈”所在，然后采用调优策略以解“瓶颈”。调优策略的思想可归纳为：在夹点上方设法增大总的热流股的热负荷，减小总的冷流股的热负荷；而在夹点下方则设法减小总的热流股的热负荷，增大总的冷流股热负荷。

5.5.1 过程用能的一致性原则[13]

通常典型的过程系统是由反应、分离、换热及公用工程系统所组成，各子系统之间存在着较强的交互作用。对一个完整的过程系统进行用能分析或优化设计时，为减少问题的复杂性，常采用分解策略。即按过程系统的结构层次，从里（反应、分离）向外（换热、公用工程）逐层进行分析、优化，各个部分间的设计相对独立，各部分的用能状况的考虑只限于各子系统，而没有放入整个系统的用能分析中。由全系统优化与子系统优化的关系看，这样的结果必然是会造成许多不合理的用能状况。显而易见，随着过程系统的日趋大型化和复杂化以及子系统之间更强的交互作用，这种分解策略难以达到整体协调优化。

过程用能一致性原则是利用热力学原理，把反应、分离、换热、热机、热泵等过程的用能特性抽提出来，因为从用能的角度看，这些单元都存在能量（热或功）的交换（传入或输出），通过把单元所需的功、热以及单元中能流的变化转化为相当的换热网络中的冷、热流股，就可以把整个系统中的能量需求与供给情况，从用能本质的角度上一致起来，转化为换热网络中的冷、热流股的匹配，这样就将全过程的能量优化综合问题转化为有约束的换热网络综合问题。其当量方法为：在热力学的基础上，分析化工过程中各单元的用能状况及换热器、换热器网络流股间的匹配、能量的转移，将各单元的能量需求情况转化为相当的“冷、热流股”。

（1）换热器

从外界环境来看，换热器中的热流股需要向外界放出热量，而冷流股则需要从外界吸收热量。一台无相变的换热器的温-焓图可表示为图 5-31。

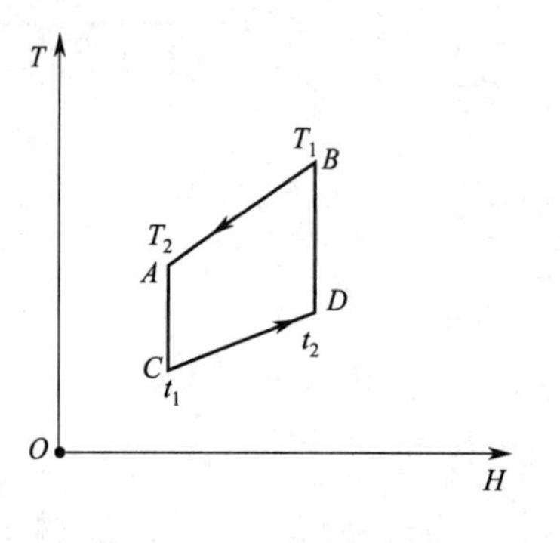

图 5-31 换热器的温-焓图

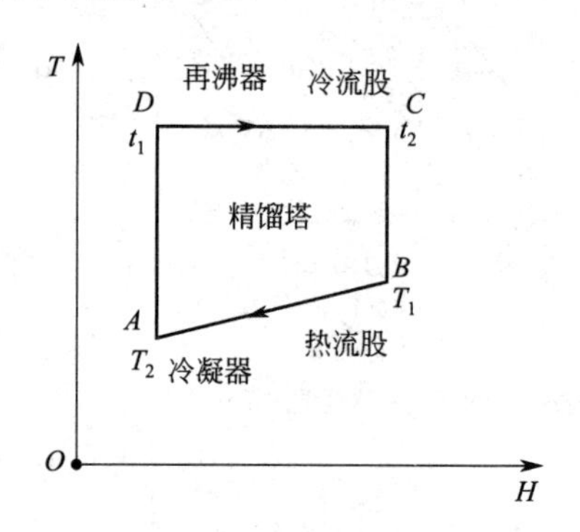

图 5-32 蒸馏塔的温-焓图

（2）蒸馏塔

再沸器中的釜液需要外界提供热量，可以看成是与换热器中冷流股相当的有相变的冷流股；而冷凝器中的塔顶蒸气需要向外界放出热量，则可以看成是与换热器中相当的有相变的热流股。在系统能量优化综合时，可以当作是与换热器网络中的冷、热流股进行匹配，其负荷就是再沸器、冷凝器的负荷，温位就是实际的再沸器、冷凝器的温度。如图 5-32 所示。

（3）反应器

反应器在将原料转化为所需产品的同时还伴有能量变化，对于放热反应，是将系统的化学能转化为热能，放出热量；对于吸热反应，是将外界提供的热量转化为系统的化学能，需要吸收热量。从用能的角度看，反应器可以当作热或冷的工艺物流，与换热器网络中的冷、热流股一样，参与整个系统用能匹配。放热与吸热反应器的 T-H 图见图 5-33。

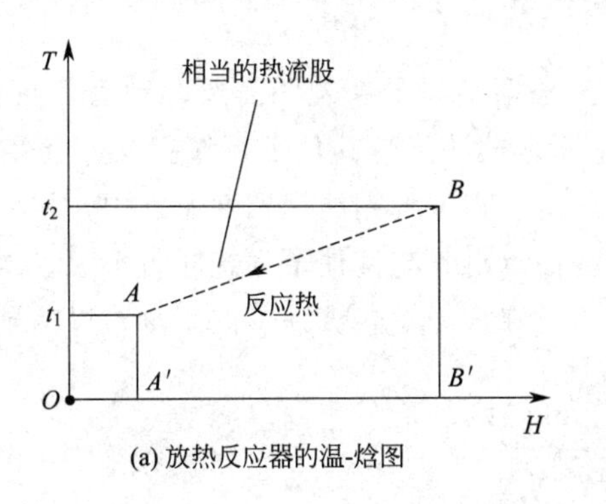

(a) 放热反应器的温-焓图

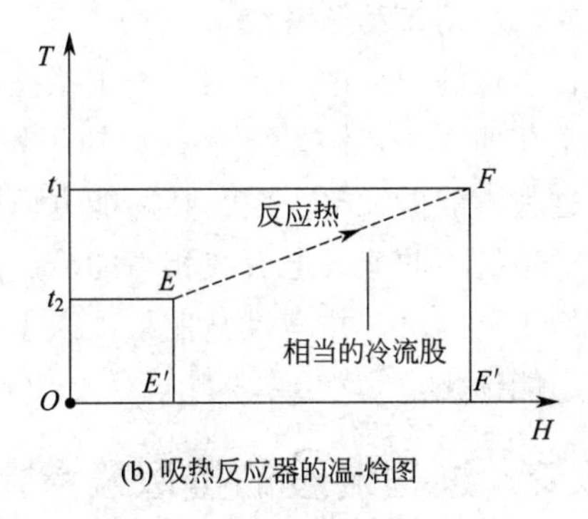

(b) 吸热反应器的温-焓图

图 5-33　反应器的温-焓图

(4) 热机

目前在工业上应用最广的热机循环是朗肯循环，其温-焓图如图 5-34 所示，线段 $ABCD$ 表示从外界吸收热量，线段 EF 表示向外界释放热量，线段 $ABCD$ 与线段 EF 在 H 轴上的投影之差［H_c-H_h］即为热机所做的功。在实际装置中，一台凝汽式热机的乏汽的出口一般直接与冷凝器相连，在冷凝器中将乏汽用冷却水或工艺流股冷凝。因此，从单元用能的角度分析，在对热机进行用能一致性分析时，可将乏汽冷凝看成是一条温位较低的热流股，而热机的入口则来自蒸汽管网，从系统用能的角度，需要系统向热机输入蒸汽，即热机在高温一端相当于一条冷流股，所以，一台热机的用能情况可以用两条流股表示：一条是位于高温位的冷流股，另一条是位于低温位的热流股，如图 5-35 所示。其中，线段 AB 表示与热机相当的冷流股，线段 DC 表示与热机相当的热流股。对一台背压式热机，其高温位的冷流股与凝汽式热机相似，而低温位的流股，由于背压式热机的出口一般是中压或低压蒸汽管线，同样可看成是一条热流股，相当于不同级别的蒸汽。在换热器匹配时，将背压透平当量为不同级别的蒸汽（热流股）与高温位的冷流股后，可以在与其他工艺流股匹配时，以相当的蒸汽级别作为约束条件，来解决热机的有约束匹配问题。

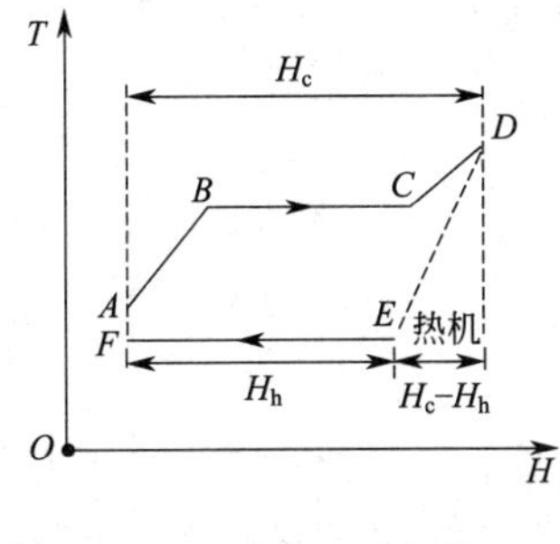

图 5-34　朗肯循环温-焓图

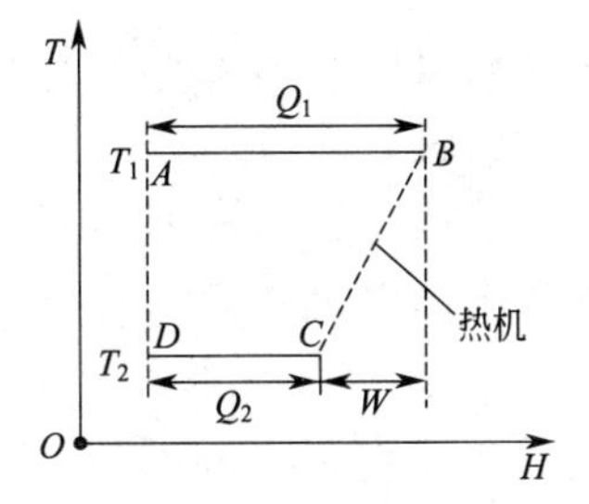

图 5-35　热机用能的当量图

(5) 热泵

热泵从较低温度的热源吸收热量，向较高温度的热源排放热量，同时消耗功。从热力学角度分析，在封闭循环中，循环介质在蒸发器中从外界环境吸收热量，相当于一条冷工艺流股，通过热泵将其温位提高，而在冷凝器中将其作为热源用于加热其他工艺流股，减少热公用工程用量，相当于一条热工艺流股。

(6) 公用工程子系统

在以往的设计中，公用工程子系统的设计是根据其他子系统所需要的动力及热量、冷量负荷的大小，作为一个独立的子系统单独进行设计，与其他子系统的集成不够完善，这就不能保证整个系统在用能方面的最优匹配。在过程用能一致性原则中，将公用工程子系统中的流股也看成相当的冷、热流股，而且将其与其他子系统同时考虑，组成均质的用能网络。在满足其他系统需求的前提下，综合考虑各级别蒸汽用量，以达到全系统用能优化。

5.5.2 过程流股的提取及参数的确定

(1) 过程流股的提取

为进行过程的夹点分析，必须在了解工艺流程的基础上，按照系统物料和能量平衡的原则，提取参与夹点分析的过程流股，然后结合流程结构，根据热力学原理、传热学原理以及夹点分析基本概念确定流股的参数。过程流股提取的指导性原则如下：

① 过程系统中与工艺物流匹配换热或与公用工程流股匹配换热的所有工艺流股应提取作为参与过程夹点分析的流股。

② 从一个单元设备直接流出又直接流入另一个单元设备的工艺流股（即不参与过程换热）一般不列入所提取的参与夹点分析的流股中。但是，当这些流股所携带的热量和冷量具有进一步回收的潜力时，应该从流股的能量品位、所连接的单元设备，特别是流股流入设备的工艺要求、操作弹性的角度来确定这些流股能量回收的可能性以及程度，并判断是否应列入参与过程夹点分析的流股中。

③ 对于那些参与流股间匹配换热，但热负荷很小不足以影响系统能量分布的工艺流股，从简化过程计算的角度，可以不予选取。

④ 有些参与流股间匹配换热的隐含流股，必须计入不可遗漏。例如，再沸器内循环的釜液，釜液在循环中吸热汽化进入塔内，显然，对此要确定一虚拟的工艺冷物流，以反映塔釜所获取的热量。

⑤ 对于一些直接混合的工艺流股，应作具体分析，考虑其流股还原的必要性。例如，当遇到高温流股与低温流股直接混合时，要仔细处理。因为高温流股与低温流股混合后，就会引起能量品位的降低，将影响系统夹点的温位，所以应根据传热学原理，将混合流股拆分，还原为高、低温流股，使能量合理分布。流股还原的根本目的在于使热流体温度更高、冷流体温度更低，增加过程系统热量和冷量回收的可能性。

⑥ 从简化过程计算的角度出发，要进行流股的合并。情况 1：工艺流股的换热往往具有连续性，即一条流股一次可能通过多个换热设备与在不同温位的流股换热。所以在提取流股时要考虑该物流是作为一条流股提取，还是分段提取。设计者一是要判断该流股各段换热的起始和终了温度是否可以改变，一般来说，所提取流股的起始和终了温度是不可改变的，决定的做出要考虑过程工艺要求的限制；二是要计算各分段流股的热容

流率是否相等或相近（流股相状态是否变化），只有在热容流率相等或相近的情况下，各分段流股才可以作为一条流股提取。情况2：一条流股可能分支为几条流股，分别与其他流股换热，然后再合并为一条流股。此时，要考察各分支流股是否在同一温度区间内换热，如果各分支流股是在同一温度区间内换热，从简化过程计算的角度出发，应合并各分支流股（流量、热负荷）为一条流股。

⑦ 提取过程流股时，要考虑流股的分段处理。在较大温度范围内换热的流股有可能包括相变的过程，即流股的热容流率变化较大。在这种情况下，应该作出流股的 *T-H* 曲线，考察在流股换热的温度范围内各温度段的热负荷改变。在具有相变发生的温度段内，热负荷改变较大，应该以该温度段上下界温位为界限将原流股分段，并且保证各段的热负荷改变与原流股换热的 *T-H* 曲线所对应。这样可以正确反映该流股的热容流率的变化，保证夹点分析的正确性。

⑧ 对于能量驱动的能量密集型单元，如反应器、蒸馏塔、压缩机、热机、热泵等，一是可以应用过程用能一致性原则将其转化为当量的冷、热流股，参与夹点分析；二是可以在 *T-H* 图上，用方块图或有向线段的形式反映其内部的能量流动或改变，并与背景过程流股构成系统分离的总组合曲线，考察这些单元设备在过程系统中所处的位置是否合理以及与背景过程相集成的状况。

⑨ 在提取过程参与夹点换热的工艺流股的同时，也应提取与工艺流股匹配换热的公用工程流股，并分别加和冷、热公用工程的负荷，计算出总的冷、热公用工程用量，作为采用夹点分析进行过程系统用能诊断、调优的标准和依据。

⑩ 在提取过程工艺流股、能量驱动单元和公用工程流股的数据之后，应加和所得的流股的冷、热负荷，得到系统总的冷、热负荷，考察整个系统的能量是否平衡。

以上提取过程流股的原则，在实际工作中应该灵活运用。作为一个设计者，最主要的是要熟悉工艺流程，准确灵活地掌握工程知识，热力学、传热学以及夹点分析的基本原理，并应用于实践。

(2) 物流参数的确定

在过程夹点分析中，所需的物流参数见表5-1。

表5-1　夹点分析所需的物流参数

参数名称	符号	单位
流股流量	W	kg/h
流股组成	$x(y)$	
初始温度	T_s	℃
终了温度	T_t	℃
传热温差贡献值	Δt_c	℃
流股热容流率	WC_p	kW/℃
流股热负荷	Q	kW

表5-1中数据 W、Q 可从过程的流程图、设计以及操作说明书中获得，T_s、T_t 应综合考虑流程结构、参与夹点分析过程流股的提取以及过程工艺条件限制来确定。流股热容流率 WC_p 可通过计算或估算获得。热容流率 WC_p 为流股质量流量和比热容的乘

积，W 为流股的质量流量，C_p 为流股的比热容，通常可由流股的温度、压力以及组成查得或计算。在实际工作中，考虑到流股可能在传热过程中发生相变形成两相流，难以确定其比热容，所以一般采用下式计算各流股的 C_p：

对热流股
$$C_p=\frac{Q}{W(T_s-T_t)} \quad (T_s>T_t) \tag{5-1}$$

对冷流股
$$C_p=\frac{Q}{W(T_t-T_s)} \quad (T_s<T_t) \tag{5-2}$$

这里（T_s-T_t）或（T_t-T_s）为换热流股换热前后的温差，因此，当纯组分发生相变时，其温差也应给一适当小的值，但不可给 0 值，以避免在计算上造成不便。

以上的处理过程中，流股的热容流率在其换热的温度范围内看作一个常数。对于实际问题，热容流率都在一定程度上随温度而改变，所以，知道物流的热容流率在什么温度范围内可采用线性近似而取其平均值是非常重要的。在夹点附近，尤其需要注意数据提取、参数确定的准确性。

5.5.3 过程系统用能诊断

夹点分析在过程系统能量集成方面的应用可以分为两个环节。一是过程系统用能状况的诊断，该诊断包括两方面，一方面是对现有装置的用能状况进行诊断，发现其用能的薄弱环节和不合理之处；另一方面是对一个设计方案的用能状况进行诊断，发现设计方案中用能的不合理之处。二是在过程系统用能诊断的基础上，进行相应的系统用能调优处理。

利用 T-H 图或问题表格法进行过程的操作型夹点计算，得到过程热流量沿温度的真实分布。在此基础上，利用过程的组合曲线、总组合曲线、分离的总组合曲线、扩充的总组合曲线以及格子图等用能诊断工具对过程系统进行用能的诊断，发现过程系统用能的薄弱环节和不合理之处。

5.5.3.1 过程系统用能分析工具

(1) 过程的组合曲线（composite curve）和总组合曲线（grand composite curve）

如图 5-36(a) 所示，过程冷、热物流的组合曲线从总体上反映了整个系统中流股热量总的需求、供给情况以及能量在不同的温位上的分配。从组合曲线上可以得出一定的最小传热温差下，所需的最小加热公用工程和冷却公用工程。如果实际公用工程用量与最小公用工程用量相差较大，说明该系统在用能方面存在缺陷。但过程的组合曲线只给出了公用工程量的大小，没有给出具体的公用工程品位。

如图 5-36(b) 所示，每个过程的总组合曲线表示该过程内部物流换热后所需的最小冷、热公用工程负荷，即剩余的热源和热阱。利用过程的总组合曲线，可以合理设置公用工程，降低过程的能耗。图中的阴影部分（面积 ABC 和 EFG）表示了过程流股间的热交换即可达到工艺要求，而 DC、DE 和 GH 部分则需通过引入公用工程来达到要求。一种方法是引入热公用工程 KL 和冷公用工程 MP，这种方法使冷、热物流间的传热温差过大，系统的有效能损失较大。为此，可引入热公用工程 $K'L'$ 来加热 DC，引入两种不同温位的冷公用工程 $M'N'$（用来冷却 DE）和 NP（用来冷却 GH），这样就可以降低过程的操作费用。过程的总组合曲线可以反映出过程的公用工程在温位选择上是否合理。利用过程的总组合曲线，可以合理设置公用工程，降低过程的能耗。对于单个过程而言，其热阱部分的热负荷可采用不同压力等级的蒸汽或燃料加热，热源部分的负荷由公用工程冷却。而对于多个工艺过程，由于各个工艺过程的夹点位置一般不同，因而为不同过程之间的能量集成提供了可能，可以利用一个过程的热源去加热另一个过程的热阱。

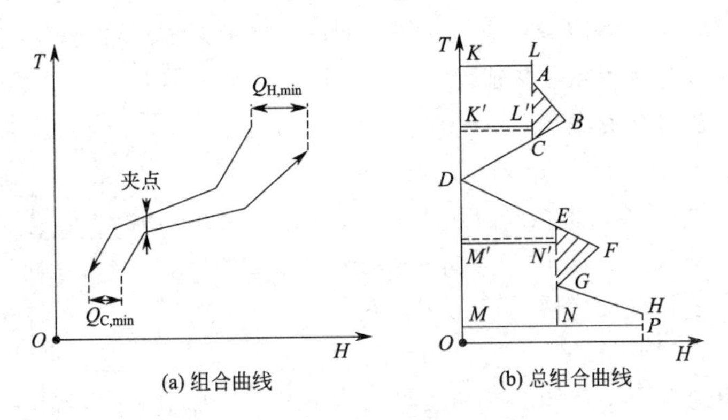

图5-36 过程组合曲线和总组合曲线

(2) 格子图

格子图是一种基于夹点的换热网络的设计工具，同样也是一种对现有装置进行用能诊断的工具。在格子图中，所有的热流股放在格子图的上方，其方向为从左向右，所有的冷流股放在格子图的下方，方向为从右向左，夹点用两条相近的竖线放于格子图中间，如图5-37所示。冷、热流股间的换热器可用一条连接两个圆圈的直线表示。利用格子图可以对现有过程（或者设计方案）进行用能诊断，确定过程中是否有违背夹点匹配的现象，如系统中是否有穿越夹点换热的换热器（图5-37中换热器E_2），夹点上方是否有冷却器（图5-37中冷却器C），夹点下方是否有加热器（图5-37中加热器H），如果有以上这3种现象，就可以推断该系统的用能不合理，应予以改进。

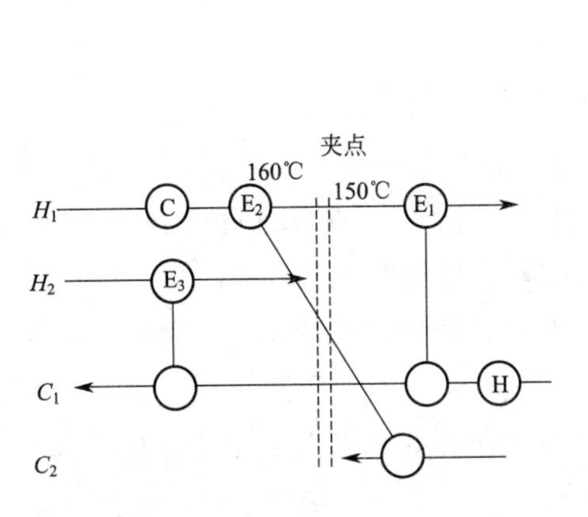

图5-37 换热器网络的格子图

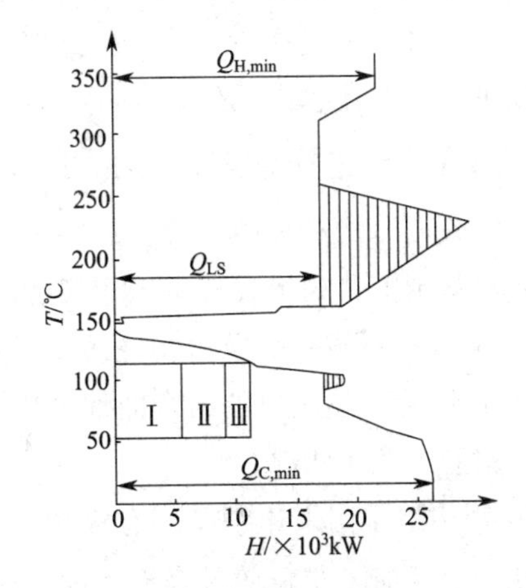

图5-38 分离的总组合曲线

(3) 分离的总组合曲线

所谓的分离的总组合曲线（splitting grand composite curves，SGCC）就是把一个

能量驱动的过程单元或子系统从组合曲线中分离出来后，重新绘制得到的总组合曲线，如图5-38所示。该过程分离的组合曲线是将精馏塔 C-Ⅰ、C-Ⅱ和 C-Ⅲ从过程的总组合曲线中抽出后重新绘制，并将抽出的精馏塔 C-Ⅰ、C-Ⅱ和 C-Ⅲ与重新得到的总组合曲线进行对照，检验其设置是否合理。

利用分离的总组合曲线对过程系统进行能量集成，可以将从总组合曲线中抽提出来的能量驱动的单元（如精馏塔）或子系统（如反应器子系统）与分离的总组合曲线进行对照，看其是否有与过程系统集成的可能性。

（4）扩充的总组合曲线

扩充的总组合曲线（extend grand composite curve，EGCC）是由总组合曲线经公用工程组合曲线扩充的组合曲线，如图 5-39 所示。其中，总组合曲线表示了非直接换热（热公用工程通过换热网络传到冷公用工程），而公用工程总组合曲线则形象地表示了热源与热阱之间的直接换热。如图 5-39 所示，曲线 *ABCDE* 表示了工艺过程的总组合曲线，其左侧图线部分则是对原有组合曲线的扩充。从图 5-39 中可以看出，过程中反应器放出的反应热 I_r 用来预热给水并产生中压蒸汽，而产生的中压蒸汽一部分用来提供精馏塔的再沸器热源，一部分作为公用工程输出。同时，过程设置了一高压蒸汽，位于过程总组合曲线的上方，驱使热量通过换热网络传递到过程的热阱，而过程的剩余热量用冷却水带出。利用扩充的总组合曲线可以得到一个过程系统能量利用的总图，并可从中诊断出能量利用不合理的单元，进而对不合理的用能单元进行改进。如图 5-39 所示的用反应热加热锅炉给水，传热温差过大，用能不合理，该部分热量可由位于夹点温度以下的工艺流股来提供。

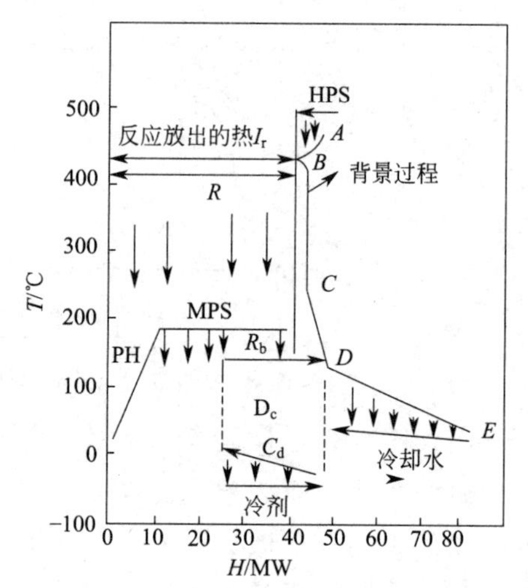

图 5-39　某工艺过程的扩充的总组合曲线

HPS—高压蒸汽；MPS—中压蒸汽；R—反应热；PH—预热锅炉给水；R_b—蒸馏塔再沸器热负荷；C_d—蒸馏塔冷凝器负荷；D_c—蒸馏塔

5.5.3.2　过程系统用能分析诊断步骤

应用夹点分析对过程系统的用能状况进行分析是在综合了热力学、设备投资等各方面因素的基础上，找出过程系统中用能不合理的环节。具体诊断分析的步骤为：

① 从过程系统中提取出相应的流股数据和能量密集型单元的工艺参数；

② 作出冷、热流股的组合曲线和整个过程系统的扩充的总组合曲线，以得到该过程系统用能的总体状况；

③ 利用格子图来诊断是否有穿越夹点的换热器，在夹点上方是否有冷却器，在夹点下方是否有加热器，如果有给予标记；

④ 利用总组合曲线来诊断该系统的公用工程的选择是否恰当；

⑤ 利用分离的总组合曲线对能量密集型单元进行诊断，判断其在系统中的位置是否合理。

5.5.4 过程系统用能调优

过程系统用能调优就是通过改进各物流间匹配换热的传热温差贡献值以及对物流工艺参数进行调优，以得到合理的过程系统热流量沿温度的分布，从而降低公用工程负荷、减少换热单元数，以达到降低能耗、减少费用的目的。

通过设计型夹点计算可以得到流股传热温差贡献值优化后的过程夹点温度以及公用工程负荷减少值，具体计算方法参见本书3.3.2节。以此为基础，针对操作型夹点分析所得到的过程用能的薄弱环节和不合理之处，综合考虑现有过程的流程结构、工艺限制、用能优化目标、设备投资费用等多种因素，以降低过程加热、冷却公用工程负荷为目的，对系统进行用能调优。在实际生产中，可采用的具体措施有：

① 对于换热网络，可以恰当地减小过大的传热温差，以降低有效能损失；

② 对于能量子系统，可以改变其工艺条件使其在总系统中处于合理的位置；

③ 对于蒸馏塔，可通过提高或降低操作压力，或对进料预热、引进中间再沸器和中间冷凝器等方法，来降低塔本身的能耗以及增大塔与过程系统的热集成程度；

④ 改进工艺流程，采用高效的能量转换设备，等等；

⑤ 通过选择或改变蒸汽等级，改变热回收量、过程全局燃料消耗量或热电联产做功量进行优化和权衡。

5.5.5 工业应用实例

生产中遇到的工程实际问题是千差万别的，解决问题的途径亦不会是一个模式，重要的是综合运用基本理论和方法，抓住关键目标，确定解决问题的合理途径。本节以乙烯装置的用能诊断与调优为例，介绍夹点分析法在过程系统能量集成中使用的具体方法与工作步骤。

5.5.5.1 生产装置基本情况

该套乙烯装置原设计能力为年产乙烯11.5万吨，生产技术是国外20世纪70年代初的水平，与当前大规模的乙烯装置相比，工艺落后且能耗较高，故对该装置进行扩产节能改造。该乙烯装置的工艺过程主要包括裂解过程、压缩过程、冷冻过程、分离过程及蒸汽动力系统。

5.5.5.2 乙烯装置的用能诊断

(1) 参与夹点分析流股的提取

按照流股提取原则，把乙烯装置原设计流程系统作为一个整体考虑，提取过程流股，然后进行简化处理，最后得到参与夹点分析的过程流股共80条，其中热流股46条、冷流股34条。同时也提取了相应的公用工程流股并统计了冷、热公用工程用量。该系统热公用工程用量为27857.5kW，冷公用工程用量为94181.9kW。在此基础上，按照流股参数确定的方法推算出所需的各流股的参数。

(2) 过程系统的组合曲线与总组合曲线

根据提取的工艺流股参数，对该套乙烯装置进行了操作型夹点计算。计算过程采用了虚拟温度，利用问题表格法计算的结果，在 T-H 图上标绘出该乙烯过程系统的组合曲线和总组合曲线，如图 5-40 和图 5-41 所示。

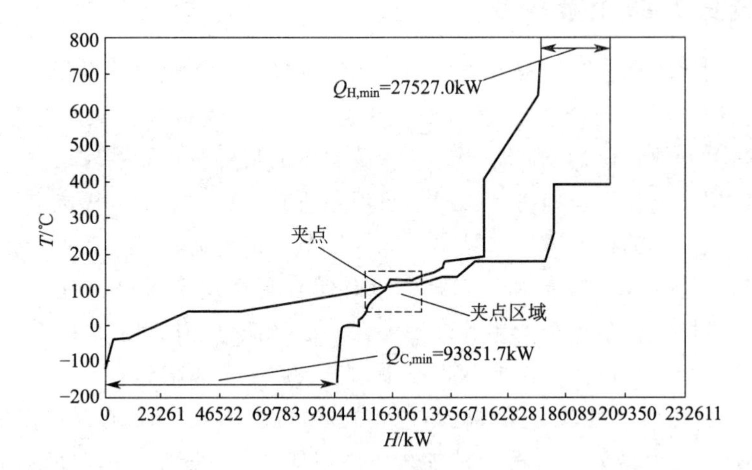

图 5-40 现场过程（原设计）组合曲线

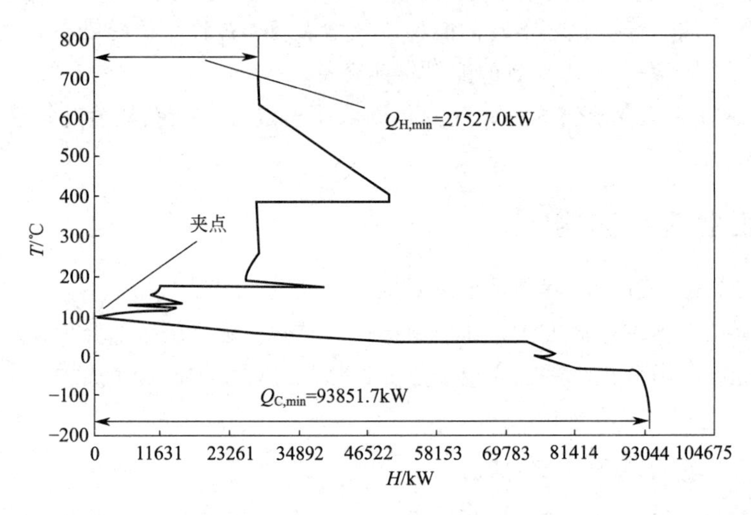

图 5-41 现场过程（原设计）总组合曲线

从图 5-40 和图 5-41 可以看出，系统的夹点温度为 96℃。由夹点热端及冷端可直接确定系统的热、冷公用工程负荷分别为 $Q_{H,min}=27527.0$kW、$Q_{C,min}=93851.7$kW。该乙烯装置原设计流程所涉及的热公用工程的品位不高（最高温度为 256℃），负荷也不大，低压蒸汽负荷为 11630.6kW，中压蒸汽负荷为 16282.8kW。过程的冷却公用工程负荷很大，主要是冷却水和低温冷剂。

从过程系统的总组合曲线（图 5-41）可以看出，夹点以下能量的回收利用并不理想。在夹点温度附近（95～60℃）有大量的热量（负荷约为 23261.1kW）具有回收的潜力，而在实际流程中，采用冷却水移走热量，不但没有回收热量，反而加大了冷却公用工程负荷。

(3) 分离的总组合曲线

利用分离的总组合曲线对过程系统进行用能诊断，就是将能量驱动的单元或子系统从总组合曲线中抽出来，然后重新绘制总组合曲线并将抽出的单元或子系统与重新得到的总组合曲线进行对照，检验其设置的位置是否合理。将该系统中的能量密集型单元和子系统抽提出来后，得到过程分离的总组合曲线如图 5-42 所示。

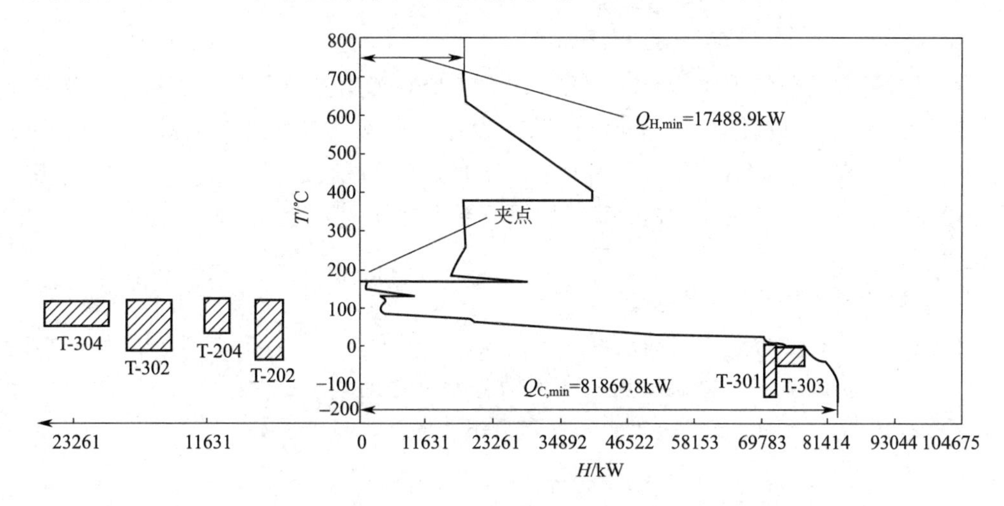

图 5-42　过程分离的总组合曲线

由图 5-42 可以看到，当将相关的能量驱动单元设备及子系统的流股数据从过程系统流股数据中提取出来时，背景过程系统的夹点温度提高到 172℃，这表明提取的单元设备流股数据对系统夹点位置的影响较大。把蒸馏塔设备的再沸器和冷凝器流股以“矩形”形式在 *T-H* 图上表示（这里再沸器和冷凝器流股的温度为虚拟温度），并与总组合曲线相对照，如图 5-42 所示。

从图 5-42 上可见塔 T-202、T-204、T-301、T-302、T-303 和 T-304 的再沸器都存在与背景过程集成的可能性，即利用背景过程中的热源加热再沸器的冷流股。

(4) 操作型夹点计算结果分析

以上计算结果表明，该套乙烯装置原设计流程多数流股匹配换热处于合理的位置，大多数热公用工程在夹点上方引入，冷公用工程在夹点下方引入，满足夹点匹配的要求，使能量得到合理的流动。但是仍然存在违背夹点换热要求之处，即存在着能量利用的薄弱环节和不合理之处，具有进一步节能的潜力。

① 在整个系统中，部分换热单元物流匹配换热的传热温差过大。较大的传热温差势必加大系统传热过程的有效能损失，需要外界为系统提供更多的能量驱动传热过程，整个系统必将消耗过多的能源。因此，从节能的角度，一些换热器的传热温差可以减小。同时，减小传热温差也使一些单元设备增加了与过程工艺流股集成换热的机会。如现场流程中，一些蒸馏塔再沸器冷流股用低压蒸汽作为加热公用工程，其传热温差贡献值较大，限制了再沸器与过程工艺物流集成换热的机会。此外，装置中一些工艺流股用冷剂作为低温冷却公用工程，提供系统所需的冷量。一般来说，低温冷剂的温位越低，冷冻系统消耗能量越多。所以，在选择低温冷剂时，应在工程允许范围内，尽量提高冷剂的温位。因此，低温换热过程的传热温差一般都较小，例如，−40～−30℃范围内的低温换热的传热温差一般在 5℃左右。但该套乙烯装置低温换热过程的部分传热温差较大，如冷凝器 E-315 的对数平均温差为 17℃。

② 在系统中，存在着穿越夹点换热的流股，即有热流量穿过夹点。这意味着加大了系统加热、冷却的公用工程负荷，增加了过程的加热蒸汽或燃料以及冷却介质（冷却

水、低温冷剂）的用量。

5.5.5.3 乙烯装置用能的调优

通过对过程系统的用能诊断，指出了该套乙烯装置用能的薄弱环节和不合理之处，并提出了改进方向。在此分析基础上，采用设计型夹点计算对该乙烯装置进行用能调优。在设计型夹点分析的第一阶段，通过优化调整部分流股的传热温差贡献值，使系统的热流量沿温位的分布更加合理。第二阶段则要根据具体工艺流程情况，进行过程用能的调优。

(1) 调优流股的传热温差贡献值

根据现场流程的特点以及确定物流传热温差贡献值的原则，优化调整了部分过程流股的传热温差贡献值。根据调整后的流股数据，利用问题表格法，进行设计型夹点计算，将得到的结果在 T-H 图上绘制出过程总组合曲线，见图 5-43。

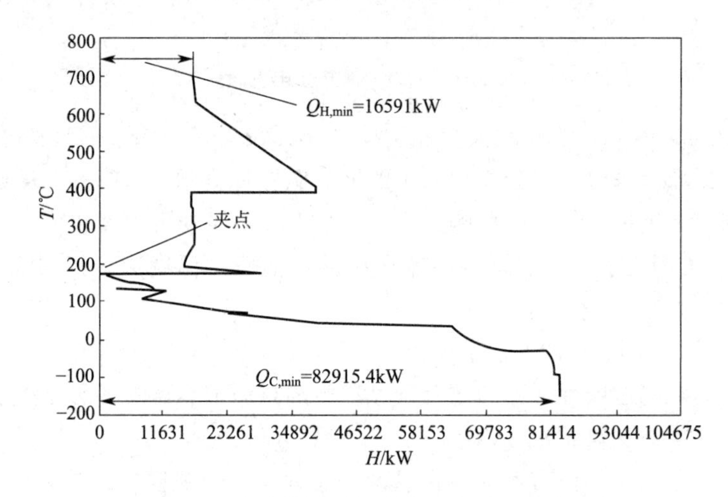

图 5-43 调优传热温差贡献值后过程总组合曲线

调优部分流股的传热温差贡献值后，由过程的总组合曲线图（图 5-43）可以得到以下结果：

最小加热公用工程量 $Q_{H,min}$ = 16591.0kW；

最小冷却公用工程量 $Q_{C,min}$ = 82915.4kW；

夹点温度为 172℃。

与原设计工况相比，过程的加热公用工程负荷及冷却公用工程负荷与原流程相比均有减少，其减少量为 10936kW。

从过程的总组合曲线可以发现，减少的加热公用工程负荷主要是低压蒸汽，相当于减少压力为 0.25MPa、温度为 127℃的饱和低压蒸汽 18t/h。公用工程用量的减少，表明调整流股的传热温差后，系统的热回收能力提高了。

由于调整传热温差贡献值的流股多数是夹点匹配，即调整流股温差贡献值使在夹点附近的物流温差发生了变化，从而影响夹点附近沿温位变化的热流量分布，并对夹点产生明显影响。所以优化调整部分流股传热温差贡献值后，在系统热回收能力提高的同时，夹点温位也发生了变化，由原来的 96℃上升至 172℃。夹点温位的提高，则有利于能量驱动单元及子系统与过程的集成换热。

以上通过优化调整部分流股的传热温差贡献值，使系统的能量沿温位的分布更加合理，提高了热回收能力，减少了过程加热、冷却公用工程的用量。但是，由于流股传热温差的改变，相应的过程换热单元、能量驱动单元及子系统的流程结构、操作条件以及流股参数等也必将进行优化调整，即为达到调优流股传热温差贡献值后的用能目标，过程要进行调优。

（2）过程的用能调优

以上设计型夹点计算，指明了过程能量集成的目标。在此基础上，以过程能量集成技术为指导，综合考虑现有过程流程结构、工艺限制、用能优化目标、设备投资费用等多种因素，以降低过程加热、冷却公用工程为目的，对系统进行用能调优分析。

① 过程系统中可回收的工艺热源　过程系统用能诊断已经指出，在夹点温度附近有大量的热量具有回收的潜力，而在实际流程中，此部分热量被冷却水移走。结合实际流程可以发现，这些热量最大的提供者为由汽油蒸馏塔塔顶气相采出流股和工艺水气提塔塔顶气相采出流股直接混合而成的热流股，该热流股可以为过程提供温位在 118～81℃之间的热量 24095.0kW，可以用此热量代替加热公用工程作为系统工艺流股的热源。

② 蒸馏塔与过程的集成换热　现场流程中，蒸馏塔 T-202、T-204、T-302 与T-304 再沸器采用低压蒸汽作为热源，通过利用过程分离的总组合曲线对塔设备与背景过程集成的分析，已经得出塔 T-202、T-204、T-302 与 T-304 再沸器都具有与背景过程集成换热的可能性，即可以利用过程的工艺热源代替低压蒸汽作为各塔再沸器的加热热源。下面利用调优流股传热温差贡献值后的过程分离的总组合曲线来进一步考察塔设备与过程的集成，即从调优流股传热温差贡献值后的过程数据中去掉蒸馏塔流股数据，构造过程分离的总组合曲线。过程分离的总组合曲线见图 5-44。

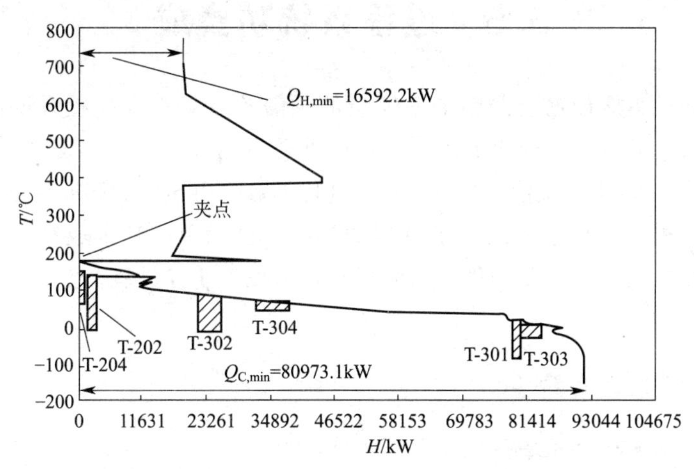

图 5-44　过程用能调优后过程分离的总组合曲线

计算结果如下：

最小加热公用工程量 $Q_{H,min}$＝16592.2kW；

最小冷却公用工程量 $Q_{C,min}$＝80973.1kW；

夹点温度为 172℃。

如果塔 T-202、T-204、T-302 与 T-304 再沸器都能实现与过程集成换热，则可以分别节省压力为 0.25MPa、温度为 127℃的低压蒸汽和冷却水负荷各 11232.8kW。

③ 低温过程子系统的优化　结合装置流程结构，对于低温过程子系统的用能调优可以从以下两个方面进行。

系统冷量的回收　塔 T-301、T-302 和 T-303 提馏段在低温下操作，具有提供低温冷量的可能性，可以通过引入中间再沸器，回收各塔的低温冷量，减少系统低温冷剂的用量，降低冷冻系统制冷压缩机的能耗。

低温换热过程传热温差的调整　系统中部分低温换热过程的传热温差过大，应该进行优化调整。通过优化调整部分低温换热过程的传热温差，可以提高低温冷剂的温位，从而降低冷冻系统制冷压缩机的能耗。

(3) 设计型夹点计算结果分析

过程用能调优后，不包括冷冻系统用能优化所带来的能量节省，可以减少过程加热公用工程负荷或多输出的热量总计为 17642.4kW，其中，减少用于过程加热的 127℃饱和低压蒸汽负荷为 12436.6kW，相当于减少低压蒸汽用量 20.56t/h；同时，减少或多输出 209℃的中压蒸汽负荷 5205.8kW，相当于减少中压蒸汽用量 10.66t/h。过程减少的冷却公用工程负荷为 17456.3kW，减少的冷却公用工程主要为冷却水。

显然，通过设计型夹点计算，调优了系统的流程结构和操作参数，提高了过程热量回收的能力。但过程用能调优的具体措施，还需要进一步结合现有工艺流程，进行过程用能优化改造的模拟计算，验证其可实施性，并提出现有装置节能改造的具体方案。

对该套乙烯装置进行夹点分析所得到的用能调优原则方案，已在增产节能改造工作中得到实施，吨乙烯能耗下降 1163kW 以上。

5.6 过程系统功集成

过程系统能量集成依据全局系统中能量的供需关系寻求全过程系统能量的优化综合。过程系统热集成用于热回收的优化设计已被证明是可行的、有效的，并广泛应用于工业生产过程及工业园区的建设中。然而，过程工业中由压缩和膨胀引起的压力操作需消耗大量的功，相比于热集成侧重于过程的热流，过程系统功集成则侧重于过程的功流。目前，功交换网络综合和功集成已取得较好的理论研究进展，并为过程工业节能降耗提供技术支持。

5.6.1 功交换网络综合

(1) 功交换网络综合基本概念

功交换网络（work exchange networks，WEN）包括高压流股（high-pressure stream，HP）、低压流股（low-pressure stream，LP）、功交换器（work exchanger，WE）和功公用工程设备［膨胀机（turbine）、压缩机（compressor）等］。其中，高压流股对外做功可提供功量，称为功源（work sources），而低压流股因压缩需消耗功量，称为功阱（work sinks）。功交换网络综合（work exchange networks synthesis，WENS）就是将功源与功阱进行合理地设计匹配，充分利用高压流股可以提供给低压流股的功量，从而在一定程度上减少功公用工程用量，增加整个网络的功回收量。其最终目的是在高、低压流股进、出口压力不变的条件下，确定出具有较小的或最小的设备投资费用和操作费用的功交换网络结构。WEN 示意图如图 5-45 所示。

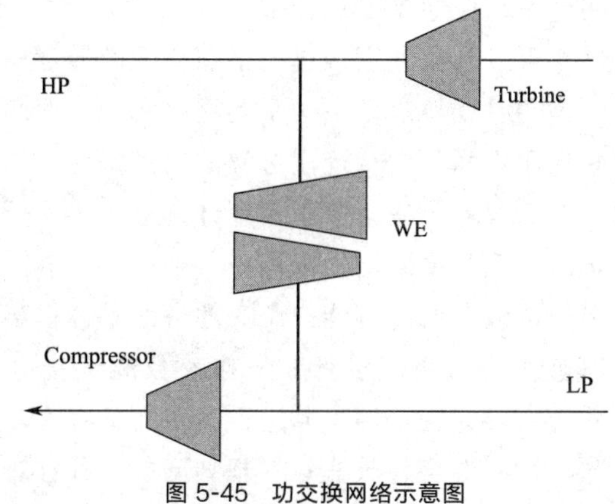

图 5-45　功交换网络示意图

这里，功交换器根据功量传递方式的不同分为往复式功交换器和涡轮式功交换器。前者是将高压流股对外做功产生的功量直接传递给低压流股进行压缩使用，而后者是将高压流股的功量先转化为轴功，再转化为低压流股所需要的功量。由于二者工作原理不同，导致其功回收效率和对流股的压力约束要求不同。因此，把含有往复式功交换器的网络定义为直接式功交换网络，同样地，含有涡轮式功交换器的网络称为间接式功交换网络。

功交换器

功交换网络综合的目标通常包括热力学目标——功回收量最大（对应于功公用工程用量最小）和经济性目标——年度总费用最小，年度总费用包括操作费用（主要是压缩机耗功和膨胀机产功）和固定投资费用（主要是各种压力操作单元的设备费用）。

（2）功交换网络综合方法

由于功交换器和换热器的操作模式存在较大差异，换热网络综合方法不能直接应用于综合功交换网络。研究直接式功交换网络综合的方法主要有两类：基于热力学分析的目标设定法——图解方法；基于结构优化的数学规划法——转运模型法和超结构模型法。而研究间接式功交换网络综合的方法主要是基于结构优化的数学规划法——转运模型法和超结构模型法。

基于热力学分析的图解方法所设定的目标是功回收量最大，往往在设计之前就已经确定，与最终所得到的功交换网络结构无关。类似于综合换热网络和质量交换网络的方法，目标设定法有两个主要优点：一是在设计阶段，将所研究的问题范围缩小到可处理的尺度内；二是对系统的运行和热力学有了更深入的理解。图解方法主要包含 *P-W* 图（如图 5-46 所示）和压力指数-功量图。不同于 *T-H* 图，在 *P-W* 图上可以发现高压流股 HP 和低压流股 LP 是相交的，这是由直接式功交换器工作原理决定的。该方法相对简单，易于理解，但没有考虑各阶段之间的耦合关系，导致所确定的网络结构并不是最优的。

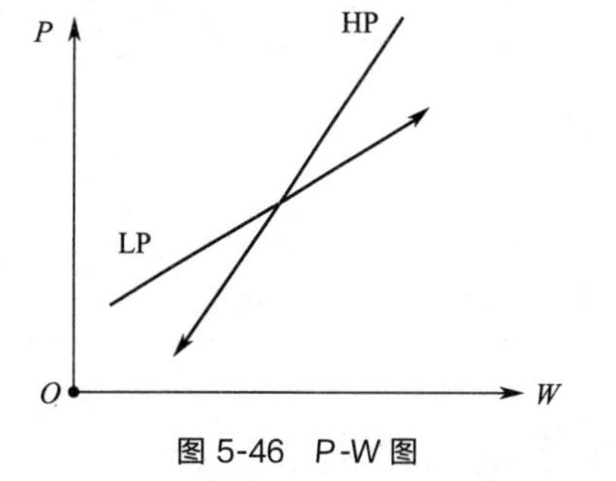

图 5-46　P-W 图

压力指数-功量图

转运模型法是功交换网络分步综合的有效方法。转运模型（transshipment model）是确定把产品由生产工厂经由中间仓库运输到目的地的最优网络结构。对于功交换过程以及功量回收问题，功量可以看做是模型中的产品，由高压流股（生产工厂）通过所划分的中间压力间隔（中间仓库）传递到低压流股（目的地）。根据热量和功量在传递过程中的不可逆性等相似性，可以类比利用换热网络综合中的转运模型法对功交换网络进行综合。只需要在建立模型的时候解决以下两个问题：实现流股匹配的功传递约束和压力间隔的划分。对于中间的压力间隔内功传递过程的约束条件，针对直接式功交换，高压流股和低压流股间的压差需要大于或者等于所允许的最小传递压差；针对间接式功交换，需要满足功交换设备压缩比和膨胀比的限制。

超结构模型法是提出一个包含所有可能有意义的解的总体框架，理论上全局最优解一定能从框架中得出。其连续变量决定设计和操作参数的优化值，如压力、温度、流量、功量和设备单元尺寸等，二元变量用于判定设备单元的存在与否。由于功交换网络综合问题通常形成高度非线性的混合整数非线性规划问题，往往难以得到最优解。但随着数学科学和计算机技术的发展，超结构模型法逐渐成为主要的研究方法。

(3) 功交换网络与热交换网络(换热器网络)的类比

根据化工基础理论，功传递过程属于动量传递过程。由于动量传递和热量传递在机理上具有很强的相似性，从高压流股向低压流股的动量传递过程就类似于从热流股向冷流股的传热过程。因此，在系统方面就能体现出功交换网络和换热器网络之间的相似性，二者的区别如表 5-2 所示。

表 5-2　功交换网络和换热器网络的区别

换热器网络	功交换网络
流股可以在任意温度下混合	流股只能在相同的压力下混合
热交换发生在同一传热单元内	通过连接两个独立单元(膨胀机和压缩机)的轴(或者直接式功交换器)进行功交换
最小传热温差是必要的推动力	间接式功交换(基于轴功传递)不需要推动力，直接的功交换(基于活塞功传递)需要推动力
操作简单，约束较少	操作复杂，压力、温度、流量非线性强
热可以假定与 ΔT 成线性关系	功是压力比和入口温度的非线性函数
通常在一个单元中存在两个/多个流股	多个单元/流股可以存在于同一个轴上(对于直接式功交换为一对一匹配)
冷量/热量不能直接输出/输入，必须通过公用工程流股传递冷/热量	功可以使用发电机/电机输出/输入

拓展阅读

功交换网络与热交换网络类比

5.6.2 功集成

(1) 功集成基本概念

过程系统集成是一种提高全局物质和能源利用率的有效的、重要的途径，主要包含能量集成和质量集成两个方面。功集成作为一种重要的能量集成方式，其主要目标是通过寻求过程系统中给定功源、功阱间的功量需求关系去调整过程流股参数及优化每一功交换匹配，设定装置的联合以尽可能少的功交换器和加压、减压公用工程消耗量，回收尽可能多的功量，即以最经济的代价回收功量，降低过程系统的功耗。

通过功交换网络和换热器网络比较发现，过程流股压力、温度、功、热存在较强的交互作用，所以功集成的研究主要包含两个方面：功交换网络的设计和换热器网络中动力设备单元的合理配置。功集成是过程系统动力、热量、冷量实现最大化利用的理想方法，其核心是识别最优压力操作路径。如何对压力操作路径进行建模求解，可以很好体系功集成的思想和方法。

(2) 压缩机、膨胀机在过程系统中的合理放置

对于压缩机和膨胀机而言，压缩过程产生的热量因其温位较低而无法被利用，往往需通过提高压缩机入口温度从而得到可利用的热量，但压缩机的功耗也随之增大。同理，膨胀机入口温度增大，膨胀产生的功增大，但提高入口温度所需的热量增加。因此，将压缩机、膨胀机与换热器网络耦合是非常复杂的，因为同时涉及热和功，而且经压力操作后，流股性质、系统所需公用工程用量、夹点等都可能改变，因此优化换热器网络中压缩机、膨胀机的位置，权衡所需的热量和产生/消耗功量是功热集成领域一个挑战性的问题。

由于膨胀和压缩过程使流股发生焓变，依据过程用能一致性原则和夹点分析法，压缩机和膨胀机在换热网络中的合理放置规则为：一是压缩过程产生热量，压缩机应放置在夹点上方；二是膨胀过程产生冷量，膨胀机应放置在夹点下方。

综上所述，单一的换热器网络和功交换网络可以有效回收过程流股的热量和压力能，基于不断完善的综合方法可以设计换热器网络结构和功交换网络结构。然而，在实际的工业过程中往往同时涉及压力操作和换热操作，流股压力变化往往会导致温度变化，同时流股温度的改变亦会引起压缩、膨胀功量的变化。因此，近年来，考虑温度与压力交互作用的功热同步集成等研究内容和研究方法不断涌现，该部分具体研究内容请参阅相关文献［14］～［17］。

功交换网络结构设计

本章重点

1. 过程系统能量集成　过程系统能量集成是以合理利用能量为目标的全过程系统综合问题，它从总体上考虑过程中能量的供求关系以及过程结构、操作参数的调优处理，达到全过程系统能量的优化综合。

2. 蒸馏过程与过程系统的能量集成

① 蒸馏塔在系统中的合理设置：蒸馏塔在过程系统中的合理设置是应在夹点的上方或夹点下方，穿越夹点的设置是无效的热集成。

② 蒸馏过程与过程系统的能量集成方法：改变蒸馏塔操作压力、多效蒸馏、热泵技术、设置中间再沸器和中间冷凝器等方法。

3. 公用工程与过程系统的能量集成

① 热机和热泵在过程系统中的合理设置：热机设置在夹点上方或下方，而热泵则应跨越夹点设置，是有效的热集成。

② 热机在热集成过程中有热负荷及温位的限制。

4. 全局过程组合曲线与全局夹点的概念及全局能量集成的加/减原则

① 全局温焓曲线：将各工艺过程的总组合曲线上表示的热源和热阱分别组合到一起，得到过程全局系统与公用工程系统相关的温焓曲线，简称全局温焓曲线。

② 全局过程组合曲线：将全局温焓曲线上的热阱线和热源线进一步横向平移，使局部公用工程负荷线相连接而阻止进一步移动产生重叠的可能性，得到全局组合曲线。

③ 全局夹点：全局过程组合曲线上连接点处即为过程全局夹点。

④ 全局能量集成的加、减原则：在全局夹点上方，任一等级蒸汽产生的增加或蒸汽需求的减少将导致燃料节省，同时联产功潜力减少；在全局夹点下方，任一等级蒸汽产生的增加或蒸汽需求的减少将导致联产功潜力增加，而燃料消耗不变。

⑤ 全局负荷移动原则：如果蒸汽负荷移动涉及的蒸汽等级在全局夹点的同一侧，则联产功增加；如果蒸汽负荷移动涉及的蒸汽等级是形成全局夹点的蒸汽等级，则燃料节省，同时联产功潜力减少。

5. 夹点分析法在过程用能调优中的应用

① 过程用能一致性原则：是利用热力学原理，把反应、分离、换热、热机、热泵等过程的用能特性抽提出来，通过把单元所需的功、热以及单元中能流的变化转化为相当的换热网络中的冷、热流股，就可以把整个系统中的能量需求与供给情况，从用能本质的角度上一致起来，转化为换热网络中的冷、热流股的匹配，这样就将全过程的能量优化综合问题转化为有约束的换热网络综合问题。

② 过程系统用能诊断工具：过程的组合曲线、总组合曲线、分离的总组合曲线、扩充的总组合曲线以及格子图等。

③ 过程系统用能诊断：确定现场过程中热流量沿温度的真实分布，在此基础上，利用用能诊断工具对过程系统进行用能的诊断，发现过程系统用能的薄弱环节和不合理之处。

④ 过程系统用能调优：通过改进各物流间匹配换热的传热温差贡献值以及对物流工艺参数进行调优，以得到合理的过程系统热流量沿温度的分布，从而降低公用工程负荷、减少换热单元数，以达到降低能耗、减少费用的目的。

习题

5-1 过程系统能量集成的目标是什么?

5-2 蒸馏塔的操作压力对蒸馏过程与过程系统能量集成有何影响?

5-3 蒸馏过程与过程系统进行能量集成的方法有哪些?

5-4 试利用 T-H 图说明采用多效蒸馏是一种有效的节能手段。

5-5 附表为一个给定的过程在 $\Delta T_{min}=10$℃条件下由问题表格得到的热级联。

习题 5-5 附表　热级联流率

间隔温度/℃	热级联流率/MW	间隔温度/℃	热级联流率/MW
295	18.3	85	10.8
285	19.8	45	12.0
185	4.8	35	14.3
145	0		

试求：(1) 现有一蒸馏塔，该塔将甲苯和联苯的混合物分离为相对纯的产品，塔的操作压力为 1.013bar，该操作压力下，塔顶蒸气的冷凝温度为 111℃，塔底釜液的汽化温度为 255℃。若将此蒸馏

塔与过程系统进行热集成，是否可行？(2) 若再沸器和冷凝器的热负荷均为 4.0MW，且假定热负荷不随压力变化，为实现蒸馏塔与过程系统的热集成，适宜的操作压力为多少（应避免真空操作）？ 已知甲苯和联苯的蒸气压计算式为

甲苯　　$\ln p = 9.3935 - \dfrac{3096.52}{T - 53.67}$

联苯　　$\ln p = 10.0630 - \dfrac{4602.23}{T - 70.42}$

式中，p 为蒸气压力，bar；T 为热力学温度，K。

本章符号说明

符号	意义与单位	符号	意义与单位
Q	热负荷，kW	Δt_c	传热温差贡献值，℃
T	热物流温度，℃		下标
t	冷物流温度，℃	s	初始状态
W	质量流量，kg/h	t	终了状态
WC_p	热容流率，kW/℃		

参考文献

[1] 杨友麒．节能减排的全局过程集成技术的研究与应用进展．化工进展，2009，28：541-548.

[2] Timothy G Walmsley. A total site heat integration design method for integrated evaporation systems including vapour recompression. Journal of Cleaner Production，2016，136：111-118.

[3] D Fernandez-Polanco，H Tatsumi. Optimum energy integration of thermal hydrolysis through pinch analysis. Renewable Energy，2016，96：1093-1102.

[4] 宋建国，黄玉鑫，孙玉玉等．多效反应精馏过程生产氯化苄的能量集成．化工学报，2015，66（8）：3161-3168.

[5] Nor Erniza Mohammad Rozali，et al. Process integration for hybrid power system supply planning and demand-management—A review. Renewable and Sustainable Energy Reviews，2016，66：834-842.

[6] Zhongwei Zhang，Renzhong Tang，Tao Peng，et al. A method for minimizing the energy consumption of machining system：integration of process planning and scheduling. Journal of Cleaner Production，2016，137：1647-1662.

[7] 姚平经．全过程系统能量优化综合．大连：大连理工大学出版社，1995.

[8] 袁一．化学工程师手册．北京：机械工业出版社，2000.

[9] 都健．化工过程分析与综合．大连：大连理工大学出版社，2009.

[10] 姚平经．过程系统工程．上海：华东理工大学出版社，2009.

[11] 鄢烈祥，化工过程分析与综合．北京：化学工业出版社，2010.

[12] 修乃云．全局系统能量集成方法研究．大连：大连理工大学，2000.

[13] 俞红梅．全过程系统能量综合方法研究．大连：大连理工大学，1998.

[14] Onishi VC，Ravagnani MASS，Caballero J A. Simultaneous synthesis of work exchange networks with heat integration. Chemical Engineering Science，2014，112（12）：87-107.

[15] Huang KF，Karimi IA. Work-heat exchanger network synthesis（WHENS）. Energy，2016，113：1006-1017.

[16] Nair S K，Rao H N，Karimi I A. Framework for work-heat exchange network synthesis（WHENS）. AIChE Journal，2018，64（7）：2472-2485.

[17] Zhuang Y，Zhang L，Liu L，et al. An upgraded superstructure-based model for simultaneous synthesis of direct work and heat exchanger networks. Chemical Engineering Research and Design，2020，159：377-394.

第6章

过程系统质量集成

本章学习要点

1. 了解质量交换网络综合、质量集成、水网络综合的基本概念。
2. 掌握并能够应用夹点法对传质过程和用水过程进行夹点分析与网络设计。

6.1 过程系统质量集成概述

资源和能源的高效利用本质上都是过程系统集成问题。过程系统集成中的能量集成侧重于过程的能量流，而质量集成（mass integration，MI）则侧重于过程的物质流，面向直接处理物料和废物问题，旨在建立极少产生废料和污染物的工艺或技术系统。物质流是最为基本也是最为重要的过程元素，但物质流不具备能量流的均质性，因此难于处理。目前，质量交换网络（mass exchange network，MEN）综合和质量集成已经成为实现清洁生产的重要技术支持[1,2]。

6.2 质量交换网络综合

6.2.1 基本概念

1989年，El-Halwagi 和 Manousiouthakis[3]首次提出 MEN 综合问题的概念，它是指，对于过程中产生的废物流股或者污染物流股（富流股），通过各种质量交换操作，如吸收、解吸、吸附、萃取、沥滤和离子交换等，用能够接受该物质的流股（贫流股，分离剂）与之逆流直接接触，综合得到一个质量交换网络，使之能在满足质量平衡、环境限制、安全和费用最小等约束条件下，有选择性地将废物或污染物从污染物流股中除去。

MEN 综合是一个以能够选择性地将特定物质从富流股转移至贫流股且经济效益最优为目标的质量交换器网络系统性生成过程。MEN 示意图如图 6-1 所示，有一系列待处理的目标物质流股（富流股，rich stream），其初始浓度为 y_i^s（$i=1, 2, \cdots, N_R$），以一定的流量进入质量交换网络与初始浓度为 x_j^s（$j=1, 2, \cdots, N_S$）的质量分离剂（贫流股，lean stream）逆流直接接触，贫、富流股由于存在浓度差而发生目标物质的质量转移。富流股的出口浓度为 y_i^t，贫流股的出口浓度为 x_j^t，其传递质量的多少由目标物质在富流股 i 和贫流股 j 之间的平衡关系等来确定。

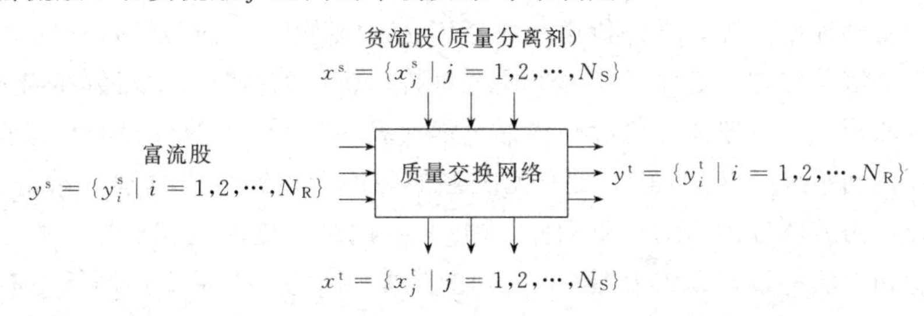

图 6-1 质量交换网络示意图

这里，富流股指的是富含特定物质的过程流股，对污染预防问题，就是指污染物或废物；贫流股也称作质量分离剂（mass separating agent，MSA），就是接受这些物质的流股，它们可以是来自系统内部的过程流股，即过程贫流股或过程质量分离剂（process MSA），也可以取自系统外部，即外部贫流股或外部质量分离剂（external MSA），如吸附剂、萃取剂等。一般的，使用过程贫流股可以看做是就地取材，无需购买或价格低廉，而外部贫流股则需要额外购买，给系统带来操作费用。

质量交换网络中的基本单元与过程操作包括[4]：

① 质量交换（mass exchange） 是指使用质量分离剂进行逆流直接接触的质量传递操作单元。质量交换操作包括吸收、解吸、吸附、萃取、沥滤和离子交换等操作。

② 截断（interception） 就是运用分离技术调节富含目标物质流股的浓度使之能被贫流股或汇所接受。这一操作主要是通过使用质量分离剂或能量分离剂来实现。

③ 汇/发生器的操作（sink/generator operation） 通过设计或操作上的变化来改变进入或离开汇流股的流量或浓度。这些变化包括温度或压力的改变、单元替代、催化剂改变、原料或产品替代、反应变化和溶剂替代等。

④ 循环（recycle） 即确定从源回到汇的路线。每一个汇对它能处理的流股都有流量和浓度上的约束。如果源流股满足这些约束，它就可以直接进入汇；如果源流股不满足这些约束，那么就需要采用分割、混合或截断等手段来进行预处理，使之适于循环。

此外，为了避免传质中出现无限大的质量交换器，在流股的操作浓度和平衡浓度之间往往设定一个最小值，即最小允许浓度差。最小允许浓度差的概念类似于换热网络综合中的最小传热温差。

质量交换网络综合的目标通常为外部质量分离剂用量最小或年度总费用最小。其中，年度总费用包括操作费用（主要是质量分离剂的成本）和固定投资费用（主要是各种质量分离单元的设备费用）。

一个质量交换网络综合过程需要能够回答如下一些设计问题[1]：

① 过程中应该采用哪些质量交换技术（如吸收、萃取或离子交换）；

② 选用哪些质量分离剂对目标物质进行吸收（如哪种溶剂、吸附剂）；

③ 每种质量分离剂的最优流量是多少；

④ 这些质量分离剂如何与富流股匹配；

⑤ MEN 的最优网络结构如何（如质量交换器如何排列、流股在何处分流或混合）。

6.2.2 质量交换网络与热交换网络的类比

从化工基础理论可知，质量传递和热量传递在机理上具有很强的相似性。在许多情况下，尤其是溶质在贫、富流股间的平衡关系符合线性关系时，由富流股向贫流股的传质过程就类似于从热流股向冷流股的传热过程，表 6-1 展示了两过程的相似特性，其中当传热过程达到平衡时 $T_h = T_c$，此平衡关系的斜率和截距可以分别看做是 1 和 0。因此，在系统方面就体现出 MEN 和 HEN（热交换网络）之间的相似性，质量交换网络的许多概念和方法都可以从与换热网络类比中得到。由于质量交换网络没有外加富流股，只有外加贫流股，故可视为类似只有冷公用工程的换热网络综合问题。

表 6-1 传质过程与传热过程的相似性

传质过程	传热过程	传质过程	传热过程
传递内容：质量	传递内容：热量	贫流股组成：x	冷流股温度：T_c
供给者：富流股	供给者：热流股	平衡关系斜率：m	平衡关系斜率：1
接受者：贫流股	接受者：冷流股	平衡关系截距：b	平衡关系截距：0
富流股组成：y	热流股温度：T_h	推动力：浓度差	推动力：温度差

但需要指出的是，直接将 HEN 综合方法用于综合 MEN 是不可行的，主要原因是传质和传热在传递机理和平衡判据上有差别。在换热过程中，热力学平衡关系仅与冷、热流股的温度有关，而与流股的特性无关，所以温度成为唯一的平衡判据。但在传质过程中，溶质在溶液间的相平衡特性决定了溶质在两相间的分布情况，所以传质平衡判据与贫、富流股及流股性质均有关。此外，HEN 只涉及热量的传递，但 MEN 中可能包含多种物质的同时传递，且质量分离剂需要再生，产品需要后处理，这也是 MEN 和 HEN 间的另一个重要区别。上述这些质量交换网络自身的特点决定了设计质量交换网络比设计换热网络更具复杂性。

6.2.3 质量交换网络综合方法

研究质量交换网络综合的方法主要有两种：一种是独立于结构的方法（目标设定法），另一种是基于结构的方法（数学规划法）。其中，目标设定法主要有：图形方法——夹点分析法（浓度组合曲线法）；表格方法——浓度间隔图表法。

夹点分析法所设定的目标是基础性的，在设计之前就已经确定下来，与最终的系统结构无关。目标设定法有两个优点：第一，在每一个设计阶段，问题范围被缩小到可以处理的尺度内；第二，它使人们对系统的运行和特征有了更深入的理解。该方法相对简单，但没有考虑各阶段之间的耦合关系，所采用的经验规则可能导致所确定的网络并非是最优解。

浓度间隔图表法是质量交换网络综合的有效方法之一。化工过程综合问题中，很多分离任务是针对单组分质量交换网络的。一些多组分质量交换网络综合问题也可以简化成单组分问题来处理，因此，开发单组分质量交换网络综合方法具有重要意义。

数学规划法是通过数学建模的方式建立一个包含所有可能有意义解的集合，理论上全局最优解一定能从集合中得到。模型中的整数变量对应于某些设备的存在与否，连续变量决定设计和操作参数的优化值，如流量、温度、压力和单元尺寸等。由于质量交换网络综合问题通常形成混合整数非线性规划（mixed integer nonlinear programming，MINLP）数学模型，虽然 MINLP 问题形式的非线性，常常给计算带来困难，但随着数学科学和计算机技术的发展，数学规划法逐渐成为主要的研究方法。

近年来，质量交换网络的综合方法不断完善[5,6]，与此同时，考虑温度对传质过程影响的质能同步集成等研究内容与方法[7,8]也不断涌现。

6.3 质量夹点法

与热夹点法类似，通过分析过程系统中目标组分在贫、富流股间的分配特性，质量夹点法能够识别出限制过程贫流股脱除富流股中组分的“瓶颈”（即夹点）之处，从而指导人们优化使用外部贫流股。热夹点的位置决定了系统所需要的最小冷热公用工程用量，而对于质量交换过程来说，系统无外部质量负荷输入，质量夹点对应着系统的最小过程 MSA 过剩回收能力与最小外部 MSA 质量负荷，当外部 MSA 已经选定时，可以根据最小外部 MSA 质量负荷计算外部 MSA 的用量和由此所产生的操作费用。因此，夹点的确定在分析系统分离性能、选择合适 MSA、计算 MSA 用量、合理设计网络结构等方面均有重要意义。

本节将主要介绍如何采用作图的方法——组合曲线（composition curve）法和算数方法——浓度间隔图表（concentration interval diagram，CID）法获取夹点，并最终确定最小的外部质量分离剂用量。

6.3.1 最小浓度差与浓度转换

热力学分析表明，物质在贫、富流股间的传递受传质相平衡关系约束。某一物质在富流股 i 与贫流股 j 间的传质相平衡关系可以用通式(6-1) 表示

$$y_i = f_i^*(x_j^*) \tag{6-1}$$

在许多情况下，上述关系式在一定操作范围内可以认为是线性的，如式(6-2) 所示

$$y_i = m_j x_j^* + b_j \tag{6-2}$$

式中，m_j 和 b_j 是常数，其值取决于贫、富流股本身的性质以及操作条件（如温度、压力等)。式(6-2) 表明对于富流股浓度 y_i，贫流股所能达到的最大浓度为 x_j^*，此时对应的传质推动力等于零，传质过程达到平衡，这时需要使用无限多的传质平衡级数才能达到分离要求，对应的设备投资费用也将无限高。从费用最小化的目标考虑，必须避免这种情况。因此需要引入一个正推动力，称为“最小浓度差”，用符号 ε 表示，ε 就相当于换热网络中的最小传热温差 $\Delta T_{\min}$。此时，贫、富流股之间的传质相平衡方程可表示为

$$y_i = m_j(x_j + \varepsilon_j) + b_j \tag{6-3}$$

ε_j 的引入保证了传质过程具有足够大的推动力，同时它的取值还将直接影响质量

交换过程操作费用和投资费用的大小，当 ε_j 增大时，过程的操作费用增加，而设备投资费用降低；反之，当其减小时，操作费用减小而设备投资费用增大，因此在 MEN 设计时应选择合适的最小浓度差值。

传热过程中冷、热物流的温位变化情况均可以在温度尺度——即一条温度坐标上表示出来，但质量传递中不同的组分及溶剂间有着不同的传质平衡关系，欲在设计质量交换网络时实现所有备选操作方案的同时筛选（即选择合适的质量分离剂），有必要根据式(6-3) 建立贫、富物流浓度间的尺度关系，使得设计者可以构造质量夹点图，以便将这些质量分离剂在同一尺度下进行筛选。

将式(6-3) 中的 x_j 项整理到公式左边，能够得到

$$x_j=\frac{y_i-b_j}{m_j}-\varepsilon_j \tag{6-4}$$

对于稀溶液体系，可以忽略富流股性质对平衡关系的影响，只考虑贫流股，则式(6-4) 进一步简化为

$$x_j=\frac{y-b_j}{m_j}-\varepsilon_j \tag{6-5}$$

根据上述方程，可以引入多条同向坐标来表示富流股浓度 y 和贫流股浓度 x_j 之间的对应关系。以一个含有两条贫流股的传质过程为例，y 线和 $x_j\,(j=1,2)$ 线之间的对应关系如图 6-2 所示，其中两条 x 线分别与 y 线满足式(6-5)，即由任意一条 x 线上的任一点向上作垂线交于 y 线，就能够得到与对应贫流股浓度可实现质量交换的最小富流股浓度 $m_j(x_j+\varepsilon_j)+b_j$；反之，由 y 线上的任一点向下作垂线交于任意一条 x 线，得到与对应富流股浓度可进行质量交换的最大贫流股浓度 $\frac{y-b_j}{m_j}-\varepsilon_j$。

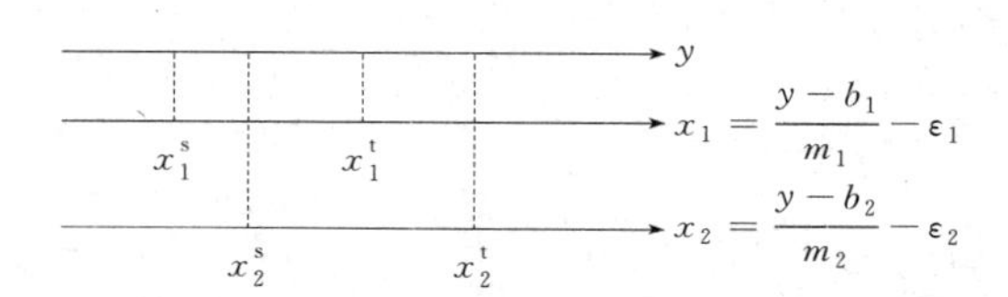

图 6-2　浓度坐标

上述关系为合理选择贫、富流股的匹配关系提供依据，更重要的是，基于统一后的浓度尺度，能够进一步通过组合曲线法和浓度间隔图表法确定系统夹点及最小的外部质量分离剂用量。

6.3.2　组合曲线法确定夹点

一个典型的质量交换系统应包含过程富流股、过程贫流股（过程 MSA）及外加质量分离剂（外部 MSA）。设富流股的质量流量为 G_i，经过质量交换后，富流股浓度须从初始浓度 y_i^s 达到目标浓度 y_i^t。类似的，贫流股的（最大可用）质量流量为 L_j (L_j^{max})，每条贫流股也有一个初始浓度 x_j^s 和一个目标浓度 x_j^t，该目标浓度一般是过程或环境等约束所允许的最大贫流股浓度 x_j^{max}。在对过程进行夹点分析时，一般遵循如下假设：

① 系统内各流股的流量保持不变；

② 系统内部不允许流股再循环；

③ 在所研究问题的浓度范围内，传质平衡关系都是线性的。

用组合曲线法确定传质过程夹点的步骤与在 T-H 图上确定热夹点的方法类似，可以总结为：

① 首先构建负荷-浓度（mass load-concentration，M-C）图，如图 6-3 所示，用纵坐标表示目标组分的质量负荷，横坐标表示浓度，富流股及每条过程贫流股各有一条浓度坐标，坐标的构造方法上节已经介绍过。

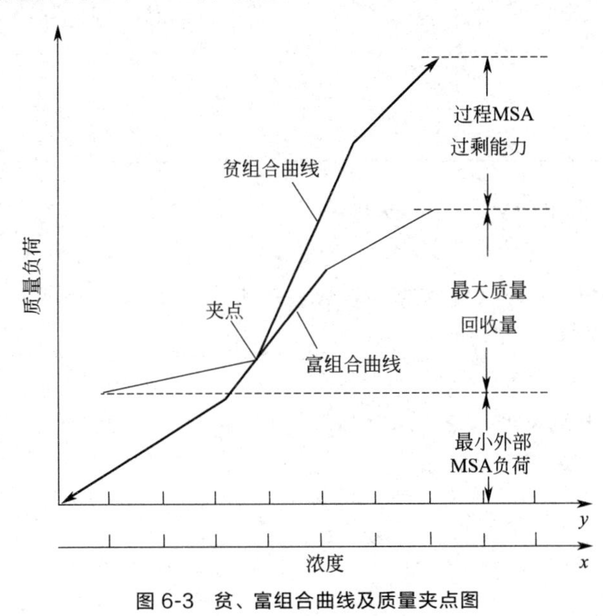

图 6-3　贫、富组合曲线及质量夹点图

② 然后根据各条流股传质负荷的大小及其进出口浓度绘制出表示各条富流股和过程贫流股的线段。类似换热网络冷、热流股组合曲线的做法，在相同浓度间隔内分别对贫流股和富流股进行组合，则得到两条组合曲线，分别称为富组合曲线和贫组合曲线。

③ 在纵坐标方向上移动两条组合曲线，直至除交点外，同一水平线上贫组合曲线上的点均在富组合曲线上点的左边，则该交点就是“夹点”，夹点对应着一组浓度值（y，x），此时两条组合曲线的位置如质量夹点图 6-3 所示。图中两条曲线在纵轴上重合的部分对应该系统的最大内部质量回收量，两端分别对应过程 MSA 未使用的回收负荷和需要外部 MSA 脱除的最小质量负荷，称作过程 MSA 过剩能力和最小外部 MSA 负荷。

从图 6-3 中可以发现，夹点将系统分隔为夹点上方和夹点下方两部分，为了最大限度地使用过程 MSA 从富流股中脱除目标组分而使留给外部 MSA 去脱除的负荷最小，需要遵循下述三条基本原则：夹点处无质量流穿过；夹点上方不引入外部 MSA；夹点下方不提供过程 MSA 的过剩能力。

质量夹点图能够直观地表示出系统所能达到的最大质量回收量和需要外部 MSA 承担的最小传质负荷，从而计算出所选定外部 MSA 的最小用量，其中用 W_j 表示外部

MSA 流股 j 所承担的负荷，则：

$$L_j=W_j/(x_j^{t}-x_j^{s}) \tag{6-6}$$

【例 6-1】 一过程系统包含 1 条富流股 R、2 条过程贫流股 S_1 和 S_2，1 条外部贫流股 S_3。欲用贫流股脱除富流股中的苯，流股的流量、初始与目标浓度列于表 6-2[1]。

表 6-2 ［例 6-1］数据

富流股				贫流股			
流股	流量 G /(kmol/s)	初始浓度 y^s/(mol C_6H_6/mol)	目标浓度 y^t/(mol C_6H_6/mol)	流股	流量 L_j /(kmol/s)	初始浓度 x_j^s/(mol C_6H_6/mol)	目标浓度 x_j^t/(mol C_6H_6/mol)
R	0.2	0.0020	0.0001	S_1	0.08	0.003	0.006
				S_2	0.05	0.002	0.004
				S_3	∞	0.0008	0.0100

苯在 S_1、S_2、S_3 中的溶解关系分别是

$$y=0.25x_1;\quad y=0.50x_2;\quad y=0.10x_3 \tag{1}$$

假定最小浓度差 $\varepsilon=0.0010$，试做组合曲线确定夹点位置与最小外部贫流股用量。

解： 引入最小浓度差后，式(1) 应改写为

$$y=0.25(x_1+0.001);y=0.50(x_2+0.001);y=0.10(x_3+0.001) \tag{2}$$

(1) 根据上述平衡关系构建 M-C 图，在图中分别做出过程富流股 R 与过程贫流股 S_1、S_2 的组合曲线，如图 6-4 所示。

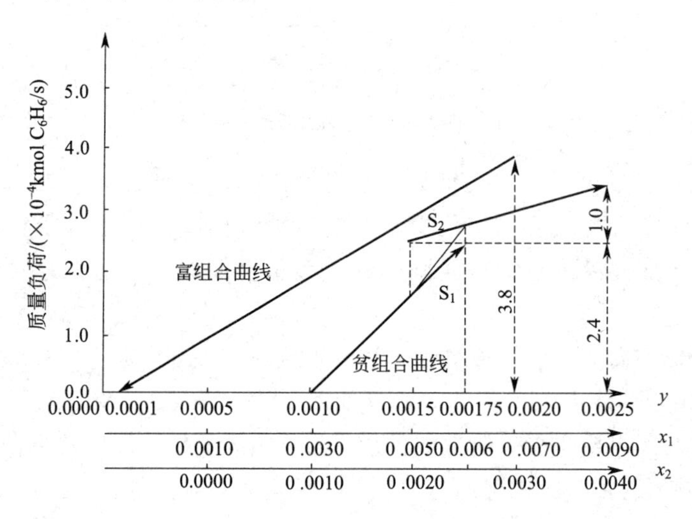

图 6-4 贫、富流股组合曲线

(2) 在图中上下移动两条组合曲线，直至贫组合曲线正好完全位于富组合曲线的左侧，两条曲线的交点为夹点，如图 6-5 所示，夹点处对应浓度为 $(y,x_1,x_2)=(0.0010,0.0030,0.0010)$。此时可从图中读出过程贫流股的过剩能力 $=1.4\times10^{-4}$ kmol/s，最小外部贫流股负荷 $=1.8\times10^{-4}$ kmol/s。

(3) 由夹点图可知，夹点下方的负荷全部需要用外部质量分离剂 S_3 脱除，也就是说夹点下方子系统中只能形成 R 与 S_3 的匹配操作。其中 R 的进出口浓度（0.0010，0.0001）与 S_3 的入口浓度（0.0008）是固定的，那么 S_3 的用量将直接受到 S_3 出口浓度

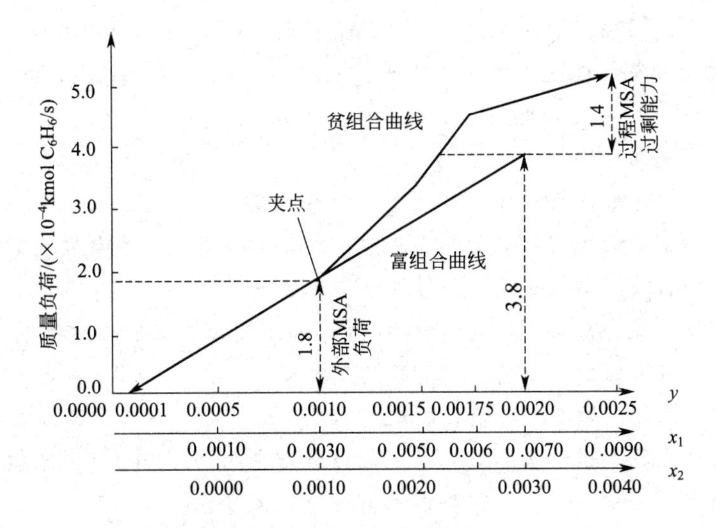

图6-5　[例6-1]质量夹点图

影响。取 $\varepsilon=0.001$，由富流股入口浓度（即夹点浓度0.0010）与等式 $y=0.10(x_3+0.001)$ 计算可知，在确保传质可行的前提下，S_3 的最大出口浓度为0.009，则 S_3 的最小用量等于系统的最小外部贫流股负荷除以该流股的进出口浓度差，即

$$L_3=1.8\times10^{-4}/(0.009-0.0008)=0.02195\text{kmol/s}$$

除了上述应用外，当系统中没有过程贫流股时，质量夹点图还能够用来指导选择合适的质量分离剂。

质量夹点图的其他应用

6.3.3　浓度间隔图表法确定夹点

除了采用作图的方法识别夹点和各部分的传质负荷量，也可以使用算数方法计算获得同样的结果，即浓度间隔图表（CID）法。浓度间隔图表法类似于热夹点技术中的问题表格法，它能够避免因流股较多所导致的作图繁琐等问题，且更易于用计算机语言实现，实际应用更便捷更广泛。

本节以一个例题来介绍浓度间隔图表法的基本内容与使用方法。

【例6-2】　该例题抽提于一个焦炉气循环/再利用过程，目的是脱除富流股 R_1 和 R_2 中的 H_2S，可用的贫流股有两条：S_1 和 S_2，其中 S_1 为来源于过程的氨水，S_2 是外部贫流股甲醇。四条流股的流量与浓度参数列于表6-3中。

表6-3　[例6-2]数据

富流股				贫流股			
流股	质量流量 G_i /(kg/s)	初始浓度 y_i^s /(kg H_2S/kg)	目标浓度 y_i^t /(kg H_2S/kg)	流股	质量流量 L_j /(kg/s)	初始浓度 x_j^s /(kg H_2S/kg)	目标浓度 x_j^t /(kg H_2S/kg)
R_1	0.9	0.0700	0.0003	S_1	2.3	0.0006	0.0310
R_2	0.1	0.0510	0.0001	S_2	∞	0.0002	0.0035

H_2S 在气相与在氨水和甲醇中的平衡关系可表示为

$$y=1.45x_1\ \text{和}\ y=0.26x_2 \tag{1}$$

式中，下标1、2分别表示氨水和甲醇。

要求采用浓度间隔图表法确定该过程的夹点与最小外部质量分离剂用量。

解： 首先，假定过程最小允许浓度差 ε_j 的值为 0.0001，则式(1) 改写为

$$y=1.45(x_1+0.0001)\text{和 } y=0.26(x_2+0.0001) \tag{2}$$

(1) 建立浓度间隔图

浓度间隔图以流股浓度为纵坐标，各流股分别用平行于纵坐标且带有箭头的直线表示，箭头端表示富流股或贫流股的目标浓度，尾端表示富流股或贫流股的初始浓度。该算例共涉及两条富流股 R_1 和 R_2、一条过程贫流股 S_1 和一条外部贫流股（质量分离剂）S_2。一般夹点以及最小外部质量分离剂用量是通过分析富流股与过程贫流股的关系确定的，所以这里只需做出 R_1、R_2 和 S_1 的浓度间隔图即可。如图 6-6 所示，图中贫、富流股在水平方向上的浓度关系应满足式(2)，按照浓度大小确定流股端点的位置并用带箭头的直线表示流股，由箭头的首端和尾端做纵坐标的垂线，得到 6 条间隔边界线，即该系统可分隔出 5 个间隔，每个间隔内都有对应的流股存在。在同时有贫、富流股存在的间隔 3 内，贫、富流股间的浓度满足最小浓度差 ε。

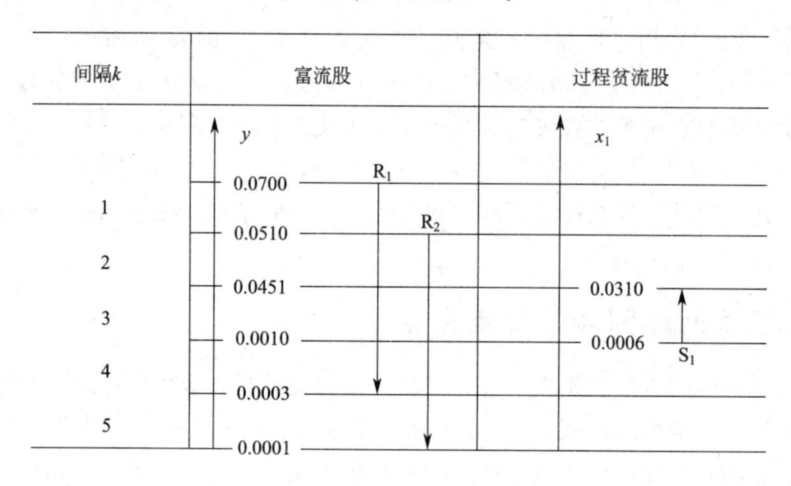

图 6-6 浓度间隔图

(2) 建立浓度间隔负荷表确定夹点位置

第 k 个间隔内可转移到下一间隔的过剩质量负荷 Δ_k 应等于富流股可以转移组分的量与贫流股实际转移的量之差，即

$$\Delta_k=\sum G_i(y_k-y_{k+1})-\sum L_j(x_{j,k+1}-x_{j,k}) \tag{6-7}$$

对于每一个间隔，如果杂质在富流股中可以转移的质量负荷大于实际转移到贫流股中的质量负荷，则 Δ_k 为正，反之为负。

根据公式(6-7) 计算图 6-6 中各浓度间隔的过剩质量负荷，列于表 6-4 中的第一列，第二列表示杂质进入第 k 个间隔的质量负荷。质量交换网络综合的目的是移除富流股中的杂质，不存在由外部向系统中加入杂质的问题，所以间隔 1 的入口质量负荷始终为 0。对各间隔做物料衡算，即出口质量负荷＝入口质量负荷＋剩余质量负荷，可以得到第三列数据，也就是各间隔向下一间隔传递的质量负荷。可以发现，间隔 3 向下传递的负荷为负数，这就意味着该间隔中过程贫流股 S_1 的去除能力过度，过度的负荷量为 0.00282kg/s，需要通过减少 S_1 用量或目标浓度的方法将其降至 0。若要求 S_1 的用量最小，则其调整后的质量流量应为

$$L_1=2.3000-0.00282/(0.0310-0.0006)=2.2072\text{kg/s}$$

表 6-4 浓度间隔负荷表

间隔	第一列	第二列	第三列	第四列	第五列	第六列
	Δ_k/(kg/s)	质量负荷传递量		调整后的 Δ_k /(kg/s)	调整后的质量负荷传递量	
		入口/(kg/s)	出口/(kg/s)		入口/(kg/s)	出口/(kg/s)
1	0.01710	0	0.01710	0.01710	0	0.01710
2	0.00590	0.01710	0.02300	0.00590	0.01710	0.02300
3	−0.02582	0.02300	−0.00282	−0.02300	0.02300	0
4	0.00070	−0.00282	−0.00212	0.00070	0	0.00070
5	0.00002	−0.00212	−0.00210	0.00002	0.00070	0.00072

用调整后的 S_1 流量重新计算各间隔过剩质量负荷与质量负荷传递量，列于第四列至第六列。此时，新获得的各间隔出口负荷无负值，“0”处即间隔3与间隔4边界处为夹点，对应 $y=0.0010\text{kg } H_2S/\text{kg}$，$x_1=0.0006\text{kg } H_2S/\text{kg}$。

最后一个间隔剩余的0.00072kg/s质量负荷对应着组合曲线法中的最小外部质量分离剂负荷，只能用外部质量分离剂 S_2 去除，所需的最小流量为

$$L_2=0.00072/(0.0035-0.0002)=0.2182\text{kg/s}$$

上述内容详细介绍了如何基于浓度间隔图表确定系统夹点、过程流股的过剩能力及最小外部质量分离剂负荷，其中前两项内容只需计算如表6-4中所示的前三列就可以获得，即绝对值最大的负出口负荷（−0.00282kg/s）对应的间隔分界处为夹点，该绝对值等于过程流股的过剩能力。而计算最小外部质量分离剂负荷则需要调节过程流股流量或出口浓度，直至调节后第四列的各间隔 Δ_k 均大于等于0（夹点处为0），此时第六列最后一个间隔的出口负荷量即为该过程的最小外部质量分离剂移除负荷。

前面介绍了如何用组合曲线法与浓度间隔图法进行夹点分析，基于的系统都是单组分系统，即目标组分只有一种物质，但实际问题中大部分分离任务是针对多种组分同时进行的，这样的问题也可以用夹点法处理，但过程繁琐复杂，不易操作。对于多组分质量交换网络综合问题，目前的普遍做法是用关键组分来代替整个传质过程，其中所说的关键组分是指以经济性最优为设计目标时外加质量分离剂用量最大的组分[3,9,10]。当然，考虑多种组分的同时传递[5,11-14]更贴近工程实际，但所要解决的问题也更复杂。

6.3.4 质量交换网络综合准则

基于夹点法综合质量交换网络必须遵循前述的三条基本原则，即夹点处无质量流穿过；夹点上方不能引入外部MSA；夹点下方不提供过程MSA的过剩能力。以夹点为分界点，按照一定的规则分别对夹点上方和夹点下方所存在的流股进行匹配，构造出两个子网络，将两子网络在夹点处整合就完成了外部质量分离剂负荷最小的质量交换网络综合。具体的匹配规则[3]如下。

(1) 夹点匹配可行性规则1 流股分裂

在设计中，夹点上方夹点处的传质推动力正好等于最小传质浓度差，为保证每条富流股都有一条贫流股（或分支）与之匹配，夹点富端流股必须满足下面不等式

$$N_{ra}\leqslant N_{la} \tag{6-8}$$

式中，N_{ra}表示夹点上方富流股或分支的数量；N_{la}表示夹点上方贫流股或分支的数量。如果流股数据不满足上面不等式，则必须分流一个或多个贫流股。

相反的，由于设计不允许质量传递穿越夹点，为形成夹点匹配，需要为贫流股提供足够的富流股（或分支）。所以，夹点贫端的标准必须满足

$$N_{lb} \leqslant N_{rb} \tag{6-9}$$

式中，N_{lb}表示夹点下方贫流股或分支的数目；N_{rb}表示夹点下方富流股或分支的数目。同样，如果不满足该不等式，则需要分裂一个或多个富流股。

(2) 夹点匹配可行性规则 2　热力学约束

对于任意可行富端夹点，操作线斜率必须大于或等于平衡线斜率，如图 6-7(a) 所示。因此，对于每一个富端夹点匹配，必须满足下面不等式

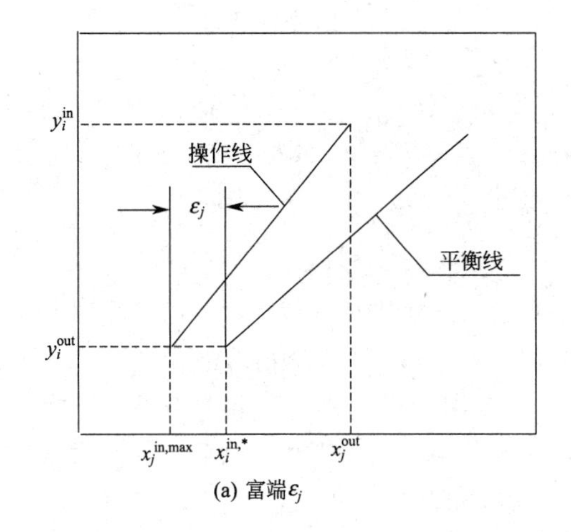

(a) 富端ε_j

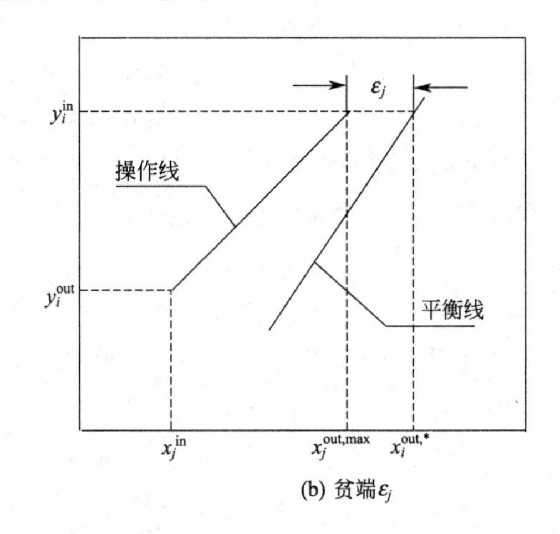

(b) 贫端ε_j

图 6-7　夹点匹配的热力学约束

$$\frac{L_j}{G_i} \geqslant m_j \tag{6-10a}$$

另一方面，如图 6-7(b) 所示，对于每个贫端夹点匹配，必须满足下面标准

$$\frac{L_j}{G_i} \leqslant m_j \tag{6-10b}$$

若存在夹点匹配不满足以上不等式式的情况，则需分裂流股。

定义夹点匹配后，就可完成网络的设计。此外，设计者通常拥有违反可行性标准的自由，但要以提外部质量分离剂的成本为代价。

将上述规则用于［例 6-2］，已经算得夹点处 $y=0.0010$kg H_2S/kg，$x_1=0.0006$kg H_2S/kg，S_2的最小用量是 0.2182kg/s，则通过夹点设计规则综合得到的网络结构如图 6-8 所示。其中富流股用水平向右带箭头的直线表示，贫流股用水平向左带箭头的直线表示。每种组分的浓度用质量分数（%）表示，位于相应直线的上方。交换器用圆表示，由交换器延伸出来的垂线表示两流股间的匹配。匹配交换器下方的数字反映交换器承担的质量交换负荷，夹点由两条垂直的虚线表示。

此外，所综合的质量交换网络也可以进一步调优，以获得传质设备个数最少的网络结构。调优的方法与换热器网络调优方法类似，这里就不再详述，具体可参考第 3 章的相关内容。

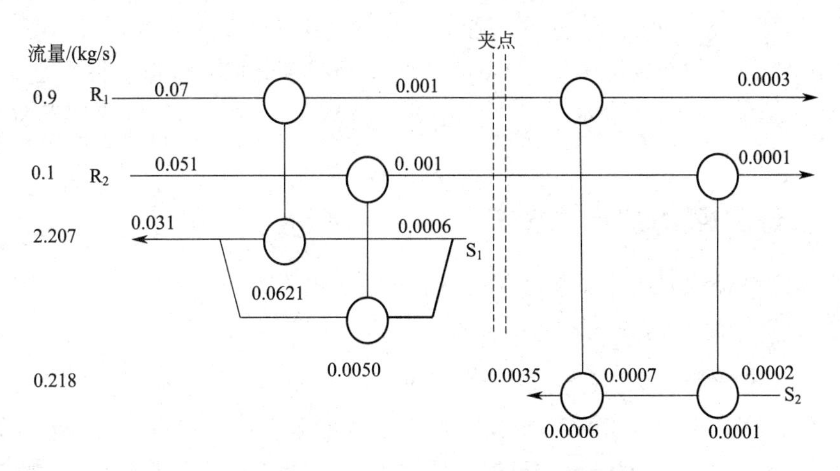

图 6-8　[例 6-2] 的质量交换网络结构图

6. 3. 5　质量集成

在 MEN 综合基础上形成的质量集成方法是一个系统的方法论。质量集成是基于工艺过程识别物质流股、确定流股的产生、分离和流动路径的总体方法。它提供了对过程总体物质流动的基本理解，并用之确定目标，优化流股中物质的产生、分配及分离。质量集成是进行废物最小化流程综合的理想方法。质量集成的核心是废物截断分配网络，它具有质量集成的各种基本操作，如分割、混合、截断、循环和操作变化。对废物截断分配网络进行建模求解，可以很好体现质量集成的思想和方法。

6. 4　水分配网络综合

6. 4. 1　基本概念

水分配网络（water allocation network，WAN）综合是水网络集成的有效工具，它能有效实现过程工业最小化水的消耗量和废水的排放量，最大限度地将水回用，并试图实现零液体排放。对其进行研究对实现水资源的可持续利用起到重要的作用[2,15]。

水分配网络综合问题是指，给定可用水的集合与其单价、用水过程集合、可用的废水过程集合与其费用以及环境排放限制，要求设计出一种水分配网络，这种网络既能满足各用水过程的用水要求，又能使所排放的废水达标；在达到上述要求的前提下，使整个网络的年费用、新鲜水用量、废水排放量最低。

降低新鲜水用量以及废水排放量的方式有以下三种：

① 再用　指某一用水单元产生的废水可直接用于其他用水单元，并因此降低新鲜水使用量。

② 再生使用　指废水经过部分或完全再生后可用于其他用水操作。有时，再生后的废水流股需要与其他废水流股或新鲜水进行混合，然后进入某些用水单元。这里规定，再生后的水不能用于产生该废水的单元自身。

③ 再生循环　指废水经过部分或完全再生后循环到产生该废水的单元本身。

水分配网络是一种特殊的质量交换网络，它们研究问题的对象都是物质流，这里的贫流股特指为水流股，因此质量交换网络中的许多概念和方法都可以应用于水分配网络中。

6.4.2 水分配网络综合方法

水分配网络综合的方法主要有水夹点技术和数学规划法。

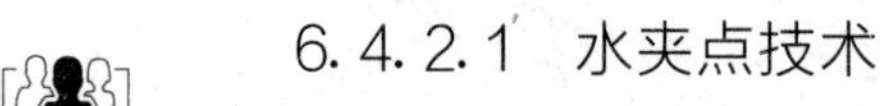

6.4.2.1 水夹点技术

科学家介绍

水夹点技术是由英国 Manchester 大学的 Wang 和 Smith[16] 在研究用水目标最小化问题时提出的，它是在 Linnhoff[17] 提出的用于系统能量回收中夹点概念的基础上，引入 El-Halwagi 等[3] 的传质网络综合思想发展而来。该技术依据传质模型，通过对用水过程进行夹点分析，能够确定过程所需的最小新鲜水流量和最小废水产生量，并在此目标下设计水网络结构。

(1) 极限供水线

在一个用水过程中，过程物料与水直接接触，在传质推动力的作用下，过程物料中的杂质向水中转移。根据过程流股的起始与目标浓度 c_i^s、c_i^t 及传质负荷 Δm_i，可以推导出如下数据：①用水单元入口处所能接受的水中杂质浓度上限 $c_i^{in,lim}$，mg/L；②用水单元出口处所能接受的水中杂质浓度上限 $c_i^{out,lim}$，mg/L；③用水单元中所转移的杂质质量流量 Δm_i，kg/h；④该单元的极限用水量

$$f_i^{lim}(\mathrm{t/h})=\frac{\Delta m_i(\mathrm{kg/h})}{(c_i^{out,lim}-c_i^{in,lim})(\mathrm{mg/L})}\times 10^3 \tag{6-11}$$

式中，$1\mathrm{t}=10^3\mathrm{kg}$；为转换方程式右边项的单位“(kg/h)/(mg/L)”为“t/h”，乘以一个因子 10^3。

根据上述数据就可以在浓度-负荷（concentration-mass load，C-M）图上做出过程流股线和与其对应的极限供水线（limiting water profile），如图 6-9 所示。在传质过程正向发生的前提下，极限供水线进出口处的杂质浓度均达到最大值，说明该单元不需要直接使用新鲜水，可以回用其他单元产生的废水，废水的极限浓度为 $c_i^{in,lim}$，此时该单元的最小用水量就等于极限供水线斜率的倒数。

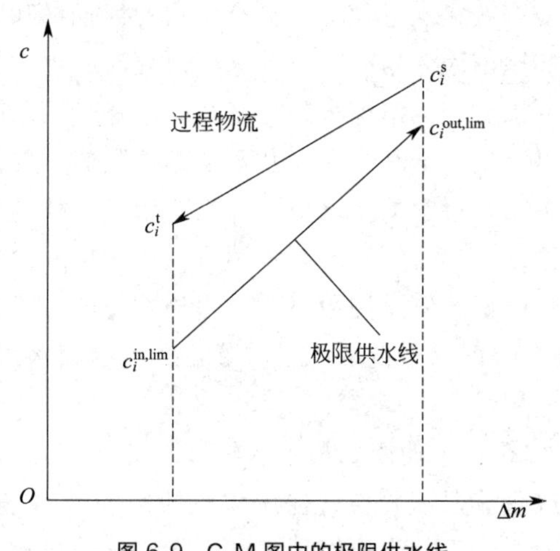

图 6-9　C-M 图中的极限供水线

(2) 浓度组合曲线法确定夹点及最小新鲜水用量

与热夹点和质量夹点技术一样，水夹点技术也是采用在浓度-负荷图上做组合曲线的方法获取夹点。由于极限供水线（简称为供水线）反映了用水过程对于供给水的最低要求（浓度最高，流量最小），有利于节约新鲜水用量，所以可以基于供水

线在 C-M 图上做系统的浓度组合曲线，以获取夹点及最小新鲜水用量。

首先，如图 6-10 所示，在 C-M 图中分别绘出过程 1 与过程 2 的极限供水线，在相同浓度范围内应用类似换热网络组合曲线的做法，得到该系统的浓度组合曲线。

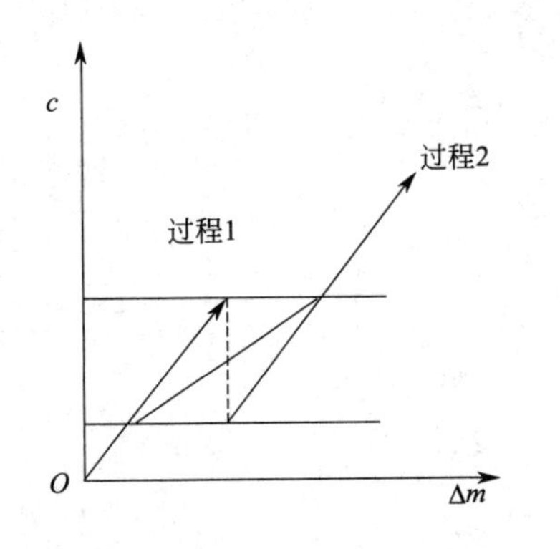

图 6-10　C-M 图中构造浓度组合曲线

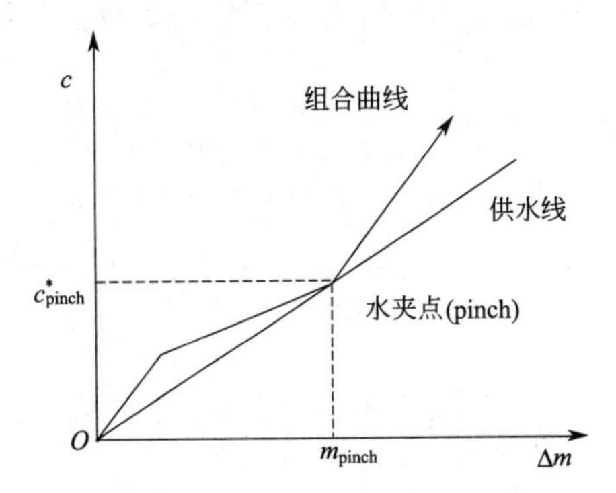

图 6-11　C-M 图中确定水夹点方法

然后在 C-M 图中，经原点作一条直线与组合曲线相切，则切点处即为夹点，此直线为最优的供水线，如图 6-11 所示。水夹点所对应的水流量就是新鲜水（$c=0$）用量的最小值，由下式计算

$$f^{\min}=\frac{m_{\text{pinch}}}{c^*_{\text{pinch}}} \tag{6-12}$$

水夹点上方杂质浓度较高，不需要新鲜水的加入，回用废水即可。式(6-12）计算出的新鲜水用量是考虑了水在单元间重复使用（reuse）的，即流经过程 1 的水部分回用于过程 2，这样就减少了新鲜水用量，同时也减少了废水的排放量。

具有新鲜水流量最小目标的水回用系统的集成原则是：如果操作 A 中水流出口浓度小于 $c_B^{\text{in,lim}}$，则操作 A 的废水可以直接被操作 B 利用。通过这种方式再利用水流可以减少新鲜水流量和废水排放量，但不改变杂质的脱除负荷。

质量交换网络中，一条富流股中的目标杂质可以经多条贫流股、多个传质单元脱除，但对于用水过程来说，用水单元及其负荷均是确定的，每一次用水分配都必须将对应单元中的杂质全部脱除。在设计水分配网络时，为满足新鲜水用量最小的目标，水流股进出用水单元的浓度都应该达到极限浓度，那么有些用水单元的用水就需要混合而来的。此外，网络设计过程还需遵循如下规则：

规则 1　如果过程 i 整体位于夹点下方（不包括夹点），此过程不排放废水，且其他类型过程到此过程的回用不存在。

规则 2　如果过程 i 整体位于夹点上方（不包括夹点），此过程不使用新鲜水。

下面用一个例子[18]来说明水夹点法的基本应用。

【例 6-3】　某过程的 3 个用水操作的极限过程数据见表 6-5，设计水分配网络。

表 6-5　［例 6-3］极限过程数据

操作 i	$\Delta m_{i,\text{tot}}$/(kg/h)	$c_i^{\text{in,lim}}$/(mg/L)	$c_i^{\text{out,lim}}$/(mg/L)	f_i^{lim}/(t/h)
1	3.75	0	75	50
2	1.00	50	100	20
3	1.00	75	125	20

解：根据表中数据在C-M图中做出各操作的极限供水线，如图6-12所示，并将它们组合成浓度组合曲线，从原点（$c=0$）做组合曲线的切线，交点即为夹点，如图6-13所示。夹点处横纵坐标读数的比值即为最小新鲜水量，该比值同时也可以由供水线的端点数据求得，为减小读数误差，本例采用后者计算，即

$$f_{\min}(\mathrm{t/h})=\frac{\Delta m_{\mathrm{tot}}(\mathrm{kg/h})}{c_{\mathrm{w}}^{\mathrm{out}}(\mathrm{mg/L})}\times 10^3=\frac{5.75}{101.46}\times 10^3=56.67\mathrm{t/h}$$

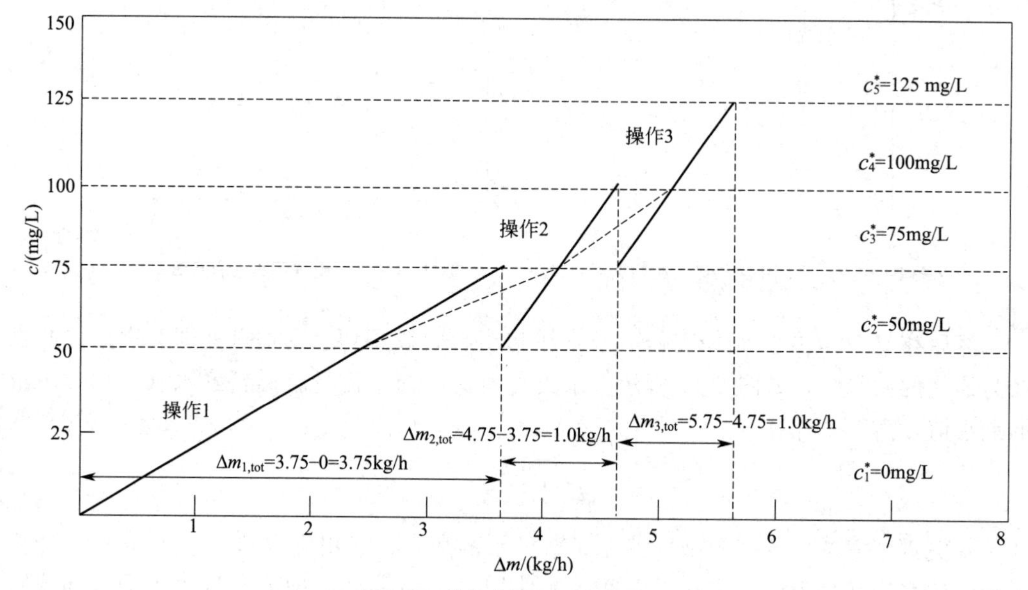

图6-12 构造［例6-3］组合曲线

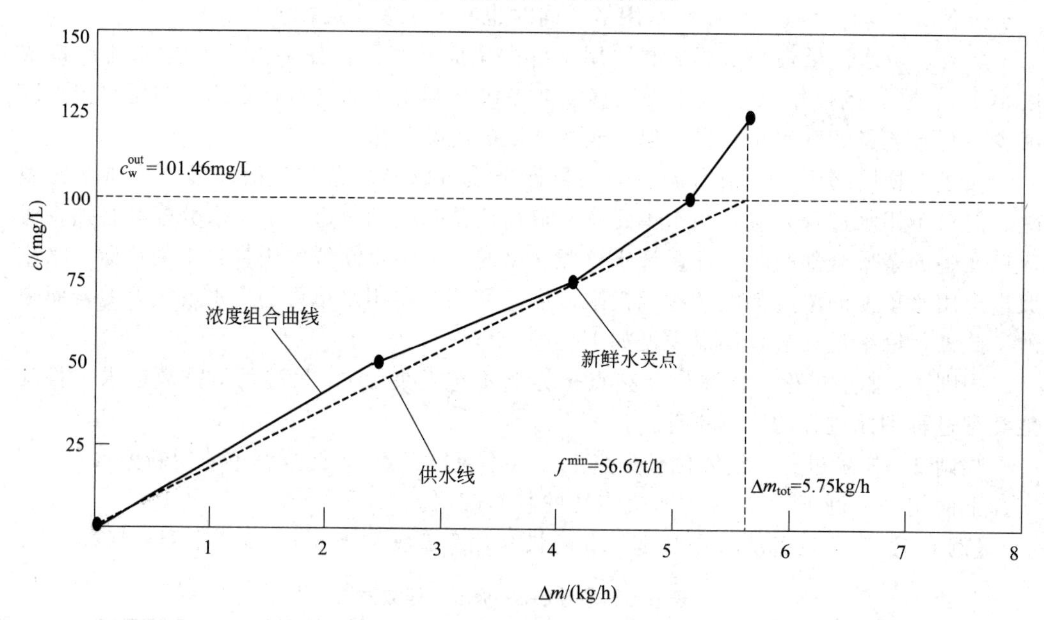

图6-13 ［例6-3］最小新鲜水流量的确定

由图6-12和图6-13可知，操作1的用水线完全位于夹点下方，且其所需供水的入口浓度为0，所以操作1只能用新鲜水。操作3位于夹点上方，且极限入口浓度等于操作1的出口浓度，所以它只回用操作1的排水即可。操作2的极限入口浓度位于新鲜水

与操作 1 极限出口浓度之间，所以它的用水由操作 1 排水与新鲜水混合而来，则水分配网络结构设计为如图 6-14 所示。

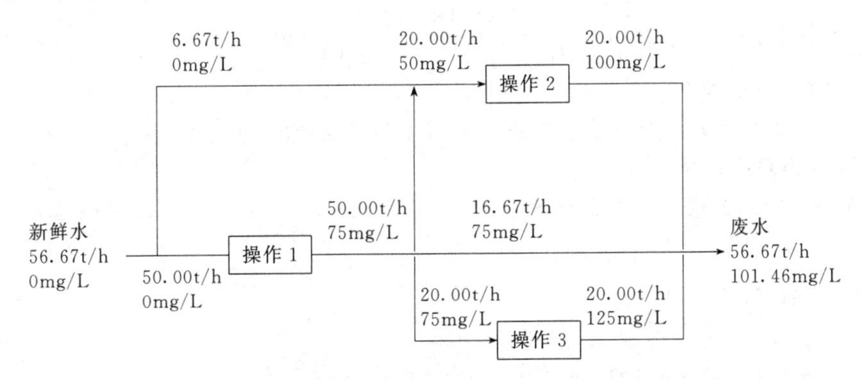

图 6-14 水分配网络结构设计

与质量夹点技术一样，确定系统总的最小新鲜水用量，除了可以用上面浓度组合曲线图形方式表达外，也可以用表的形式，即浓度间隔图表，这里不再详述。

6.4.2.2 数学规划法

数学规划模型及算例

水夹点技术相对简单，但在解决多杂质复杂问题上仍具有一定的局限性。数学规划法严格，但建模过程复杂，计算量大，求解比较困难。它在一定的约束条件下建立最小化新鲜水费用的数学模型，或先建立网络的超结构，并用非线性规划问题来描述此超结构，设计的目标一般是网络的年度总费用最小。数学规划法的一个显著优势是它可以处理大规模多杂质问题，而当一种或多种杂质可用不同处理单元去除时则形成混合整数非线性规划问题。

除了开发可用水的直接回用技术[19-24]，近年来的水系统集成研究还向废水的再生再利用、废水处理系统和面向间歇过程的水网络综合等方面拓展，相关研究可参考相关文献[25-33]。

本章重点

1. 基本概念

① 质量集成是基于工艺过程识别物质流股、确定流股产生、分离和流动路径的总体方法是进行废物最小化流程综合的理想方法，其目的是建立极少产生废料和污染物的工艺或技术系统。

② MEN 综合问题是指，对于已有的废物流股或者污染物流股（富流股），通过各种质量交换操作，如吸收、解吸、吸附、萃取、沥滤和离子交换等，用能够接受该物质的流股（贫流股、分离剂）与之逆流直接接触，综合得到一个质量交换网络，使之能在满足质量平衡、环境限制、安全和费用最小等约束条件下，有选择性地将废物或污染物从污染物流股中除去。

③ 水分配网络综合问题是指，给定可用水的集合与其单价、用水过程集合、可用的废水过程集合与其费用以及环境排放限制，要求设计出一种水分配网络，这种网络既能满足各用水过程的用水要求，又能使所排放的废水达标；在达到上述要求的前提下，使整个网络的年费用、新鲜水用量、废水排放量最低。

2. 质量夹点法和水夹点法的基本内容与步骤、网络设计基本原则

① 质量夹点法三原则：

原则一，夹点处无质量流穿过；

原则二，夹点上方不能引入外部 MSA；

原则三，夹点下方不提供过程 MSA 的过剩能力。

② 极限用水量：$f_i^{\text{lim}}(\text{t/h})=\dfrac{\Delta m_i(\text{kg/h})}{(c_i^{\text{out,lim}}-c_i^{\text{in,lim}})(\text{mg/L})}\times10^3$

③ 水夹点应用规则：

规则 1　如果过程 i 整体位于夹点下方（不包括夹点），此过程不排放废水，且其他过程到此过程的回用不存在。

规则 2　如果过程 i 整体位于夹点上方（不包括夹点），此过程不使用新鲜水。

习题

6-1　质量交换网络综合问题的定义及目标?

6-2　质量交换网络综合的方法有哪些?

6-3　采用组合曲线法分析［例 6-2］，并设计网络结构。

6-4　采用浓度间隔图表法重新确定［例 6-1］的夹点，并设计网络结构。

6-5　利用附表列出的极限过程数据：

习题 6-5 附表　极限过程数据

操作 i	$\Delta m_{i,\text{tot}}$/(kg/h)	$c_i^{\text{in,lim}}$/(mg/L)	$c_i^{\text{out,lim}}$/(mg/L)	f_i^{lim}/(t/h)
1	1.20	0	60	20
2	1.35	0	45	30
3	2.40	30	90	40
4	1.50	75	105	50

（1）作出浓度组合曲线；

（2）作出含水回用情况下的最佳供水线；确定含水回用情况下的最小新鲜水流量目标。

本章符号说明

符号	意义与单位
b	组分在流股间传质平衡方程对应的截距
c	污染物在用水过程中的浓度，mg/L
f	新鲜水用量，t/h
G	富流股质量流量，kg/s
L	贫流股质量流量，kg/s
m	组分在流股间传质平衡方程对应的斜率
Δm	用水过程中污染物负荷，kg/h
x	贫流股中各组分的浓度，质量分数/摩尔分数
y	富流股中各组分的浓度，质量分数/摩尔分数
ε	组分的最小浓度差，质量分数/摩尔分数
R	富流股
S	贫流股

符号	意义与单位
上标	
in	单元入口
lim	极限
max	最大
min	最小
out	单元出口
s	初始
t	目标
下标	
i	第 i 个富流股
j	第 j 个贫流股
k	第 k 个浓度间隔

参考文献

[1] El-Halwagi M M. Sustainable Design Through Process Integration. Elsevier Inc，2012.

[2] Foo D C Y. Process Integration for Resource Conservation. Boca Raton：CRC Press，2012.

[3] El-Halwagi M M，Manousiouthakis V. Synthesis of mass exchange networks. AIChE Journal，1989，35 (8)：1233-1244.

[4] El-Halwagi M M，Spriggs H D . Solve design puzzles with mass integration. Chemical Engineering Progress，1998，94 (8)：25-44.

[5] Liu L，El-Halwagi M M，Du J，et al. Systematic synthesis of mass exchange networks for multi-component systems. Industrial & Engineering Chemistry Research，2013，52 (39)：14219-14230.

[6] Gadalla M A. A new graphical-based approach for mass integration and exchange network design. Chemical Engineering Science，2015，127：239-252.

[7] Liu L，Du J，El-Halwagi M M，Ponce-Ortega J M，et al. A systematic approach for synthesizing combined mass and heat exchange networks. Computers & Chemical Engineering，2013，53：1-13.

[8] Liu L，Du J，Yang F. Combined mass and heat exchange network synthesis based on stage-wise superstructure model. Chinese Journal of Chemical Engineering，2015，23 (9)：1502-1508.

[9] Hallale N，Fraser D M. Supertargeting for mass exchange networks part Ⅰ：Targeting and design techniques. Chemical Engineering Research and Design，2000，78 (2)：202-207.

[10] Hallale N，Fraser D M. Supertargeting for mass exchange networks part Ⅱ：Applications. Chemical Engineering Research and Design，2000，78 (2)：208-216.

[11] Papalexandri K P，Pistikopoulos E N，Floudas A. Mass exchange networks for waste minimization：A simultaneous approach. Chemical Engineering Research and Design，1994，72 (3)：279-294.

[12] 王江峰，沈静珠，李有润，等．不相容多组分质量交换网络综合．化工学报，2004，55 (2)：297-304.

[13] Chen C L，Hung P S. Simultaneous synthesis of mass exchange networks for waste minimization. Computers and Chemical Engineering，2005，29 (7)：1561-1576.

[14] Szitkai Z，Farkas T，Lelkes Z，Rev E，Fonyo Z，Kravanja Z. Fairly linear mixed integer nonlinear programming model for the synthesis of mass exchange networks. Industrial and Engineering Chemistry Research，2006，45 (1)：236-244.

[15] Majozi T，Seid E R，Lee J. Synthesis，design，and resource optimization in batch chemical plants. CRC Press，2015.

[16] Wang Y P，Smith R. Wastewater minimization. Chemical Engineering Science，1994，49 (7)：981-1006.

[17] Linnhoff B，Hindmarsh E. The pinch design method for heat exchanger networks. Chemical Engineering Science，1983，38 (5)：745-763.

[18] Mann J G，Liu Y A. Industrial water reuse and wastewater minimization. New York：McGraw-Hill，1999.

[19] Feng X，Seider W D，New structure and design methodology for water networks. Industrial & Engineering Chemistry Research，2001，40 (26)：6140-6146.

[20] Manan Z A，Tan Y L，Foo D C Y. Targeting the minimum water flow rate using water cascade analysis technique. AIChE Journal，2004，50 (12)：3169-3183.

[21] Liu Y Z，Duan H T，Feng X. The design of water-reusing network with a hybrid structure through mathematical programming. Chinese Journal of Chemical Engineering，2008，16 (1)：1-10.

[22] Foo D C Y. State-of-the-art review of pinch analysis techniques for water network synthesis. Industrial & Engineering Chemistry Research，2009，48 (11)：5125-5159.

[23] Deng C，Wen Z，Foo D C Y，et al. Improved ternary diagram approach for the synthesis of a resource conservation network with multiple properties. 1. direct reuse/recycle. Industrial &Engineering Chemistry Research，2014，53 (45)：17654-17670.

[24] Ramos M A，Boix M，Aussel D，et al. Water integration in eco-industrial parks using a multi-leader-follower

approach. Computers & Chemical Engineering，2016，87：190-207.

[25] Li A H，Yang Y Z，Liu Z Y. Analysis of water-using networks with multiple contaminants involving regeneration recycling. Chemical Engineering Science，2015，134：44-56.

[26] Mafukidze N Y，Majozi T. Synthesis and optimisation of an integrated water and membrane network framework with multiple electrodialysis regenerators. Computers & Chemical Engineering，2015，85：151-161.

[27] Deng C，Shi C，FengX，FooD C Y. Flow Rate targeting for concentration-and property-based total water network with multiple partitioning interception units. Industrial & Engineering Chemistry Research，2016，55（7）：1965-1979.

[28] Abass M，Majozi T. Optimization of integrated water and multiregenerator membrane systems. industrial & Engineering Chemistry Research，2016，55（7）：1995-2007.

[29] Foo D C Y，Manan Z A，Tan Y L. Synthesis of maximum water recovery network for batch process systems. Journal of Cleaner Production，2005，13（15）：1381-1394.

[30] Gouws J F，Majozi T，Foo D C Y，et al. Water minimization techniques for batch processes. Industrial & Engineering Chemistry Research，2010（19）：8877-8893.

[31] Chaturvedi N D，Bandyopadhyay S. Targeting for multiple resources in batch processes. Chemical Engineering Science，2013，104：1081-1089.

[32] Lee J Y，Chen C L，Lin C Y，et al. A two-stage approach for the synthesis of inter-plant water networks involving continuous and batch units. Chemical Engineering Research & Design，2014，92（5）：941-953.

[33] Lee J Y，Foo D C Y. Application of a simultaneous approach for process scheduling and water minimisation in batch plants. Computer Aided Chemical Engineering，2016，38：1953-1958.

第7章

化工产品设计

本章学习要点

1. 化工产品的分类，各类化工产品的特点；
2. 化工产品从概念设计到投入市场流程中涉及的设计方法与设计过程；
3. 化学工程师在产品设计与开发中的作用；
4. 化工产品设计与开发方法。

7.1 化工产品设计概述

化学工业作为现代基础工业之一，涉及到人类生产生活中的各个领域，包括了数万种化工产品，例如农业、军工、食品、日用品、汽车、医药等。这些领域的产品驱动着人类社会与经济不断向前发展。化工产品已经成为现代社会存在与发展的基石之一。目前，化工产品都是从自然界中存在的空气、天然气、原油、矿物质、动植物等通过一系列物理或化学变化转化而来的。图 7-1 是一个简化的化工产品网络，展示了一些常见的化工产品是如何从天然产物转化而来的。例如，氮气可以由空气在低温下经过精馏操作而制得；氮气与氢气在一定条件下反应可以制得氨（也称哈伯制氨法）；而氨与 CO_2（由天然气制得）反应可以得到化肥的关键成分之一尿素。大部分常用的碳氢化合物，如乙烯、丙烯、丁二烯、苯、甲苯、二甲苯等，都是由原油通过炼油化工过程生产得到的。同时，这些碳氢化合物产品可以作为原料，进一步得到下游产品。例如，乙烯是橡胶、塑料、有机溶剂等产品的原料之一。乙烯与乙酸反应可以得到乙酸乙烯酯，而乙酸乙烯酯聚合可以得到聚乙酸乙烯酯（PVAc），PVAc 与乙醇是生产聚乙烯醇（PVA）的主要原料。通过 PVA 可以制得聚乙烯醇缩丁醛，其为汽车挡风玻璃的夹层材料。更多的工业实例可参见本章参考文献［2，3，5，6］。

哈伯制氨法

7.1.1 化工产品分类

（1）B2B 和 B2C 产品

图 7-1 仅仅描述了一个高度抽象与简化的化工产品网络，实际上的化工产品及其转化远比图中的网络复杂，而一个化工企业，一般仅涉及其中的一小部分。化工产品一般

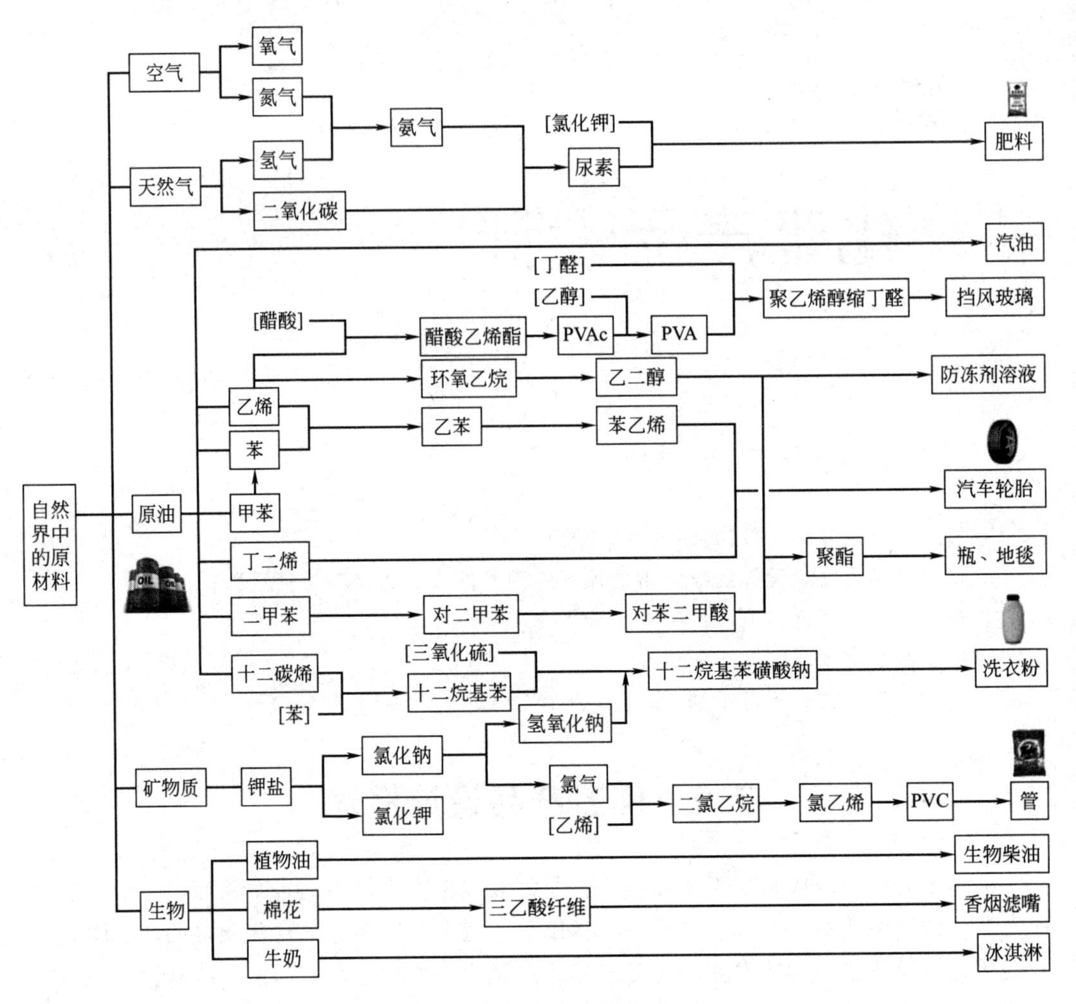

图 7-1 化工产品网络简化图

可根据其使用对象分为 B2B（Business-to-Business）产品与 B2C（Business-to-Consumer）产品两类，前者为面向企业级用户的产品，后者为面向个人用户的产品。

大多数石油企业的产品均为 B2B 产品，如二甲苯和丁二烯产品，供应给其他化工企业作为原料进行下游生产。这类化工产品一般又称为大宗化学品。对于大宗化学品，纯度是其首要考虑的产品性能指标。除石化产品之外，由高分子企业生产的 PET 聚酯瓶也为 B2B 产品的一种，其可归类为工业产品。对于此类产品，其产品性能指标更为丰富，例如杂质纯度、颜色、气味等。这些指标由上游的原料和生产过程决定，并间接对下游 B2C 产品的性能指标产生影响。

个人消费者可以直接在市场上购买到的产品称为 B2C 产品，也称为消费品，例如洗发水、乳液、加工食品、空气净化器等。对于此类产品，其性能指标包含多种类型，一部分为定量指标，例如，对于空气净化器产品，要求其在一定时间内，对于一定大小的封闭空间，可以将空气中的某种杂质浓度降低到规定数值范围内。而对于另一些产品指标，通常通过消费者的视觉、嗅觉、触觉等直观感受，反映为消费者的愉悦度。例如，对于一种乳液产品，要求其触感光滑而不油腻，且气味令人愉悦；对于洗涤剂产品，要求其在使用后使织物变得柔软。这些产品的性能指标可以在产品设计初期通过定量或定性的产品需求进行约束。

另外，化工产品除了需要满足性能指标，还需满足安全、环境等规范的要求。表 7-1 对 B2B 产品与 B2C 产品进行了对比。

身体乳类产品需求约束

表 7-1　B2B 产品与 B2C 产品的比较

项目	B2B 产品	B2C 产品
用户	化工企业	个人消费者
产品类型	小分子或大分子产品	设备、功能产品、配方产品
产品设计	分子设计	配方选择、产品微观结构
产品生命周期	数十年	数月/数年
开发人员	化学家/化学工程师	多学科开发小组：市场、财务、法务、电子工程师、机械工程师、化学家、化学工程师
经济目标	降低成本	提高利润
单元操作	常规：精馏、结晶、萃取、吸收、吸附等	非常规：造粒、研磨、纳米化、蚀刻、物理气相沉积等
设计经验	充足	不足、碎片化
技术焦点	工程优化	提高产品性能，降低制造成本

（2）化工市场板块与化工产品分类

化工产品可以根据化工市场板块进行分类，可分为三种产品类型：①单分子产品；②能够完成特定功能的装置及功能性产品；③由多种配方进行混合而得到的配方产品。根据化工市场板块的产品分类如表 7-2 所示。

表 7-2　根据化工市场板块的化工产品分类及实例

市场板块	单分子产品	装置/功能性产品	配方产品
农业	除草剂、杀虫剂	缓释除草剂、蚊香片	混合化肥、混合杀虫剂
汽车	聚乙烯醇缩丁醛、丁苯橡胶	轮胎、挡风玻璃	防冻液、汽车润滑油
建筑	制冷剂、黏合剂、密封胶	空气净化器、湿度计、智慧窗	涂料、硅藻泥
电子产品	有机发光材料、荧光粉、石墨烯	LED 屏幕、触控屏幕、量子点	光学胶、密封胶、铜纳米颗粒
能源	锂离子电池正极材料、生物柴油、生物乙醇	太阳能电池板、燃料电池	导热油、钻井泥浆
环境	凝结剂、阻垢剂	离子交换树脂、反渗透膜	空气清新剂、吸附剂
食品	木糖醇、蔗糖	咖啡机、醒酒器、人造肉	冰淇淋、饮料
个人护理、医药健康	四氟乙烷、原料药	医学诊断套件、尼龙牙线、透析机	牙膏、防晒霜、肥皂、洗涤剂
包装印刷	乙烯-乙酸乙烯共聚物	柔性印刷机、食品包装膜	印刷油墨、打印机碳粉

7.1.2　化工产品设计开发流程

产品设计是一项系统工程，因此在设计过程中，需要多学科多部门的专家密切配合、资源综合利用。由于很多 B2B 产品都是单分子产品，因此此类产品设计主要为寻找及合成新的分子。过去，此类分子的设计都是根据化学家的经验知识通过试错法合成目标分子，然后进行实验验证。例如，1934 年杜邦公司首先合成尼龙。近年来，利用计算机技术进行分子设计得到了快速发展与应用，避免了大量重复实验造成的高昂研发成本。与 B2B 产品相比，B2C 产品的设计则涉及了不同的组分、部件的设计及其协同作用。类似地，也可以利用计算机技术对产品中各组分的混合效应以及复杂产品微观结构对产品性能的影响进行研究。

尼龙的发现

化工产品的开发涉及一系列系统性的开发流程。例如，产品设计前期的市场调查以确定产品的性能需求以及设计目标，产品的概念设计以确定产品备选方案，过程设计以确定产品的生产过程，可行性测试以及产品原型开发以确定最终产品方案。通过一系列产品开发流程后，最终产品才能投向市场。整个产品开发项目同时需要有一个系统性的项目管理方法，以协调各开发人员与资源，保证整个项目可以在规定时间内圆满完成。

系统化的化工产品开发流程

在以下章节中，我们将对分子及混合物的设计方法进行简要介绍，并列举一些设计实例。

7.2 分子与混合物设计方法

单分子产品在各化工产品中是最为简单的产品类型，同时也是其他产品设计的基础。因此，我们在下面的内容中对单分子产品的设计（简称分子设计）方法进行介绍，并在此基础上，简要介绍混合物的设计过程。

分子设计问题可以描述为：*给定一系列组成分子产品的官能团（基团），以及目标分子产品的物性要求，将这些给定的官能团自由组合，得到满足给定物性要求的分子产品。*

在规定的物性要求约束下，若没有可行分子能够满足要求，可以考虑将几种分子作为混合物产品组分进行混合，从而得到满足物性要求的混合物产品。由于混合物产品的特性可以通过加入添加剂来满足设计要求。因此，混合物产品在生产生活中是最为常用的产品类型之一，例如混合溶剂、润滑油、燃油、涂料、化妆品等。在混合物的设计中，其组成分子可以由分子设计得到。

与分子设计类似，混合物产品设计问题可以描述为：*给定一系列分子以及目标产品的物性要求，将这些给定分子进行混合，得到满足给定物性要求的混合物产品。*

在产品设计中，各需求的物性值可以通过实验进行测量，或通过已有的数据库查得，也可以利用合适的物性预测模型进行估算。如果利用计算机辅助方法进行产品设计，则必须使用数据库或物性预测模型建立分子的结构和性质之间的定量关系（QSPR）。对于分子设计问题，其设计变量为分子的结构参数（描述符）；对于混合物设计问题，其设计变量为各组分及其组成。

基于以上叙述，对于分子或混合物的设计应包括以下内容：①合理的分子结构/混合物组成表征方法；②可行分子/混合物生成方法；③物性预测方法。以下对计算机辅助分子/混合物设计方法（CAMD/CAM^{b}D）框架（如图 7-2 所示）及各部分内容进行详细阐述。

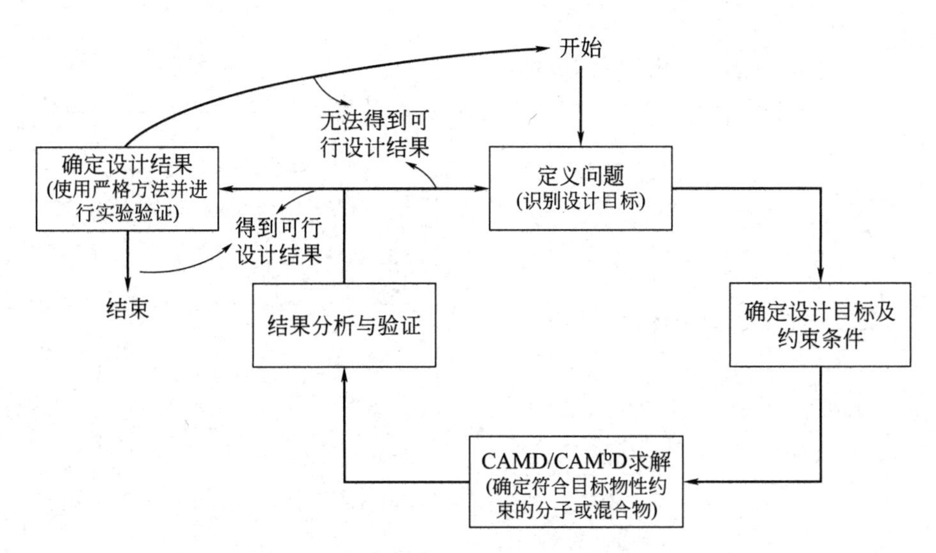

图 7-2 计算机辅助分子/混合物设计方法（CAMD/CAM^{b}D）框架

分子设计示例

图 7-2 的设计框架包括以下内容。在拓展阅读“分子设计示例”中，我们使用一个简单的例子来进行说明。

① 定义问题：根据市场调研得到的产品需求定义产品设计问题。

② 确定设计目标及约束条件：将产品需求转化为使用物性描述的模型目标函数及约束条件。

③ CAMD/CAM^{b}D 求解：使用计算机辅助方法（例如基团贡献法）建立产品设计问题的数学模型，并进行求解，得到符合目标函数与约束条件的可行分子或混合物集合。

④ 结果分析与验证：使用更为严格的模型验证得到的可行分子或混合物的可行性。

⑤ 确定设计结果：使用实验对设计结果进行最终确定。

7.2.1 分子结构表征

分子结构表征目的为使用一组变量来表示分子的结构特征，是进行分子设计的基础。对于一个分子，可以有多种表征方法。图 7-3 列举了部分分子结构表征方法。

如图 7-3(a) 所示，我们可以使用分子式表示一个分子，但这种表示方法仅仅能够体现出分子中含有的原子类型和个数。也可以使用官能团以及官能团的连接［如图 7-3(b) 及图 7-3(d)］表示分子的结构，或仅使用官能团的类型和个数来进行表示［如图 7-3(c)］。为方便计算机输入，也可以使用官能团或原子的相邻矩阵［如图 7-3(e) 和图 7-3(f)］来表示分子的结构特征。以上这些分子表征方法均为一维或二维方法，当需要更为精细的分子三维结构时（例如镜像异构体），我们需要引入三维的分子结构表征方法。例如，将分子中每个原子的三维坐标（x,y,z）作为输入变量来表示分子结构等。本章主要使用如图 7-3(c) 所示的官能团个数来进行分子结构表征，以配合后面介绍的基团贡献物性预测方法。

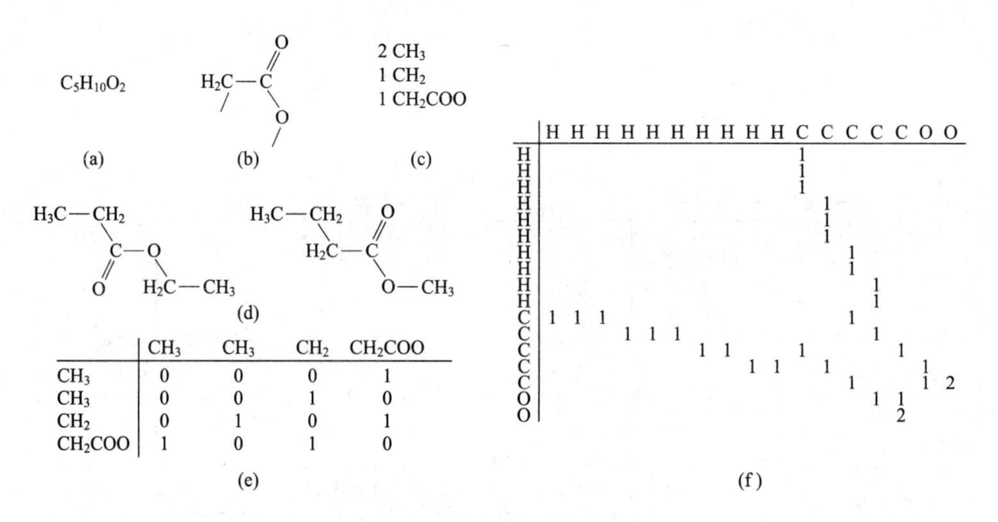

图 7-3 部分分子结构表征方法

7.2.2 可行分子/混合物生成方法

(1) 生成可行的分子

当我们使用官能团对分子结构进行表征时，分子设计问题就可以按照前文所述的定义来进行，即给定一系列官能团，并将其进行组合，得到一系列可行的分子，并进行物性约束的验证。因此，这里的关键问题是：如何根据给定的官能团生成可行的分子。因为一个可行的分子需要满足价键规则，并且其官能团个数需要满足约束，否则就无法限制分子的大小（即无法限制分子的搜索空间）。这些规则和约束可以用以下方程进行表示。

$$\sum_{j=1}^{m}(2-u_j)n_j=2q \tag{7-1}$$

$$\sum_{i\neq j}^{m}n_i \geqslant n_j(u_j-2)+2 \quad \forall j \tag{7-2}$$

$$n_j^l \leqslant n_j \leqslant n_j^u \quad \forall j \tag{7-3}$$

$$2 \leqslant \sum_{j=1}^{m}n_j \leqslant n_{\max} \tag{7-4}$$

$$n=\sum_{j=1}^{m}n_j \tag{7-5}$$

式中，m 为每一个选定的官能团；q 为分子类型，可以等于−1、0 和 1，分别表示双环、单环及无环的分子；n_j 和 n_i 分别为官能团 j 和 i 在分子中出现的个数；u_j 为官能团 j 的价键数；$n_{\max}$ 为分子中官能团总数的上限；n_j^l 和 n_j^u 分别为官能团 j 在分子中允许出现次数的下限和上限。

分支定界算法

在以上公式中，式(7-1) 和式(7-2) 确保了生成的分子满足价键规则，式(7-3) 约束了每个官能团在分子中出现的次数，式(7-4) 与式(7-5) 约束了分子中的官能团总数。

这样，只有满足式(7-1)～式(7-5) 的分子才是可行的分子。换句话说，利用类似于分支定界算法等数学算法生成所有满足式(7-1)～式(7-5)的分子，就得到了所有满足分子结构约束的可行分子。

【例 7-1】 生成所有结构可行的无环分子

对于给定的官能团—CH_3、—CH_2—和—OH，生成所有可行的无环分子，官能团个数约束分别为 $n_{max}=3$；对所有的官能团 j，$n_j^l=0$；对—CH_3和—CH_2—，$n_j^u=2$；对—OH，$n_j^u=1$。

各官能团的价键数分别为：$u_{CH_3}=1$，$u_{CH_2}=2$，$u_{OH}=1$。使用枚举法可以得到所有可行的分子，结果如表 7-3 所示。

表 7-3　[例 7-1] 中所有结构可行的分子

分子	满足约束条件	不满足约束条件
CH_3—CH_3	式(7-1)～式(7-5)	无
CH_3—OH	式(7-1)～式(7-5)	无
CH_3—CH_2—CH_3	式(7-1)～式(7-5)	无
CH_3—CH_2—OH	式(7-1)～式(7-5)	无

(2) 生成可行的混合物

与分子设计相似，混合物的设计同样需要满足一定的约束条件。但混合物并不像分子，需要满足价键规则。在混合物的设计中，首先需要满足规定的组分数约束：$m_{max}\geqslant m\geqslant 2$，其中 m 为混合物中的组分数，而 m_{max} 为规定的组分数上限。另外，如果设计的混合物为液态混合物，那么混合得到的产品须为稳定存在的液体，因此需要满足以下热力学关系式。

$$\frac{\Delta G}{RT}=\frac{G^E}{RT}+\sum_i^{NC} x_i \ln x_i<0 \tag{7-6}$$

其中

$$\frac{G^E}{RT}=\sum_i^{NC} x_i \ln \gamma_i \tag{7-7}$$

式中，ΔG 为混合过程的 Gibbs 自由能；G^E 为超额 Gibbs 自由能；x_i 为组分 i 的摩尔分数；R 为气体常数；T 为温度；γ_i 为组分 i 在混合物中的活度系数；NC 为组分数。

(3) 物性预测方法

基团贡献法(PyGC)

对于 CAMD/CAM^{b}D 问题，通常包含分子与混合物的物性。因此，对于物性预测方法的选择、预测方法的适用范围、模型参数如何获取以及预测结果的不确定性都是需要考虑的问题。当无法获取相应的模型参数时，对应的分子或混合物的物性就无法进行预测。为了使求解得以继续，就需要在问题中将缺失参数对应的官能团或物性删除，这样做有可能会使可能最优的设计结果被排除在外。因此，亟需开发使用较少模型参数的相对准确的物性预测方法。

对于不同的物性，可以采用不同的方法进行预测。表 7-4 总结了部分物性预测方法以及对应的物性。在本章中，我们将物性分为以下四种类型：①初级物性（Primary Property)，只需将分子结构参数作为输入，可以预测得到的物性类型；②次级物性

(Secondary Property)，以基本物性作为输入参数预测得到的物性类型；③功能物性(Functional Property)，随温度（T）、压力（p）变化的物性类型；④混合物性（Mixture Property)，随温度、压力及组成（x）变化的混合物物性类型。

表 7-4 部分物性预测方法及对应的物性

物性类型	物性	预测方法
初级物性	临界温度，T_C	基团贡献法、原子贡献法、相邻矩阵法、构效关系法等
	临界压力，p_C	
	临界体积，V_C	
	沸点，T_b	
	熔点，T_m	
	气化潜热，ΔH_{vap}	
	溶解热，ΔH_{fus}	
	标准生成焓，ΔH_f	
	偶极矩，d_m	
	标准 Gibbs 自由能，ΔG_f	
	溶解度系数，δ_T	
	辛醇水分配系数，$\lg K_{OW}$	
	水溶性，$\lg W_s$	
次级物性	表面张力，σ	$f(\delta_T)$
	折射率，n_D	$f(\delta_T)$
	偏心因子，ω	$f(T_C,p_C,T_b)$
	沸点下的气化潜热，$\Delta H_{vap}(T_b)$	$f(T_C,p_C,T_b)$
	标准熵，$\Delta S_f(298)$	$f(\Delta H_f)$
功能物性	蒸气压，$p_{sat}(T)$	$f(T_C,p_C,\omega,T)$
	液体密度，$\rho_L(T,P)$	$f(V_m,T_b,T)$
	热导率，$\zeta(T)$	$f(T_C,M_W,T_b,T)$
	溶解度系数，$\delta_T(T)$	$f(V_m,\Delta H_{vap},T)$
混合物性	活度系数，γ_i	$f(T,x);f(T,p,x)$
	逸度系数，φ_i	$f(T,p,x)$
	液体密度，ρ_L	$f(T,p,x)$
	饱和温度，T_{sat}	$f(p,V,T)$
	饱和压力，p_{sat}	$f(p,V,T)$
	液体溶解度，x_L	$f(\gamma,x,T,p)$
	固体溶解度，x_S	$f(\gamma,x,T,p)$

1）初级物性

初级物性是分子结构参数的函数。本章主要介绍利用基团贡献法进行初级物性的预测。基团贡献法[7,8]假设各官能团在物性预测中，其贡献值是固定的。因此，将一个分子各官能团的基团贡献值进行叠加，即可得到这个分子的相应物性。这些基团贡献值是通过对大量分子及其物性的回归得到的。使用基团贡献法可以简单快速得到相对准确的物性预测结果。基团贡献法的基本公式如下：

$$f(\theta)=\sum_i N_iC_i+\sum_j M_jD_j+\sum_k E_kO_k \tag{7-8}$$

式中，$f(\theta)$ 为初级物性 θ 的某一函数（表 7-5 列举了部分例子）；N_i 为一级官能团 i 个数；C_i 为官能团 i 对物性 θ 的贡献值；M_j 为二级官能团 j 的个数（二级官能团为一些一级官能团的组合，以部分反映分子的结构特征）；D_j 为二级官能团 j 的贡献值；E_k 为三级官能团（一些二级官能团的组合）k 的个数；O_k 为官能团 k 的贡献值。

表 7-5　部分初级物性的基团贡献法

物性	单位	$f(\theta)$	常数
沸点，T_b	[K]	$\exp\left(\dfrac{T_b}{T_{b_0}}\right)$	$T_{b_0}=244.5165$
熔点，T_m	[K]	$\exp\left(\dfrac{T_m}{T_{m_0}}\right)$	$T_{m_0}=143.5706$
临界温度，T_C	[K]	$\exp\left(\dfrac{T_C}{T_{C_0}}\right)$	$T_{C_0}=181.6716$
临界压力，p_C	[bar]	$(p_C-p_{C_1})^{-0.5}-p_{C_2}$	$p_{C_1}=0.0519$，$p_{C_2}=0.1347$
标准生成焓，ΔH_f	[kJ/mol]	$\Delta H_f-H_{f_0}$	$H_{f_0}=35.1778$
熔化焓，ΔH_{fus}	[kJ/mol]	$\Delta H_{fus}-H_{fus_0}$	$H_{fus_0}=-1.7795$
辛醇水分配系数，$\log K_{OW}$	—	$\log K_{OW}-K_{OW_0}$	$K_{OW_0}=0.4876$
气化潜热，ΔH_{vap}	[kJ/mol]	$\Delta H_{vap}-H_{vap_0}$	$H_{vap_0}=9.6127$
Hildebrand 溶解度系数，δ_T	[MPa$^{1/2}$]	$\delta_T-\delta_{T_0}$	$\delta_{T_0}=21.6654$

使用基团贡献法进行物性预测可以按照以下四个步骤进行：

① 识别分子中的官能团，进行官能团划分；

② 确定分子中各官能团个数；

③ 从数据库中取得各官能团目标物性的贡献值；

④ 通过基团贡献法公式进行物性预测。

2）次级物性

对于次级物性的计算，可以按照以下步骤进行：

① 获得次级物性的计算公式；

② 使用基团贡献法等方法计算次级物性公式输入参数的初级物性；

③ 利用次级物性计算公式进行物性预测。

我们用以下例子进行说明。

【例 7-2】 预测 Hildebrand 溶解度系数

醋酸乙酯［CCOC(=O)C；000141-78-6］在 298K 下的 Hildebrand 溶解度系数，可以按照以下公式进行计算：

$$\delta_T=\left(\frac{1000\Delta H_{vap}-8.314\times 298}{V_m}\right)^{1/2}$$

因此，为预测 Hildebrand 溶解度系数，需要 ΔH_{vap} 与 V_m 作为输入数据。这些初级物性可以使用基团贡献法进行预测，预测结果如下：

$$\Delta H_{vap}(298\text{K})=38.30\text{kJ/mol},\quad V_m(298\text{K})=99.66\text{cm}^3/\text{mol}$$

因此，可以得到 Hildebrand 溶解度系数的计算结果 $\delta_T=18.23\text{MPa}^{1/2}$。

3）功能物性

对于功能物性的计算，首先，可以查找数据库或文献，得到该物性与温度、压力的关联式及相关参数。如果无法得到该物性的关联式或相关参数，可以使用机理模型进行预测，或使用实验数据进行回归。

我们用以下例子进行说明。

【例 7-3】 预测不同温度下的蒸气压

我们同样采用醋酸乙酯作为例子，首先查找数据库，得到蒸气压的关联式。

$$p_{sat}=10^{\left[A-\frac{B}{T+C}\right]}(T/℃,p_{sat}/\mathrm{mmHg})$$

式中，$A=7.261830$，$B=1342.109$，$C=228.3460$。

通过以上公式，可以得到蒸气压的计算结果，如图 7-4 所示。

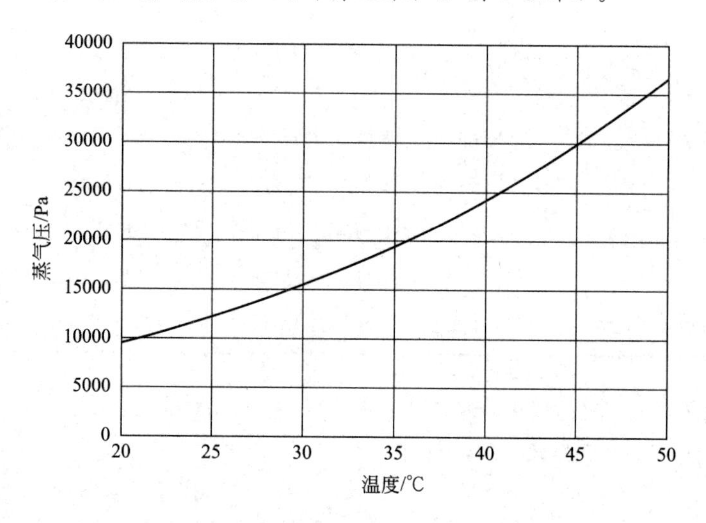

图 7-4 醋酸乙酯的蒸气压随温度的变化曲线

4）混合物性

在混合物的性质预测中，一般涉及两类性质，一类是混合物的功能性质，如混合物的密度、混合焓等；另一类是与相平衡相关的性质，如液相活度系数、泡点以及露点等。以下对这两种性质进行简要阐述。

① 混合物功能性质　在确定的温度、压力及组成条件下，混合物的性质 θ_M 与各纯组分性质 θ_i 相关，可由下式表示

$$\theta_M=\theta^0+\theta^E \tag{7-9}$$

其中，θ^0 与 θ^E 分别为理想混合项和超额项。若该混合物为理想混合过程，则可以将超额项省略，即

$$\theta_M=\sum_i\theta_i x_i \tag{7-10}$$

对于超额项不同的物系需要采用不同的热力学模型进行计算。

② 与相平衡相关的性质　当混合物涉及两相或多相平衡时，需要考虑相平衡模型，如气液平衡（VLE）、液液平衡（LLE）、固液平衡（SLE）。这些相平衡模型通常涉及以下方程

$$x_i\gamma_i\varphi_{i,sat}p_{i,sat}=y_i\varphi_i^{v}p \tag{7-11}$$

$$x_i^{\mathrm{I}}\gamma_i^{\mathrm{I}}=x_i^{\mathrm{II}}\gamma_i^{\mathrm{II}} \tag{7-12}$$

$$\ln x_i\gamma_i=\frac{\Delta H_{\mathrm{fus}}}{R}\left(\frac{1}{T_{\mathrm{m}}}-\frac{1}{T}\right) \tag{7-13}$$

式中，γ_i为组分i的液相活度系数；φ_i为组分i的气相逸度系数；x_i与y_i分别为组分i的液相和气相摩尔组成；$p_{i,\mathrm{sat}}$为温度T下组分i的蒸气分压；T_{m}为固相溶液的熔点；ΔH_{fus}为固相溶液的溶解热；上标I和II分别为液液平衡中的两个液相，上标V表示气相。

7.2.3　分子/混合物设计（CAMD/CAM^{b}D）的数学模型

分子设计示例

对于一个分子及混合物设计问题，可以表示为以下数学模型

$$F_{\mathrm{OBJ}}=\max\{C^T y+f(x)\} \tag{7-14}$$

s. t.（约束条件）

$$p_r=f(x,y,u,d,\theta) \tag{7-15}$$

$$L_1\leqslant\theta_1(Y,\phi)\leqslant U_1 \tag{7-16}$$

$$L_2\leqslant\theta_2(Y,\phi,\theta)\leqslant U_2 \tag{7-17}$$

$$L_3\leqslant\theta_3(Y,\phi,\theta,x)\leqslant U_3 \tag{7-18}$$

$$L_4\leqslant\theta_4(Y,\phi,\theta,y)\leqslant U_4 \tag{7-19}$$

$$S_L\leqslant S(Y,\eta)\leqslant S_U \tag{7-20}$$

$$Bx+C^T y\leqslant D \tag{7-21}$$

其中，x为一组连续变量（如流量、操作条件等），y为一组设计变量（如组成、温度、压力等），C为一组常数，Y为整数变量（如分子描述符、组分选择等）。式(7-14)表示目标函数，为最大化某指标（如某分子性质最优、某操作条件最优或某经济指标最优）。式(7-15)为过程模型，其中u、d、θ分别为过程输入变量、设计变量和物性。式(7-16)～式(7-19)为四类物性约束条件（初级物性、次级物性、功能物性与混合物性），其中ϕ为分子结构变量（描述符），θ为物性。式(7-20)与式(7-21)为分子以及过程的可行性约束，其中B为常数矩阵，D为常数向量。

以上数学模型可以用来建立不同的分子与混合物设计模型，如下所示。

① 分子筛选问题：在某一集合中筛选得到满足相应物性约束的分子。在这个模型中，需要使用式(7-16)～式(7-19)。

② 分子筛选与设计问题：在这个模型中，需要使用式(7-16)～式(7-20)。通过分子结构可行性约束生成可行的分子，再通过物性约束进行筛选。

③ 分子最优设计问题：在这个模型中，需要使用式(7-14)、式(7-16)～式(7-20)。通过求解最优化问题得到满足物性约束，且使目标函数最优的分子。

④ 过程与产品设计问题：在这个模型中，需要使用式(7-15)～式(7-21)。首先通过分子结构可行性约束生成可行分子，再利用物性约束方程进行筛选。其次，将得到的分子依次利用过程方程进行过程设计。

⑤ 最优过程与产品设计问题：在这个模型中，上述所有方程都得到使用。

- **混合物设计算法流程**

在混合物设计问题中，需要使用分解式算法将整个优化问题拆分为一系列子问题，以降低求解难度[9]。算法流程如下所示。

① 利用纯组分物性约束得到各候选组分，得到混合物组分数据库及各候选组分物性值。

② 稳定性分析：若设计的混合物为液相，利用式(7-6)、式(7-7) 测试各组分在不同组成下是否能够稳定存在，删除不能稳定存在的解。

③ 线性物性约束：利用线性物性约束方程进一步筛选剩余的混合物组分以及组成。

④ 非线性物性约束：利用非线性物性约束方程进一步筛选剩余的混合物组分以及组成，对最终剩余的解根据目标函数值进行排序，得到最优的混合物设计结果。

7.3 分子与混合物设计实例

本节将利用三个设计实例，对 7.2 节介绍的分子与混合物设计方法进行分析。

7.3.1 制冷剂分子设计

在本实例中，为降低对臭氧层的破坏以及全球变暖指数（GWP)，我们考虑设计制冷剂分子，以代替常规具有氟氯烃官能团的制冷剂。

对于这个分子设计问题，我们先收集产品需求，并将需求转化为对应的物性，如表 7-6 所示。

表 7-6 制冷剂分子设计问题的产品需求及对应物性

产品需求	物性
传热性能	气化潜热 ΔH_{vap} 蒸气压 p_{sat} 沸点 T_b 临界温度 T_C 临界压力 P_C
安全性	闪点 T_f；半数致死浓度 $\lg LC_{50}$
环境影响	臭氧衰减指数 ODP 全球变暖指数 GWP

为确定在该分子设计问题中各物性的约束范围，我们调研了两种常用的制冷剂 Freon-12 和 R-22，这两种制冷剂的物性如表 7-7 所示。

表 7-7 两种常用制冷剂的物性

物性	ΔH_{vap} /(kJ/mol)	p_{sat}/kPa	T_b/K	T_C/K	p_C/atm	ODP	GWP
二氯二氟甲烷(Freon-12)	17.17	565	243.36	384.95	40.711	0.82	10.6
二氟一氯甲烷(R-22)	16.32	902	232.32	369.3	49.06	0.034	1.7

① 结构约束。使用式(7-1)～式(7-5) 建立结构约束方程，其中考虑如下官能团：

$-CH_3$，$-CH_2-$，$>CH-$，$>C<$，$-CF_3$，$-CF_2-$，$>CF-$，$-CCl_2F$，$HCCl_2F$，$HCClF$，

$CClF_2$，$HCClF_2$，$CClF_3$，CCl_2F_2。其中，考虑到 ODP 及 GWP，分子中不含 F 元素的解应被除去。分子中所含官能团最少为 2 个，最多为 6 个，每个官能团最多重复 2 次。由于制冷剂分子均为小分子，因此以上结构约束值比较合理。

② 物性约束。表 7-8 所示为物性约束及其上下限值，利用基团贡献法建立物性约束方程。

表 7-8　制冷剂分子设计问题物性约束

物性	单位	下限	上限
ΔH_{vap}	kJ/mol	16	—
p_{sat}	kPa	550	—
T_b	K	—	250
T_C	K	360	390
p_C	atm	40	50

通过建立以上分子设计优化模型并进行求解，可以得到如表 7-9 所示的可行制冷剂分子。

表 7-9　制冷剂分子设计结果

分子	M_w/(g/mol)	ΔH_{vap}/(kJ/mol)	p_{sat}/kPa	T_b/K	T_C/K	p_C/atm
1,1,1,2-四氟乙烷	102.03	18.78	569	247.09	374.3	40.109
丙烯	42.08	14.53	1021	225.55	365.57	46.04
丙烷	44.1	15.19	834	231.05	369.83	41.924
1,1-二氟乙烷	66.05	18.59	517	248.25	386.44	44.607
氯氟甲烷	86.47	16.32	902	232.45	369.3	49.06

7.3.2　MBT 结晶溶剂设计

在本实例中，我们对 MBT 的结晶溶剂进行设计，以替代传统的甲苯溶剂，从而提高 MBT 产品的收率，并进一步减少环境污染，具体内容如下。

针对 MBT 结晶过程，搜集产品需求，进一步将其转换为对应的物性，如表 7-10 所示。

表 7-10　制冷剂分子设计问题的产品需求及对应物性

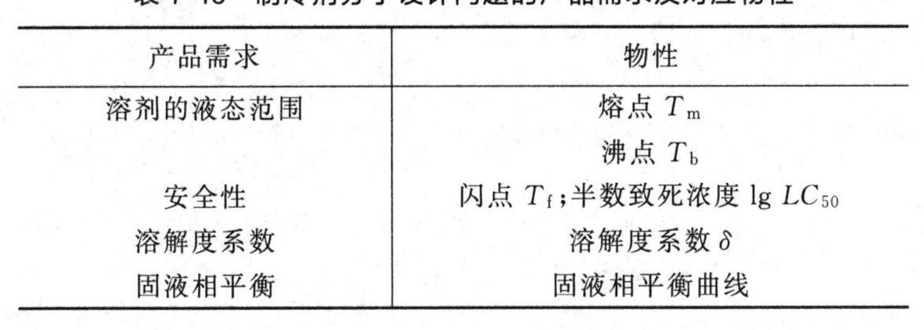

产品需求	物性
溶剂的液态范围	熔点 T_m
	沸点 T_b
安全性	闪点 T_f；半数致死浓度 lg LC_{50}
溶解度系数	溶解度系数 δ
固液相平衡	固液相平衡曲线

① 结构约束。使用式(7-1)～式(7-5) 建立结构约束方程，选择如下官能团：$—CH_3$，

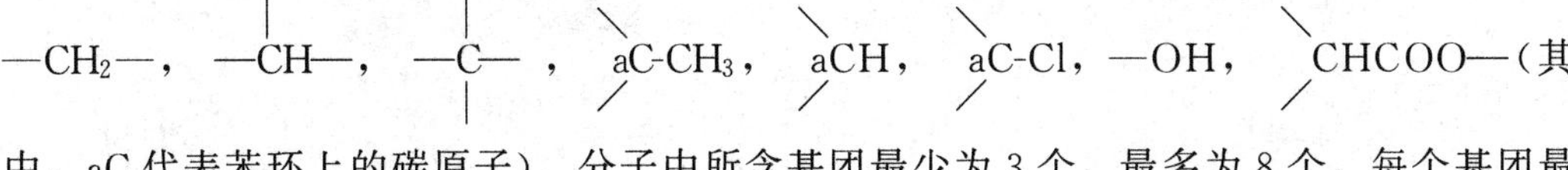

中，aC 代表苯环上的碳原子)。分子中所含基团最少为 3 个，最多为 8 个，每个基团最

多重复 7 次，所含官能团最少 1 个，最多为 6 个。

② 物性约束和过程约束。表 7-11 所示为性质约束和过程约束，其中性质约束可由基团贡献法预测，表中给定各性质的上下限。

表 7-11　制冷剂分子设计问题的约束

物性	单位	上限	下限
M_w	g/mol	80	200
T_m	K	173	310
T_b	K	373	600
T_f	K	273	393
$\lg LC_{50}$	mol/L	0	4.8
δ	$MPa^{1/2}$	18	21
过程约束			
固液相平衡	$\ln x_i^{sat}-\dfrac{\Delta H_{fus}}{RT_m}\left(1-\dfrac{T_m}{T}\right)+\ln\gamma_i^{sat}=0$		
归一化方程	$\sum_i x_i=1$		
活度系数 γ_i^{sat}	$\gamma_i^{sat}=f_{cosmo\text{-}sac}(n_i)$		

通过建立以上分子设计优化模型并进行求解，该模型的目标函数为结晶过程的收率，可以得到如表 7-12 所示的可行溶剂分子。

表 7-12　结晶溶剂分子设计结果

编号	名字	SMILES	分子结构	收率/%
1	乳酸甲酯	COC(=O)C(C)O	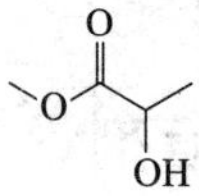	97.34
2	正庚醇	CCCCCCCO		94.61
3	5-甲基-1-己醇	CC(C)CCCCO	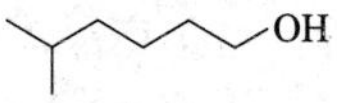	92.72
4	2-庚醇	CCCCCC(C)O	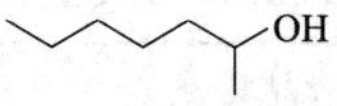	92.44
5	正己醇	CCCCCCO	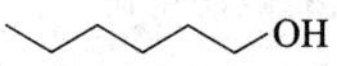	91.14
6	2-甲基-1-戊醇	CCCC(C)CO	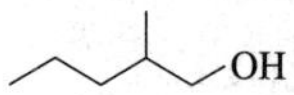	90.82
7	2-乙基-1-丁醇	CCC(CC)CO	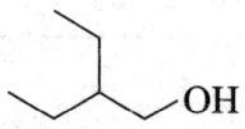	90.69
8	3-甲基-1-戊醇	CCC(C)CCO	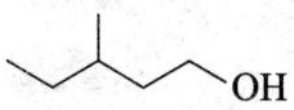	90.10
9	2-己醇	CCCCC(C)O	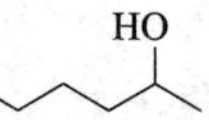	89.47

7.3.3　页岩气脱酸过程吸收剂产品与过程设计

在本实例中，我们首先研究利用醇胺法进行页岩气脱酸处理的溶剂产品设计，从而得到若干满足需求的溶剂。其次，建立脱酸过程的流程模拟模型，将得到的几种溶剂分别在流程中进行模拟。最后，利用夹点方法进行换热器网络综合的分析，得到最优的换热器网络设计。最终，得到最优的页岩气脱酸溶剂与过程设计方案，具体内容如下。

(1) 页岩气脱酸溶剂产品设计

根据工程经验，页岩气脱酸溶剂应具有易溶于水、对酸性气体溶解度大、对烃类溶解度小、与酸性气体反应可逆、低饱和蒸气压、低黏度、低比热及良好的热稳定性等特点。这些性质可利用基团贡献法进行计算。因此，我们利用计算机辅助产品设计方法，结合基团贡献法，就可以建立优化模型，其目标函数为某种物性达到最优，约束条件为溶剂的所有需求性质。通过求解该优化模型，就可以得到满足需求的最优溶剂所应包含的基团及其个数，从而得到最优的溶剂。

(2) 建立页岩气脱酸过程的全流程模拟模型

我们利用 Aspen Plus 建立流程模拟模型。原料页岩气中的大多数 H_2S 和 CO_2 在通过酸气脱除流程中的吸收塔时被吸收剂吸收，剩余的气体，甜气被送至脱水单元进行必要的除水。吸收了较多酸性气体的吸收剂进入再生塔中进行溶剂再生，再生塔塔顶出口的酸性气体送至 Claus 装置中进行硫回收，再生的溶剂以及补充溶剂被泵送回酸气脱除的吸收塔，实现吸收剂的循环利用。经过脱酸流程，H_2S 和 CO_2 在甜气中的体积浓度分别降至 100×10^{-6} 和 4×10^{-6}。而后，利用灵敏度分析工具对吸收塔及再生塔等单元的操作参数进行优化。

(3) 页岩气脱酸全流程换热器网络综合

利用 Aspen Energy Analyzer 进行该流程的换热器网络设计。首先提取流程中的冷热物流信息，确定最优夹点温差，利用软件进行夹点设计，确定最优的换热器网络。最终，综合流程模拟及换热器网络，评价出最优的脱酸溶剂，得到最优溶剂下的操作参数及换热器网络设计方案。

本章重点

我们在本章通过分子和混合物设计方法及算例的介绍，阐述了产品设计的基本思想。在产品设计问题中，物性预测方法扮演着关键作用，通过物性预测方法，在分子/混合物的结构描述符和物性之间建立起了桥梁，这样一方面可以进行物性预测，而反过来就可以进行产品设计。通过本章介绍的方法，可以进一步建立起计算机辅助产品设计软件，从而使得过去仅能够由特定专家学者完成的产品设计问题在个人计算机上快速完成，节约了大量的人力、资源及时间成本。目前已有部分产品设计软件得到了初步的开发，例如 ICAS (https://www.pseforspeed.com/icas/)、ProCAPD (https://www.pseforspeed.com/procapd/) 等。如果读者对产品设计想深入了解，可以进一步阅读相关书籍，例如 Achenie 等人，2003；Kontogeorgis 与 Gani，2004；Ng 等人，2007。

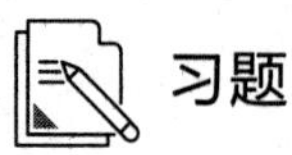

习题

7-1　给定以下基团集合，集合 1{CH_3，CH_2，CH，C}，以及集合 2{OH，CH_3CO，CH_3O，CH_2CO，CH_2O}。若从以上两个集合中生成所有可行的分子，且规定分子中至少包含 2 个基团，最多包含 4 个基团，生成的分子中至多包含 1 个集合 2 中的基团，则可以生成多少种不同的分子？

7-2　请使用基团贡献法估算丁二酸二丙酯 [CCCOC（=O）CCC（=O）OCCC；000925-15-5] 的常压沸点。（参数如下表所示）

基团类型	基团	贡献值
一阶基团	CH_3	0.9218
	CH_2	0.5780
	CH_2COO	2.1182
二阶基团	$OOC—CH_2—CH_2—COO$	0.2610
三阶基团	无	—

7-3　设计一个表面活性剂分子，使得该分子能够满足以下物性约束条件：

分子量/（g/mol）	$M_w > 300$
常压沸点/K	$T_b > 400$
熔点/K	$T_m > 300$

7-4　设计一个二元混合物，使得该混合物能够满足以下物性约束条件。

（假设混合物为理想混合物，即混合物物性为各组分物性以摩尔分数为权重的线性加和。）

常压沸点/K	$370 < T_b < 390$
Hildebrand 溶解度系数/$MPa^{1/2}$	$17 < \delta_T < 19$
液体密度/（g/cm^3）	$0.8 < \rho_L < 0.9$

各组分可从以下分子中选择：正丙醛，四氢呋喃，2-甲基-2-丁醇，甲基乙基甲酮，乙酸异丙酯，2-戊酮，甲苯，苯，1-戊醛，甲基异丙基酮，丙烯酸乙酯，丁酸甲酯，正庚醇，2-己酮，乙酸戊酯。

参考文献

[1]　Seider W D，Lewin D R，Seader J D，et al. Product and process design principles：Synthesis，analysis and design. 4th ed. New York：Wiley，2017.

[2]　Cussler E L，Moggridge G D. Chemical product design，2nd ed. Cambridge University Press，Cambridge，United Kindom，2011.

[3]　Brockel U，Meier W，Wagner G（eds.）. Product design and engineering：Basics and best practices（2 Volume Set）. Weinheim：Wiley-VCH，2007.

[4]　Brockel U，Meier W，Wagner G（eds.）. Product design and engineering：Formulation of gels and Pastes. Somerset，New Jersey：Wiley，2013.

[5]　Ng K M，Gani R，Dam-Johansen K（eds.）. Chemical product design：Towards a perspective through case Studies. Amsterdam，The Netherlands：Elsevier，2007.

[6]　Wesselingh J. A，Kiil S，Vigild M E. Design & development of biological，chemical，food and pharmaceutical Products. Wiley，Chichester，United Kingdom（2007）.

[7]　Marrero J，Gani R. Group contribution-based estimation of pure component properties. Fluid Phase Equil，

2001，183：183-184.

[8] Constantinou L，Gani，R. New group-contribution method for estimating properties of pure compounds. AIChE J，1994，40：1697-1710.

[9] Yunus N A B，Gernaey K V，Woodley J M，Gani R. A systematic methodology for design of tailor-made blended products. Computers & Chemical Engineering，2014，66：201.

[10] Achenie L E K，Gani R，Venkatasubramanian V. Computer aided molecular design：Theory and Practice. Computer-Aided Chemical Engineering，2007，12：1-392.

[11] Kontogeorgis G M，Gani R. Computer-aided property estimation for process and product design. Computer-Aided Chemical Engineering，2004，19：1-425.